U0162702

云原生
数据中台

架构、方法论与实践

彭锋 宋文欣 孙浩峰 著

CLOUD NATIVE DATA MIDDLE PLATFORM

Architecture, Methodology and Practice

机械工业出版社
China Machine Press

图书在版编目（CIP）数据

云原生数据中台：架构、方法论与实践 / 彭锋，宋文欣，孙浩峰著 . -- 北京：机械工业出版社，2021.4（2025.1重印）

ISBN 978-7-111-67846-5

I. ①云⋯ II. ①彭⋯ ②宋⋯ ③孙⋯ III. ①云计算 IV. ①TP393.027

中国版本图书馆 CIP 数据核字（2021）第 055927 号

云原生数据中台：架构、方法论与实践

出版发行：机械工业出版社（北京市西城区百万庄大街 22 号 邮政编码：100037）

责任编辑：杨绣国 罗词亮

责任校对：殷 虹

印　　刷：北京盛通数码印刷有限公司

版　　次：2025 年 1 月第 1 版第 4 次印刷

开　　本：147mm×210mm 1/32

印　　张：12.25

书　　号：ISBN 978-7-111-67846-5

定　　价：99.00 元

客服电话：(010) 88361066 68326294

　　数据中台的概念从刚刚提出时的火热到最近的降温，似乎已经加速走过了 Gartner 技术成熟度曲线的一半周期：从出现，到受吹捧，到遭质疑，再到进入低谷。数据中台将逐渐消失，还是在成熟后成为像数据仓库一样的数据基础架构？最终的答案当然要由市场给出，但我们想在本书中基于我们的经验与思考，介绍数据中台出现的根本原因、它在实现数据价值中的关键作用以及它的建设方式。

　　对于数据的价值，在大数据概念普及多年后的今天，大家应该是普遍认可的。我一直都在从事与数据相关的工作和研究，1996 年在武汉大学跟随何炎祥老师做分布式数据挖掘方面的研究，2000 年在美国马里兰大学做流式数据引擎相关的探索，2005 年加入 Ask.com 做分布式操作系统的数据存储工作。2008 年大数据概念出现，我在 Ask.com 做了一个非常明智的决定——使用开源的 Hadoop（而不是我们内部的分布式操作系统）替代日益昂贵、不堪重负的 Oracle 数据仓库，虽然我们的内部系统比 Hadoop 快一个数量级。替换了 Oracle 之后，我们还基于 Hadoop 平台开发了一系列数据驱动的产品，满足了不断增长的数据产品需求。2011 年，我加入 Twitter 并负责大数据流水线的建设，我在实践中看到公司如何从数据中获取价值，实现整个企业的数据驱动。与此同时，我也与硅谷其他公司同行进行了广泛的探讨，这些使我坚定了自己的认识：未来的企业一定是数据驱动的企业，未来的大数据一定会和 Word、Excel、数据库一样，成为企业运营人员的必备技能。

虽然数据的价值得到普遍认可，企业数字化转型的必要性也是大部分 CEO 的共识，但业界对一个关键问题的看法还远没有达成一致：数据中台是不是支撑企业数字化转型的最合理的数据基础架构？在我们与国内企业交流的时候，很多企业的 CEO、CIO 仍对数据中台到底应该是什么形态有不少疑问。与之不同的是，硅谷的大多数知名独角兽公司有与数据中台架构相似的数据基础架构，即数据平台（Data Platform），并以此作为企业数字化运营的基础。这些数据平台虽然没有被称为中台，但却包含了我们通常认为中台需要承载的任务：打通企业各个部门之间的数据，形成统一的数据开发和使用规范，在企业各个部门之间实现数据能力的抽象、共享和复用。因此，本书试图找到这些数据平台的架构与国内普遍认可的数据中台架构之间的通用理念，并从对业务的实际需求层面探讨这些架构设计理念的合理性和必要性。

与传统技术中间件不一样，数据中台虽然也是承接底层数据和上层业务的中间层，但它的价值更多体现在与业务结合的能力矩阵，而不是简单的数据标准化和报表工具上。各个业务部门可以使用不同的技术中间件，这样虽然效率可能低一些，但是同样可以满足业务的要求。然而，分割的数据层无法对核心业务流程进行全局还原和支持，无法实现数据驱动的全局决策和产品研发。与传统的数据仓库受事前建模的限制不一样，数据中台一般使用数据湖来存储可以反映全局业务情况的原始数据，能够对核心业务流程进行更全面、更深入的分析，并在此基础上加快对市场的认识和反应，降低产品研发和试错的成本，缩短时间。因此，定义好业务能力矩阵，让业务部门看到数据中台实现从 0 到 1 的关键数据能力，将大数据平台从成本中心变成利润中心，应该是每个企业建设数据中台的目标。

　　除了确定对于业务的价值之外，建设数据中台的一个根本问题是技术架构的选择及设计。我在 Twitter 架构师委员会担任负责大数据平台的架构师期间，每个星期都会参加由 CTO 组织的产品架构评审和讨论会。这些会议给我留下最深印象的不是对各种前沿技术的讨论，也不是架构设计中的技术难点攻关，而是技术架构对业务的重大影响。很多时候，我们看到一个快速发展的业务因为早期架构设计的问题而难以迭代，或者企业的发展受限于 IT 部门的效率。而一个高效的架构能够解放业务部门的生产力，真正赋能业务人员去完成以前想都不敢想的任务。其实数据中台这个概念会在国内出现，很大程度上也是因为架构的问题。试想一下，如果我们在设计大数据平台的时候就已经考虑到了消除数据孤岛、应用孤岛，统一数据规范，那么还需要单独建设一个数据中台吗？

　　因此，我们在本书中讨论了云原生架构对于数据中台的必要性。数据中台的一个天然特性是支持多元异构的数据以及处理这些数据的工具。虽然很多时候孤岛的产生有组织架构的原因，但是缺乏统一的数据平台，无法快速支持不同部门对数据的不同需求，这些也是产生孤岛的重要原因——因为业务部门需要不断建设独立的系统以满足眼前的紧迫需求。在 Twitter 的大数据平台建设过程中，公司规模从 300 人发展到 4000 人，集群规模从 80 台服务器扩展到 8000 台服务器，利用云原生架构我们快速满足了各个部门对不同数据的需求，并极大简化了统一数据规范的工作。各个业务部门可以快速自主地在平台上开发自己的数据应用，很少需要额外的系统支持，从而大大降低了出现孤岛的可能性。随着云平台及容器技术的不断成熟，我们认为云原生架构一定是未来数据平台建设的必然选择。

当然，选择一个合适的技术架构只是数据中台建设的开始，明确了最终目标也不能保证实施一定会成功，我们还需要清晰的实施路径和可落实的方法论。例如：建设数据中台是否需要改变组织架构？如何进行顶层设计以及管理实施迭代？我们认为，虽然数据中台是一个复杂的项目，但是其建设流程是非常明确和可控制的。与业务中台建设一般需要与业务组织架构对齐不同，数据中台建设很少要求对现有业务流程进行大的改动，它的目的是深刻理解当前的业务流程，提出优化建议并提供能力支持。因此，数据中台落地应该采取业务驱动、快速落地、小步快跑的方式，而不是一开始就做一把大而全的"万能钥匙"。在这个过程中，使用合适的指标体系衡量数据中台的投入产出比，以及提供合适的工具赋能业务部门，有助于数据中台得到业务部门的支持和认可，顺利完成中台的实施。在本书中，我们根据自己的经验和业界的一些成功实践对数据中台建设方法论进行了深入的探讨，希望能对读者有所帮助。

1995 年，我作为一名程序员参与了中国农业银行武汉分行办公自动化系统的建设，此后 25 年，我有幸在国内和美国硅谷见证了 IT 技术为企业带来的运营效率的巨大提升。虽然一直在一线，参与了很多有挑战的技术工作，但是让我收获最大的还是作为企业技术管理者和数据负责人，与 CEO、CMO、CIO 一起探讨如何用数据为企业产生价值，以及作为架构师来推动 OA、数据仓库、ERP、CRM、大数据、人工智能在企业的各种复杂场景中的落地。对这两个方面进行交叉审视，可以发现技术架构和业务能力间的独特连接：二者看似没有必然的因果关系，但在深层次上业务能力永远是技术架构的推动力、决策者和买单方。从这个角度来讲，数据库的出现解决了交易的问题，数据仓库的出现解决了关系型数据高维度的深度分析问题，大数据的出现解决了海量异构数据的存储和分析问题，而数据中台的出现是为了解决业务打通和提供全局数据能力的问题。数据库、数据仓库、大数据已经成为企业 IT 架构不可或缺的部分，我们认为，无论数据中台这个名称是否会继续存在，它所涉及的问题都是企业的数据基础架构必须解决的。因此，本书重点讨论了对于业务需求和架构设计而言数据中台这个概念出现的必然性，也深入介绍了架构选择与业务需求之间的联系，试图为正在解决这些问题的企业和机构提供一些架构设计和落地方案上的参考。

本书是智领云团队协作的结晶，除了署名的三位作者之外，产品经理王龙飞、王纯、黄艳以及设计师龚清、市场部刘丹等也在本书的内容组织、图片设计方面做了大量工作。此外，非常感谢机械工业出版社的编辑杨福川和罗词亮，他们在本书的写作过程中提供了大量的帮助和反馈，让我们得以顺利完成本书的写作。

希望本书能在应对数字化转型挑战方面为读者提供一些思路和参考，感谢大家的支持。

彭锋

2021 年 4 月

目　录

| 第 6 章 | 数据中台建设方法论

| 第 7 章 | 数据中台的架构

| 第 8 章 | 数据中台与云原生架构

第三部分　数据中台技术选型与核心内容

| 第 9 章 | 数据中台建设与开源软件

| 第 13 章 | 数据中台应用开发

| 第 14 章 | 数据门户

第四部分　数据中台案例分析

| 第 16 章 |　EA "数据中台" 实践

第一部分

数据中台与硅谷大数据平台

要说近几年 IT 界最火热的技术名词,"中台"当仁不让。这个由阿里巴巴创始人马云"发明"的新词一经出现,就在业界掀起了一波中台建设的浪潮,国内互联网巨头相继加入这波浪潮,一时间,中台之风横扫业界。而随着中台概念的盛行,以实现数字化运营、构建数据驱动企业为目标的"数据中台"脱颖而出,成为业界竞相追逐的目标,以至于 2019 年被定义为数据中台爆发的元年。然而,在最早推行数字化运营和数据驱动的硅谷互联网企业中,像早期的 Google、Apple、Facebook、Twitter、LinkedIn、Netflix,以及后起之秀Uber、Lyft、Airbnb、Pinterest,却没有听说过"数据中台"。那么,是这些硅谷的企业不需要数据中台,还是数据中台只是一个新瓶装旧酒的伪概念,抑或另有隐情?

在这一部分,我们通过探讨数据中台这个概念的起源,它与大数据平台、数据仓库之间的传承关系,以及它在数字化转型过程中解决的问题,试图对"数据中台"下一个明确的定义,并以此为基础确定数据中台的使用场景、建设内容和原则。

1

|第 1 章|

全面了解数据中台

　　说起数据中台，就不能不提大数据。大数据的概念源自硅谷，并迅速在全球普及。从第一个开源的 Hadoop 项目，到 Facebook、Twitter、阿里巴巴、字节跳动等一系列改变人们社交和商业行为的公司，到由大数据专家指导的美国大选，再到中国政府将大数据作为核心基础设施之一来建设，不过十多年时间，大数据已经在方方面面深刻影响了我们的生活。

　　实际上，数据中台作为大数据平台进一步发展的产物，与大数据的关系非常密切。而要理解为什么数据中台能在国内得到如此多的关注，首先就需要了解大数据的最终目的和发展历程，大数据如何赋能企业的数字化转型，以及 IT 系统、大数据系统是怎样一步步发展到今天的形态的。

　　因此，在本章中，我们将介绍数据中台与大数据平台、数据仓库等易混淆概念之间的关系以及数据中台的目标及其应用范畴。由于本书主要介绍数据中台相关的理论和实践，因此一些常规的大数据概念和功能，例如基于 Hadoop 的大数据平台、数据仓库的一些传统实践，在这里只进行简单介绍。但需要强调的是，"数据中台"只是一个名称，就像"大数据"一样，其具体内容和定义根据它要实现的目标和要解决的问题来确定。

1.1　数据中台概念的起源

尽管大数据产生于硅谷，数据中台与大数据关系密切，但硅谷却没有数据中台这个名词，因此，我们首先要来看看"数据中台"的概念是如何在其倡议者阿里巴巴内部产生的。下面的故事想必很多人都听说过。

2015 年年中，马云带领阿里巴巴集团高管拜访了一家芬兰的小型游戏公司 Supercell。让马云及其高管团队感到惊讶的是，这家仅有不到 200 名员工的小型游戏公司竟创造了高达 15 亿美元的年税前利润！该公司典型的开发模式是以小团队为单位的单独"作战"，每个团队不超过 7 名员工。每个团队都可以自己决定开发什么样的游戏产品，然后以最快的速度推出公测版，如果不受欢迎，就立刻放弃，寻找新的方向。这种开发模式使 Supercell 能非常快速和敏捷地找到玩家喜欢的方向，从而更容易开发出能够迎合玩家需求的游戏产品。

而 Supercell 之所以能够支持多个团队快速、敏捷地推出高质量的游戏作品，其强大的中台能力功不可没。因此，在拜访 Supercell 的旅程结束之后，马云决定对阿里巴巴的组织和系统架构进行整体调整，建立阿里产品技术和数据能力的强大中台，构建"大中台，小前台"的组织和业务体制。

当然，Supercell 的研发模式并不是什么革命性的创新，绝大部分硅谷公司也有类似的模式：本来就不大的公司被分成若干个小组。这样做的好处是各小组可以快速决策、研发并将产品推向市场，而不需要重复开发游戏引擎、数据分析、服务器等后台基础设施和服务。这里，"游戏引擎"可以看作业务中台，"数据分析"可以看作数据中台，"服务器等后台基础设施"可以看作 PaaS/IaaS 平台，也就是有些文章中所说的技术中台。

实际上，虽然硅谷并没有"数据中台"这一叫法，但硅谷的公司早已自然形成了中台的意识。从早期的中间件（Middleware）、面向服务的架构（SOA）到后来的 IaaS/PaaS/DaaS 平台、微服务（Microservice），都有中台思想的影子，都来源于避免重复造轮子、快速迭代、数据驱动、业务驱动这些硅谷工程师文化的核心理念。国内类似的概念"技术中台"就源于中间件、PaaS 平台。但是这种中间件、平台、中台的功能一般并非由一个顶层设计得出，而是一步步建立起来的。在硅谷的企业中有一个非常重要的理念就是不要做"过早优化"（Premature Optimization），也就是说，不要在不需要的时候进行优化。一定要先完成功能再优化，因此不需要中台的时候没有必要刻意建一个大而全的中台。当然，在建设数据中台的不同阶段可以使用不同的技术，只要保证中台建设能够平滑过渡即可。

下面就来简单介绍笔者曾在硅谷负责建设的两个典型大数据项目，看看它们和数据中台的关系。

1.1.1 艺电的"数据中台"改造

EA（艺电）是一家总部位于硅谷的知名跨国游戏公司，创造和发行了众多深受游戏迷喜爱的游戏，例如《FIFA 足球》《Madden 橄榄球》《NHL 冰球》和《NBA 篮球》等体育游戏，令军迷们狂热的《战地》及《星球大战》系列游戏，以及经久不衰的《模拟城市》《模拟人生》《植物大战僵尸》等游戏。

这些游戏都是由 EA 位于全球各地的游戏工作室开发的，但是游戏里所涉及的数据分析工具却是由位于硅谷总部的大数据团队提供的。在有统一的大数据平台之前，EA 的每个工作室都需要开发自己的大数据平台，编写自己的大数据分析程序。各个工作室的数据能力参差不齐，数据质量得不到保证，有的产品甚至完全没有数据分析。各个工作室之间无法共享数据和用户资源，总部在汇总全集团的营业数据时也费时费力。这可以说是一个非常典型的数据孤岛的情况。

2011 年，EA 开始逐步建立全局大数据平台（类似于具有数据中台功能的平台），将各个工作室的数据逐渐汇聚到这个全局大数据平台上，并为各个工作室提供统一的数据分析和数据服务工具。各个工作室不再需要自己维护大数据平台，也无须自己雇用大数据平台开发人员，它们既可以使用集团的数据分析系统得到自己需要的业务报表，又可以使用系统提供的反欺诈、产品推荐等服务，专注于业务使它们能够快速推出新产品。同时，由于各个游戏的数据得以打通，用户数据得到统一，EA 可以构建更全面的用户画像，帮助工作室更精准地为用户提供个性化服务，提升用户体验。而且，集团总部能够快速且自动地获得全局的运营信息，而无须等到各个业务部门提交月度报表之后再手工合并和审核。

通过大数据平台的建设，在 2012 年和 2013 年被评为最差劲体验游戏公司、营收逐年下降的 EA，一举华丽转身，2014 年被评为最佳体验游戏公司之一，2015 年更是创下 43 亿美元的营收历史新高。

本书作者之一宋文欣作为主要技术和团队负责人带领了 EA

大数据平台团队的组建以及该平台的设计和建设。第 16 章将详细描述其类似于 Supercell 的平台的建设历程。

1.1.2 Twitter 的数据驱动

Twitter 是硅谷社交三驾马车之一，其陌生人 / 公开社交与 Facebook 的熟人 / 私有社交、LinkedIn 的职场社交都对互联网产生了极大影响。这三驾马车出现于 2006~2008 年，在时间上与此相耦合的一个现象是大数据的发展。Facebook 成立于 2004 年，Twitter 成立于 2006 年，LinkedIn 成立于 2002 年（但发展期是 2006~2010 年），而作为大数据的启动项目，Hadoop 的首发时间是 2006 年。

熟悉大数据早期发展历程的业内人士都知道，虽然 Hadoop 起源于 Google，由 Yahoo! 开源，但是 Facebook、Twitter 和 LinkedIn 却是硅谷早期推动大数据发展的核心力量，Hive、Pig、HBase、Mesos、Kafka、Spark、Storm、Thrift、Presto、Parquet 以及其他很多现在广泛使用的大数据组件，都是由这三家公司开源或提供最早的企业级应用和支持的。究其原因，除了这几家公司的工程师文化和对开源的推崇之外，更重要的是实际业务的数据驱动需求，因为它们都需要通过分析海量的数据来推动产品研发、用户拓展和核心营收的增长。

以 Twitter 为例，整个公司的管理都基于数据驱动的理念，而其底层支撑是一个全局共享的大数据平台。从 CEO 需要的 BI 部门实时业务报表、广告部门的精准定位、产品部门的个性化推荐，到用户拓展部门的增长黑客技术、反欺诈部门的异常监控、研发部门的实时产品反馈、运维部门的智能运维，相关的数据应用都通过统一的数据工具运行在同一个大数据平台之上。

　　整个平台中的数据能力共享和复用随处可见：产品部门研发的用户画像可以被广告部门用来精准定位目标客户，社交图谱被用来实现用户拓展；反欺诈部门的机器人识别功能被广告部门用来识别恶意点击，被 BI 部门用来精确统计日活用户；广告部门开发的实时数据处理体系被产品部门用来提升推荐的实时性；诸如此类。

　　公司从 2011 年的 300 人发展到 2014 年的 4000 人，大数据平台从 80 台服务器的单纯 Hadoop 集群扩展到 8000 台服务器的核心数据处理平台，都没有出现数据孤岛、应用孤岛及重复造轮子的问题。

　　更为重要的是，因为有了强大的数据能力核心平台，Twitter 的产品迭代速度得到大幅提升。在 2011 年以前，开发和发布产品的流程非常冗长，产品经理需要到各个部门调研可以使用的数据，并协调数据的生产化问题。在产品推出之后，需要专门的数据工程师支持，定制单独的数据看板和报表才能拿到产品的反馈。在大数据平台逐渐完善之后，产品经理可以直接在平台上探索现有的数据和各种 API，与研发人员合作使用各种数据服务快速形成产品原型，然后通过数据平台提供的测试框架快速发布测试，在发布后可以直接通过平台提供的数据看板查看用户反应，而无须自己编写程序。整个产品的开发和迭代流程从以月计改为以周计，活跃用户数也从 2011 年不到 1 亿增长到 2014 年接近3 亿。

　　本书作者之一彭锋作为 Twitter 架构师委员会中负责大数据体系的高级架构师，在大数据平台的建设中负责架构设计和项目审计，经历了从 80 台机器的 Hadoop 集群到 8000 台服务器集群的整个建设历程。本书会穿插介绍 Twitter 大数据平台建设的一些思路和经验。

1.2 什么是数据中台

阿里巴巴提出的数据中台源于 Supercell 的实践。从上面介绍的两个典型硅谷大数据平台的实践来看，它们的思路及效果与 Supercell 的"数据中台"类似：中台提供数据能力的共享和复用，前端业务部门可以快速获得全局的数据洞见及现成的数据工具，快速推出由数据支持的产品。

那么，数据中台到底与我们常说的大数据平台有何区别和联系？要回答这个问题，首先必须明确地定义数据中台这个概念。

1.2.1 数据中台建设的目标

要定义数据中台，首先要明确数据中台建设的目标。虽然数据中台有新瓶装旧酒的嫌疑，但是阿里巴巴提出的数据中台要解决的问题还是清晰且真实存在的：

- 各个部门重复开发数据，浪费存储与计算资源；
- 数据标准不统一，数据使用成本高；
- 业务数据孤岛问题严重，数据利用率低。

思考试验　以上问题都是真实存在的，但如果我们的大数据平台没有这些问题，还需要数据中台吗？

根据数据中台要解决的问题，我们可以确定数据中台建设的终极目标。数据中台首先是一种 IT 系统，而 IT 系统建设的最终目标是服务企业，因此数据中台的建设遵循我们常说的以业务为导向的路径。

虽然企业的发展目标多种多样，例如阿里巴巴的目标是"让天下没有难做的生意"，腾讯的目标是"以技术丰富互联网用户的生活"，但是这些大目标都有一个共同的子目标，即最高效地实现资源的合理配置和利用，创造最大的企业利润，简单来讲就是精细化运营，开源节流。从最早的会计系统，到计算机普及时代的信息化建设，到现在的大数据、数字化转型、智能化，都是服务于这个目标的。特别是在网络时代，很多产业形成赢家通吃的局面，企业更需要比竞争对手先行一步，在激烈的市场竞争中占据先机，获取更高的利润。

因此，建设数据中台的最终目标是通过高效的数字化运营，实现"快速市场响应、精细化运营、开源节流"。数字化运营是让企业在市场竞争中取得相对优势的必要手段，其目标是让企业做到以下几点：

- 比对手更早洞察市场的动向；
- 比对手更了解用户的反应；
- 比对手成本（包括生产和管理成本）更低；
- 推出比对手的产品更符合用户需求的产品；
- 比对手更快地将产品推向市场；
- 比对手更快地迭代产品。

值得注意的是，这里的重点是相对优势，也就是与市场常态相比的优势。例如，如果市场中的参与者都采用粗放式管理，那么率先实现信息化的企业就比其他企业更有优势。实际上，信息化已有近 30 年历史，不同行业的信息化水平有些差异。例如，银行、保险这些主要与数字打交道的行业的信息化水平相对领先，而制造业、农业的信息化水平则相对滞后。一般来讲，相对优势都是针对本行业而言的，因此信息化和数字化的落地程度主要与行业相关。

在完成初步的信息化之后，如果想比其他企业更有优势，企业就需要有更强大的信息化系统，也就是大数据系统，其建设初衷是获得更多的数据以及更快、更全面的市场反馈。然而现在的情况是，很多企业虽自称拥有大数据系统，但其效果并不是很好，于是就产生了数据中台建设的需求。

不管叫不叫数据中台，所有数据工具的建设目的都是从数据中提取价值来支持更有效的数字化运营。这里所说的数据价值又被称为"可指导行动的洞见"（Actionable Insight），其重点之一是可指导实际的商业行为，重点之二是洞见，即在建设这个数据工具之前无法得到或发现的知识。二者缺一不可：如果不能指导实际行动，创造实际价值，那么这个数据工具以及从中产生的知识就是无用的；如果不是新发现的知识，那么就没有必要花大价钱来建设这个数据工具。说到底，数据工具的建设要用 ROI（Return On Investment，投入产出比）来衡量。数据中台的出现，很大程度上就是因为原有大数据系统建设的 ROI 不尽如人意。

根据所指导的行动的领域，"可指导行动的洞见"可分为两类（参见前面数字化运营的目标）。

- 商业智能（Business Intelligence）：也叫数据驱动的决策，也就是要有对业务更深层次、更全面、更多维度、实时性更强的洞见，从而指导机构的运营。这是给实际数据使用人员使用的，一般表现形式为各种报表、看板、BI查询工具、大屏等。
- 数据驱动的应用（Data Driven Application）：可以实现由数据驱动的业务应用（参见 3.2 节对数据驱动的介绍）。与传统固定行为的应用不同，数据驱动的应用通过分析各种数据（用户行为、市场数据、第三方数据）来决定应用的行为。其中一般都会涉及对数据的复杂分析，需要使用机器学习、人工智能（AI）算法来从数据里发现模型，然后用模型来指导应用行为。

我们一般说数据的用途就是 BI 和 AI，这也是传统大数据平台和数据仓库建设的目的。从这个角度来讲，数据中台与传统大数据平台和数据仓库的建设目的是一致的。

但是数据中台有一个比传统大数据平台和数据仓库层次更高的要求：实现数据能力的全局抽象、共享和复用，从而提高数据价值实现的效率和 ROI。可以说，数据中台强调的是大数据平台和数据仓库的建设方式。虽然大数据平台和数据仓库也强调数据能力的抽象和复用，但是它们并没有从方法论、工具和流程上强调如何支持和要求数据能力的抽象、共享和复用。传统大数据平台提供的主要是各种大数据组件的安装和运行，数据仓库建设主要集中在业务的建模和数据的清晰度上，二者的功能都是数据中台需要的。数据中台需要在它们之上提供整套工具、流程和方法论来实现数据的抽象、共享和复用。基于上面的分析，我们可以确定数据中台建设的目标：

通过提供工具、流程和方法论，实现数据能力的全局抽象、共享和复用，赋能业务部门，提高实现数据价值的效率。

1.2.2　如何实现数据中台建设的目标

在明确了数据中台建设的目标之后，下面我们以 EA 的实践为例，看看数据中台如何实现这些目标。

第一，实现这些目标必须有相应的数据能力，也就是从数据中产生价值的能力。

如前所述，数据的价值一般从两方面体现：数据驱动的决策（BI）和数据驱动的应用（AI）。从原始数据到数据产生价值，中间有一个很长的链条，需要的工具都是提供数据能力所必需的。数据中台（包括底层的大数据平台和数据仓库）应该提供高效的工具来支持这个链条中的所有功能。例如，在 EA，各个游戏工作室都会用统一的大数据平台来完成用户行为分析、反欺诈、动态定价等一系列关键的数据驱动的功能。这些功能无法用预先设计好的算法或程序来完成，必须根据实际数据采取相应行动才能实现。这些都是数据能力的典型代表。

第二，要实现这些目标，必须完成全局的数据汇聚和治理。

这就需要有统一的数据规范，使数据生产者、数据消费者通过这个规范达成共识。例如，EA 大数据团队花了一年时间整理出像字典一样厚的数据规范，形成连接生产数据的游戏工作室与消费业务数据的分析部门的桥梁。比如，游戏里有一些简单的代码，表示的是战车、手榴弹、手雷、机关枪或冲锋枪等武器，而业务分析部门通常是看不懂的。另外，各游戏工作室传上来的游戏数据格式都有统一的规范，有一些是通用的基础指标，还有一些是不同游戏自带的特殊数据。有了这种统一而详细的数据规范标准，各业务分析部门就可以轻松整合所有的游戏数据，形成公司层面的数据资产，然后对其进行挖掘和分析，得到各自需要的有价值数据。

第三，企业必须高效完成从汇总好的数据到价值的转换，需要进行数据能力的抽象，然后实现能力的共享和复用。

这个过程有两种实现方式。一种是由大数据部门做顶层设计来实现。举例来讲，不少游戏都存在作弊玩家，他们通过创建僵尸账号来收集游戏币，然后在黑市上转卖这些游戏币，这会给游戏公司带来巨大损失，每个月可能会损失超百万美元。而大数据部门就要通过顶层设计来解决这类欺诈问题。EA 大数据团队设计了一个反向索引的分析系统，各游戏工作室从黑市上买了游戏币以后，只要把这些游戏币的 ID 输入系统里，就可以通过反向索引查到并清除掉收集这些游戏币的僵尸账号。这个数据能力是各个工作室都需要的，虽然它们的需求会有细微差异，但是大数据平台将其中的共同点提取出来，形成一个通用工具，各个工作室可以配合自己的特定参数来使用。这就是一个从顶层设计来抽象数据能力，帮助业务部门解决问题的例子。

另一种方式是一个业务部门开发供自己使用的服务，但发现其他业务部门也需要，于是就对这种服务进行抽象，以供全公司复用。举例来讲，FIFA 游戏推广团队有一个需求是，每天通过电子邮件向特定用户群体推送打折券。以往，需要进行很复杂的查询才能得到目标用户的 ID，要从几百万个用户中筛选出几百个，而且一天可能只能做一次。FIFA 游戏推广团队与大数据团队合作开发了一套标签系统，利用它可以快速定位这几百个用户。比如这个群体是美国加州的用户，年龄在 35～45 岁，年收入为 5 万～8 万美元，过去 7 天平均玩游戏的时间超过 1 小时，游戏内消费金额为 2000～3000 美元。确定这些标签后，几秒就可以完成层层过滤，锁定目标用户群体，然后可以很简单地通过模板将打折券推送给他们，而且这样的操作一天可以做十几次。后来，别的业务部门也需要这个功能，FIFA 游戏推广团队就将这个功能进行了扩展，供其他游戏推广部门使用。这就是业务部门自行开发，然后进行抽象的例子。

第四，在实现数据能力的共享和复用的过程中，需要协调复用和效率的矛盾。

如果一个业务部门为了满足其他部门复用某个服务的需求而做了大量工作，结果影响到自己的工作效率，这就得不偿失了。这里首先需要有一套平衡的工具和机制，其次是要有能够精确衡量数据能力的 ROI，让业务部门有动力共享它们的数据能力。

1.2.3　数据中台的定义和 4 个特点

综上所述，我们认为数据中台可以如下定义：

数据中台是企业数字化运营的统一数据能力平台，能够按照规范汇聚和治理全局数据，为各个业务部门提供标准的数据能力和数据工具，同时在公司层面管理数据能力的抽象、共享和复用。

数据中台与传统数据仓库和大数据平台的最根本差异，就是强调从工具和机制上支持对数据能力的全局抽象、共享和复用。应该说，数据中台是建立在数据仓库和大数据平台之上的，让业务部门可以更好、更有效率地使用数据的运营管理层。

因此，根据我们的定义，数据中台需要具备以下特点。

1）能够借助汇聚全局的数据为用户赋能。

数据本身就是能力，从某种程度上讲数据比上层的应用更重要，而且打通的全局数据所提供的价值将超过隔离的局部数据的总和。为了打通数据，在工具层，需要提供全局数据存储、治理分析服务以及数据/应用治理和管理的功能；在业务层，必须让每个业务部门能够方便地依据标准提供相关业务数据，自动与其他部门的数据打通并汇总。从这方面讲，这不是一个纯技术问题，更多的是一个业务问题。例如互联网公司要打造全局的用户画像，需要制定公司的业务相关数据/应用的标准，并要求各个部门的业务应用按照标准采集和存储本部门负责的用户信息，这样中台才能够按照标准处理这些局部信息来形成全局的用户画像。从某种意义上来说，数据标准实际上也是数据能力的组成部分。

2）实现数据能力的抽象。

数据能力的抽象是数据中台建设中的难点，如何尽可能抽象出通用的功能，又不使抽象的功能过于细碎，这是需要仔细考虑的问题。这个问题有点类似于微服务的拆分，也与编程里抽象出对外 API 有着异曲同工之妙，拆大了不好，拆小了也有问题。前面我们提到过可以采用两种方式来进行数据能力的抽象：一种是顶层设计，从公司层面考虑数据能力的抽象；另一种是由业务团队自主开发，当发现有复用需要时再来抽象。这两种方式各有利弊，在很多时候可以混合使用，需要根据公司和业务的实际情况选择。

3）可以通过工具体系让企业各部门方便地共享抽象出的数据能力。

首先，数据能力的共享必须简单，如果共享很麻烦，那么企业各部门数据的提供者和使用者就不会愿意使用这些功能，共享也就失去了意义。其次，共享的责权利必须要分清。这里涉及的角色有提供者、平台团队、使用者三方，而这三方的责权利划分，例如，谁负责开发、谁负责维护、谁负责升级等，则决定了共享最终能否成功，因此这一点需要重点关注。

另外需要注意的一点是，应该提供相应的工具来支持这种区分，例如，提供衡量一个共享 API 所产生价值的量化工具，提供共享的绩效对比和考察工具等，这些都是促使共享能够被企业的所有用户接纳的重要因素。

4）可以高效地管理数据能力并加以复用。

第一，必须能快速发现可复用的数据能力，这样才能在快速迭代时保证没有重复的开发，因为只有知道自己有什么轮子，才能避免重复造轮子。为了系统地避免重复开发的情况，一般需要有一定流程的支持，例如 Twitter 通过自身的架构委员会来衡量哪些数据能力可以复用。除此之外，也可以由一些管理程序自动发现类似的数据和应用的复用。

第二，能够协调复用和效率的矛盾。经常会出现这样的情况，团队 A 开发了一个功能，团队 B 觉得可以用，但是需要做些修改，而团队 A 暂时没有资源做这件事，团队 B 没有时间等，只能自己再开发一个。所以，关于共享功能的后续开发一定要有明确的规则和责权划分。

第三，能够提高复用的效率。比如，如果团队 A 共享了一个功能后，其他部门的人天天来找团队 A 的人问这个功能怎么用，那么团队 A 的效率就会受到很大的影响。因此我们需要考虑共享功能的规范要求，例如共享的数据和应用的文档必须有一定要求。此外，共享的工具也必须提供迭代提升的功能，例如功能文档的协同编辑功能。

1.3 大数据平台与数据中台

既然大数据平台与数据中台的建设目的一样，我们为什么还要区分大数据平台（包括其中建设的数据仓库）和数据中台呢？实际上，硅谷的绝大部分公司有一个数据平台（Data Platform）部门负责建设公司的大数据平台，公司的各个部门都在这个平台上管理和使用自己的数据，并与其他部门共享数据能力。这些团队建设的大数据平台绝大部分符合上面数据中台的定义，实际已经包含了阿里巴巴所提出的数据中台的功能。因此，在硅谷并没有数据中台和大数据平台的绝对区分。阿里巴巴提出数据中台的概念，如上所述，只是为了强调与现有的很多大数据平台在实现方式上的区别，强调解决数据孤岛 / 重复开发的问题，强调数据共享和复用。

1.3.1 为什么要建设数据中台

数据中台的出现，与传统大数据平台项目的一些实践和弊端有关：

- 为了赶风口，为了大数据而大数据，安装一个 Hadoop 集群之后把数据都存上去，却发现除了有限的应用之外很

难挖掘数据的价值;

- 企业内各个部门重复建设大数据平台,或者在同一个大数据平台上重复建设类似的数据应用,最后造成数据孤岛和应用孤岛;
- 由于架构选择问题,大数据平台缺乏灵活性和可扩展性,新的大数据应用和人工智能应用很难无缝扩展到现有平台上,每次新增功能都要经过冗长的流程甚至只能另起炉灶;
- 大数据平台的开发和运营花费巨大,大家都觉得必须建设,但是并不清楚建设后到底能产生多少效益。

在建设了五六年大数据平台之后,阿里巴巴提出了"数据中台"的概念,来强调一些能够更好地发掘数据价值的实践原则:

"基于阿里巴巴实战经验沉淀而成,致力于为企业构建既准又快的全、统、通的智能且安全的大数据体系。包含三项核心能力:OneModel,负责统一数据构建及管理;OneID,负责将核心商业要素资产化;OneService,负责向上提供统一的数据服务。根据企业不同发展时期所关注的不同业务诉求,提供'中台核心产品+专家咨询服务+生态交付服务'的运作模式,为企业构建数字经济时代的增长引擎。"

这里的 OneID、OneModel 和 OneService 是符合上面数据中台的定义的:OneID 是一种全局的数据规范,OneModel 是一个数据能力抽象的成果,OneService 是一种可复用的数据能力的形式。

但是,硅谷的高科技公司就不需要这些能力吗?无论公司大小,或者从小公司发展到大公司,硅谷的高科技公司都没有特别强调数据中台的概念。难道它们没有数据中台的需求吗?答案当然是否定的,类似于 Supercell 的实践在硅谷的大数据平台团队里是非常常见的。实际上,为了追求更高的效率,硅谷公司在内部都有实际的绩效要求,其大数据平台建设绝大多数是需求驱动的，而且后续发展都由这个大数据平台能产生多少价值来决定。因此，它们为了大数据而大数据的情况很少。

硅谷公司在建设大数据平台的时候，大数据平台的效率，包括运营效率和使用效率，都是必须考虑的关键问题。不管是在起初进行架构设计的时候，还是在后续迭代的时候，如何最大化投入产出比，如何让业务部门真正发挥数据的作用，都是非常关键的问题。在这个过程中有很多尝试和迭代，但是最终的结果是，绝大部分大数据平台会自然而然地提供我们这里所说的数据中台的能力，并将其作为公司内部的核心价值驱动引擎，而不是一个可有可无的报表生成工具。

实际上，很多已有大数据平台的公司要建设数据中台或者改进现有的数据平台，一般是出于以下几点考虑。

- 从独立的烟囱到连通的系统：从各个部门独立建设到全局统筹、数据汇聚、协同演进的过程。
- 从限定的功能到开放的数据能力平台：不再局限于数据仓库中预制的数据模型，提供从数据湖开始端到端的数据开发体系。
- 解耦数据处理流程与数据使用过程：使前端应用能够通过统一的数据服务、数据资产管理体系来使用数据。
- 从粗放式管理到精细化运营：从粗放式安装使用到精细化管理、量化 ROI 的转化。
- 从 T+1 到 T+0：从一个简单的数据处理和报表生成系统（一般都是定时运行，而且以日报的形式居多，因此叫作 T+1），到能够支持大量实时数据驱动的产品（T+0）。
- 从成本中心变成利润中心：从一个简单的报表生成工具、可视化看板展示工具到业务的核心驱动力。

解决这些问题并不是独立的任务，因为底层的很多问题是相通的：

- 全局数据的打通与治理，数据标准和数据资产的管理；
- 数据应用开发的管理和标准化；
- 大数据平台本身的数字化运营；
- 工具的易用性、灵活性、多租户管理及协同性；
- 核心组件（Hadoop、Spark、Kafka、MPP）的性能及管理问题。

因此，我们不应拘泥于这个系统的名称，而要了解一个公司如何最有效地发挥数据价值，真正实现高效的数字化运营，从而在市场竞争中取得先机。

图 1-1 显示了信息化系统、数据仓库、传统大数据平台、数据中台之间的关系，其中的箭头表示数据的主要流向。我们可以这样理解，传统大数据平台和数据仓库是数据中台的数据来源，建设数据中台是为了更好地服务于业务部门。

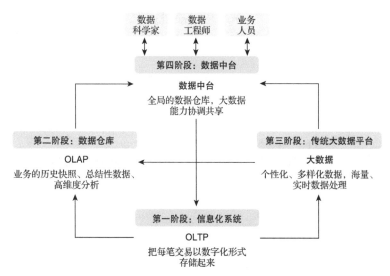

图 1-1　数据中台与传统大数据平台、数据仓库的关系

1.3.2　数据中台与传统大数据平台的区别

数据中台与传统大数据平台到底有什么区别？为了叙述方便，我们先给出传统大数据平台的架构（见图1-2）。

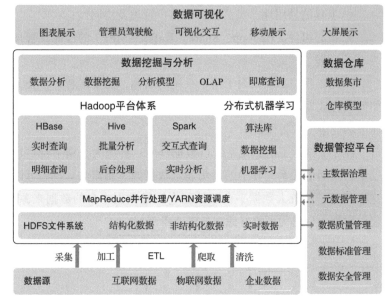

图 1-2　传统大数据平台

- 大数据基础能力层：Hadoop、Spark、Hive、HBase、Flume、Sqoop、Kafka、Elasticsearch 等。
- 在大数据组件上搭建的 ETL 流水线，包括数据分析、机器学习程序。
- 数据治理系统。
- 数据仓库系统。
- 数据可视化系统。

可以看到，这些是传统大数据平台的核心功能。在很多大数据项目里，只要把这些系统搭起来，每天可以生成业务报表（包括实时大屏），就算大数据平台搭建成功了。

但数据中台应该是大数据平台的一个超集。我们认为，在大数据平台的基础之上，数据中台还应该提供下面的系统功能。

（1）全局的数据应用资产管理

这里所说的数据应用资产管理包括整个生态系统中的数据和应用。传统的数据资产管理绝大部分只包括关系型数据库中的资产（包括 Hive），而一个数据中台应该管理所有结构化、非结构化的数据资产，以及使用这些数据资产的应用。如果传统的数据资产管理提供的是数据目录，那么数据中台提供的应该是扩展的数据及应用目录。要避免重复造轮子，首先要知道系统中有哪些轮子，因此维护一个系统中数据及数据应用的列表是很关键的。

（2）全局的数据治理机制

与传统的数据治理不一样，数据中台必须提供针对全局的数据治理工具和机制。传统数据仓库中的数据建模和数据治理大多针对一个特定部门的业务，部分原因是全局数据建模和治理周期太长，由于存在部门之间的协调问题，往往难度很大。数据中台提供的数据治理机制必须允许各个业务部门自主迭代，但前提是要有全局一致的标准。阿里提出的 OneID 强调全局统一的对象 ID（例如用户 ID），就属于这个机制。

（3）自助的、多租户的数据应用开发及发布

现有的绝大部分大数据平台要求使用者具备一定的编程能力。数据中台强调的是为业务部门赋能，而业务人员需要有一个自助的、可适应不同水平和能力要求的开发平台。这个开发平台要能够保证数据隔离和资源隔离，这样任何一个使用系统的人都不用担心自己会对系统造成损害。

（4）数据应用运维

用户应该可以很方便地将自己开发的数据应用自助发布到生产系统中，而无须经过专门的数据团队。因为我们需要共享这些应用及其产生的数据，所以需要有类似于 CI/CD 的专门系统来管理应用的代码质量和进行版本控制。在数据应用运行过程中产生的数据也需要全程监控，以保证数据的完整性、正确性和实时性。

（5）数据应用集成

应该可以随时集成新的数据应用。新的大数据应用、人工智能工具不断涌现，我们的系统应该能够随时支持这些新应用。如果数据中台不能支持这些应用，各个业务部门可能又会打造自己的小集群，造成新的数据孤岛及应用孤岛。

（6）数据即服务，模型即服务

数据分析的结果，不管是统计分析的结果，还是机器学习生成的模型，应该能够很快地使用无代码的方式发布，并供全机构使用。

（7）数据能力共享管理

大部分数据能力应当具有完善的共享管理机制、方便安全的共享机制以及灵活的反馈机制。最后决定数据如何使用的是独立的个人，他们需要一套获取信息的机制，因此在机构内部必须要有这样的共享机制，才能真正让数据用起来。

（8）完善的运营指标

数据中台强调的是可衡量的数据价值，因此，对于数据在系统中的使用方式、被使用的频率、最后产生的效果，必须要有一定的运营指标，才能验证数据的价值和数据中台项目的效率。

综合上面的讨论，除了阿里巴巴提出的 OneID、OneModel、OneService 之外，我们认为数据中台还应该满足以下两个要求。

- TotalPlatform：所有中台数据及相关的应用应该在统一

平台中统一管理。如果有数据存储在中台管理不到的地方，或者有人在中台未知的情况下使用数据，我们就无法真正实现对数据的全局管理。这要求数据中台能快速支持新的数据格式和数据应用，便于数据工具的共享，而无须建立一个分离的系统。

- TotalInsight：数据中台应该能够理解并管理系统中数据的流动，提供数据价值的定量衡量，明确各个部门的花费和产出。整个中台的运营是有序可控的，而不是一个黑盒子，用户可以轻松理解全局的数据资产和能力，从系统中快速实现数据变现。

如图 1-3 所示，数据中台可以说是按照一定的规范要求建设的数据能力平台，在数据仓库、大数据平台、数据服务、数据应用的建设中实现了符合 OneID、OneModel、OneService 的数据层。这个数据层，加上在其上建立的业务能力层以及运营这个数据中台需要的 TotalPlatform、TotalInsight，形成我们看到的数据中台。在后面的章节中，我们将会介绍如何通过合适的系统架构和方法论来实现数据中台的五大要求：OneID、OneModel、OneService、TotalPlatform 和 TotalInsight。

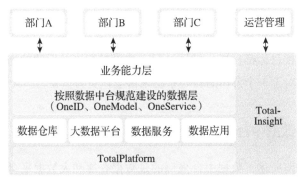

图 1-3　数据中台的五大要求

1.3.3　数据中台的评判标准

如何评判一个公司的大数据平台能否承担数据中台的任务？我们认为有以下几个比较明显的标准。

- 数据 / 数据应用标准的覆盖率和复用率：必须实现数据和数据应用标准的全覆盖和高复用率。
- 数据应用建设方式及周期：必须快速落地、快速迭代。
- 新的业务场景解决方案的迭代管理方式：新的业务场景必须能够快速复用现有数据能力，快速得到数据反馈。
- 对于数据 / 人员 / 业务演进的适应能力：在数据 / 人员 / 业务发生变化时有可靠的管理方式。
- 不同角色使用数据中台的方式：业务部门可以自助使用数据能力并方便共享。
- ROI 的精确度：能精确量化数据在系统中的使用情况。
- 业务部门 /IT 部门 / 数据平台部门的责权利划分：各个部门的责权利清晰。

阿里巴巴提出的 OneID、OneModel、OneService 实际上对应了我们评判标准的一部分：能够用统一标准覆盖尽可能多的数据，引入新业务时可以复用现有数据能力。但是对于建设方式、使用方式、衡量方式、管理架构方式，我们认为需要更清楚的定义和方法论来指导，例如如何实现 TotalPlatform 和 TotalInsight。因为即便目标都一样，设计过程、建设过程以及后续的迭代和演进过程对于一个公司的核心系统来讲应该更为重要。

1.4　数据中台建设方法论总纲

如前所述，数据中台强调的是数据仓库和大数据平台的建设方式。实际上，不能简单地将数据中台当成一个技术问题。建设数据中台必须要有技术和方法论。就像云计算一样,虚拟化是云计算的核心技术,但是如果要将公司上云、IT 系统云原生化,还需要一整套以技术为基础的方法论来引导。举例来说,如何理解云原生中的重要概念"微服务"?传统的软件开发是把所有功能放到一个大型软件中,而微服务的概念是解耦,即把相对集中的功能作为一个微服务来开发。微服务的好处是可以单独测试和部署,微服务间通过 API 进行通信。微服务最好的载体是容器,容器是一项轻量级的虚拟化技术,不仅产生和消亡的代价很低,而且具有提供资源隔离等便于发布和管理的特性。微服务 + 容器加速了软件的开发、测试、生产和发布流程。但仅有这两项技术还不够,还要有 DevOps 来实现自动发布和稳定高效的系统运维,以轻松部署微服务和容器应用。同时,需要一个 CI/CD 架构来持续集成和持续发布,把代码提交到代码仓库后,自动触发微服务构建、容器构建及打包过程,然后发布到半生产系统进行集成测试,最后进入生产系统进行部署。这就是一整套的技术和方法论。

同理,打造数据中台也必须有一整套的技术和方法论的指导。我们先在这里简单介绍一下,第 6 章会更加详细地阐述。

(1)业务驱动,快速落地

所谓业务驱动,就是在建设数据中台的时候,一定要从企业的业务痛点、开发新业务的需要或者管理的需要出发,一步一步来,而不能期望一蹴而就。这是因为,数据中台的建设应该是先从 0 到 0.1,要很快见效,不断迭代,分阶段地逐渐体现出数据中台的价值。如果能够快速解决各部门的业务痛点和需求,各个部门才会积极响应数据中台的建设。而且从工程师的角度来看,这样开发的服务不仅部门内部可以使用,公司其他部门也能用到。在能力得到大家认可后,其他部门的工程师还会帮助调试这个项目，一举两得。当其他部门的工程师也开始这样发布服务时，就形成了良性循环。贯彻数字化运营的理念，能够不断从数据中提取新的价值，这样才能充分调动各个部门使用数据中台的积极性。

（2）顶层架构设计及数据规范

在确定有业务痛点，需要相应的数据能力来解决问题的时候，首先必须梳理顶层的组织架构和业务架构，并确定全局的数据架构和数据规范。值得注意的是，这里并不需要进行全局的业务梳理、数据梳理，因为我们在确定顶层架构和数据规范之后，可以根据具体的业务需求来梳理专门的业务流程和相关数据。只要有合适的顶层架构和数据规范并贯彻执行，系统中就不会出现数据孤岛。

（3）平台管理，由工具来指导数据能力的抽象和共享

如果实现数据能力的抽象和共享需要建立大量规则，需要复杂的培训，还要小心使用，那么这个数据中台注定是很难长期演进的。数据中台的建设应该以提供一系列方便好用的工具和流程为目的，让工具引导人来完成工作，而不是靠人手动操作。例如，添加一个新的数据源，对现有数据源进行修改的时候，相应的工具应该能自动完成这个数据源相关的管理工作（元数据采集、监控、通知），而不是让使用人员手动添加很多相关的配置。

（4）明确的责权利制定，并由工具来配合责权利的管理

任何一个系统的有效执行都需要参与人员的高效管理，高效的管理需要明确的责权利定义。特别是数据中台这种几乎涉及公司所有部门的体系，参与各方的责权利必须明确。一个常见的问题是，数据中台和大数据平台团队的价值无法明确体现，却要承担整个系统的高效、稳定、正确运行，而这个系统很多时候要运行来自业务部门的应用和服务。如果不将各个部门的责权利定义

清楚，最后就会陷入相互推诿的境地。这是一个管理问题，但是也需要相应工具的支撑。

（5）必须是一个安全、高效、稳定、可扩展的系统

实际上，中台并不是一个新概念，只不过以前受制于 IT 技术，企业无法建立安全、高效、稳定、可扩展的平台。如今，借助云原生、容器等技术，构建这样的系统已经变得非常可行。有了这些技术，再加上快速稳定的 DevOps 和 CI/CD 流程，整个应用开发和部署变得更快捷，从开发到上线的流程变得更加流畅，因此数据中台建设最好的开发基础就是云原生架构。而且，容器天然具有资源和数据的隔离性，可以很好地保证系统的安全性。

在云原生架构下做数据服务有天生的好处，就是以微服务和容器化的方式发布数据服务，能够实现非常快速的部署和迭代。另外，数据中台能够实现数据服务的弹性扩展。在容器编排如 Kubernetes 等架构下，一个操作就可以把一个数据服务容器实例变成多个实例，从而充分满足系统的可扩展性。因此，数据中台的建设一定要基于云原生和容器。

1.5　本章小结

本质上，数据中台在建设目的上与数据仓库、大数据平台是一样的：快速发掘数据价值，高效实现数字化运营。如果一定要将数据中台与它们区分开来，我们可以说数据中台是使用正确的方法论和架构（OneID、OneModel、OneService、TotalPlatform 和 TotalInsight）来建设数据仓库和大数据平台，并在此基础上提供相应的工具和机制来实现数据能力的全局抽象、共享和复用。

第 2 章

数据中台能力和应用场景

要不要建设数据中台，这是每个需要做数字化运营的公司必须回答的问题。第 1 章介绍了数据中台的定义及其与大数据平台的关系，可以看到，数据中台所提供的功能肯定是企业需要的。那么何时开始建设数据中台，如何在开始数字化建设时就为数据中台的建设打下基础，这些问题就是我们下一步要来解答的。

本章将介绍数据中台的一些能力的表现形式、数据中台的适用场景，以及什么样的公司需要建设数据中台。

2.1 数据中台不是"银弹"

近些年来，数据中台的概念非常火热，众多厂商纷纷宣传自己推出了数据中台相关的产品或解决方案，且业界对数据中台的前景也十分看好。那么，这是否意味着数据中台就是能够解决一切问题的"银弹"？

答案当然是否定的。数据中台的成功是建立在信息化的基础上的，没有完善的信息化基础，企业就无法全面理解企业业务，更难以从中获取有用的信息。另外，数据中台提供的是对现有产品和市场的快速洞见，是对现有产品和运营的提升，也就是说，数据中台可以助力市场的开拓，开发新的商业模式，加快迭代的速度，但是最终的实现还是要依靠数据中台团队的创造力。

一般来说，拥有多个事业部、多条产品线，需要在众多产品线中形成数据共享和复用的企业，可以最大化数据中台的投入产出。在多条产品线、多个业务部门形成数据合力之后，数据的作用将得以最大化。数据中台有两大好处。

其一，在开发新产品的时候，可以重用现有的数据功能，新产品线在接入数据中台后能够快速构建上线。例如，如果某个企业已经有了一个统一的用户画像服务，那么每个新上线的系统就可以直接使用这个用户画像服务，而无须重新构建。

其二，打通后的数据能够提供额外的决策信息。例如，某个企业想要实时评估广告投放效果，但是相关数据分别存放于渠道商的网站上、自己的业务系统以及第三方的 ERP 和 CRM 中。在数据打通之前，无法实现数据联动，需要较长的时间并且要进行一些手动操作才能形成全面的业务报告。而在数据中台将数据打通后，数据联动效果得以体现，可以实时生成反馈，自动、动态地展示投放效果。

实际上，企业是否应该建设数据中台与企业规模并没有必然联系。即使是规模很小的企业也需要有正确的方法论和架构来建设自己的数字化运营体系，而数据中台正好提供了这样的方法论和架构。虽然有的企业并不需要立刻建设数据中台，但从未来数字化驱动发展的趋势来看，它们仍需要为数据中台做准备，因为大多数企业的发展轨迹是从单一业务线发展到多条业务线。需要特别注意的是，建设数据中台并不是企业的最终目的，企业也不应为了建设数据中台而建设数据中台，更不能盲目跟风。数据中台的最终目的是帮助企业实现数字化运营，成为数据驱动型企业。

事实上，数据中台的出现标志着企业管理进入新阶段。一般来说，在企业发展初期，业务相对简单、IT系统并不复杂，企业的管理相对简单，产品的完善和业务的增长是首要任务，因此企业不会太关注管理与技术架构，对数据中台的需求也不会很强烈。而当企业发展到一定阶段，企业就会逐渐开始重视研发效率，用更高的研发效率和更快的迭代速度满足用户的需求，以提升自身的竞争力，这时数据中台对于企业的重要性就会日益凸显。

随着企业及其业务的进一步发展，企业前台业务线和后台能力模块将会变得臃肿、杂乱、难以维护，这将使得企业在应对业务变更和创新时捉襟见肘⊖。而数据中台对原有前台、后台数据能力进行的抽象、共享和复用，则避免了重复建设，复用了企业的数据能力，将后台系统中需要被前台频繁使用的数据能力抽象出来，仅需通过简单的API调用即可将这种数据能力赋予业务。这样就形成了所谓的"大中台，小前台"结构。对于大型企业来说，数据中台能够避免传统IT系统中经常出现的烟囱式架构，通过数据能力抽象，将核心数据能力集中起来，从而避免重复建设，提升组织中的人均效能。从这一角度来看，数据中台不仅是技术层面的变革，也是对整个企业业务架构的重新调整。数据中

⊖ 参见《从技术走向商业看"中台"投资机会：数字化转型的下一个千亿战场》一文，地址为 https://pdf.dfcfw.com/pdf/H3_AP201910251369737197_1.pdf。

台实现了从信息化管理向精细化运营创新的转变，为企业构建科学高效的运营管理服务体系提供了可能。换言之，数据中台是企业进入更高级管理阶段的一个标志。

2.2　数据中台的核心能力

数据中台建设的核心思路是赋能业务部门，提供更好的数据能力工具，使业务部门能够通过中台提供的功能快速获取商业洞见，从而快速提供数据驱动的业务产品。因此，脱离了业务应用，数据中台的建设就是空中楼阁。我们在规划数据中台建设的时候，要有业务应用的场景，后续的迭代必须由真正的业务需求来驱动。

值得注意的是，虽然我们强调业务驱动，但是数据中台提供的整体规划和全局数据规范是必不可少的，否则一味求快，很有可能又会回到原来数据孤岛、应用孤岛的状况。

那么如何真正实现业务驱动的数据中台建设呢？下面我们介绍几种业务部门所需数据能力的常见表现形式和实现思路，以及如何获取商业洞见，如何利用实时数据报表实现精细化运营、快速决策，利用中台能力快速开发新业务，为客户提供个性化的服务，并在产品推出后快速获得反馈。

2.2.1　全局商业洞见

商业洞见一般有如下几种。

- 通过分析市场行为，发掘新的商机和产品机会。一种可能的方式是从市场调研或公开信息中爬取所需要的用户和市场行为数据进行分析，例如利用市场调研报告进行用户情感分析。虽然这可能成为数据中台的一个功能，但是在这里，我们主要侧重于从现有用户的行为里发现新的商机和产品机会。

- 通过对现有产品的表现进行评估和判断，提升其用户满意度及市场竞争力。例如，评估产品在各个细分年龄段、不同地区的用户中的表现。

- 对公司各个部门和功能的表现进行实时多维度评估，例如对每个业务部门各个维度的业绩进展、重要经营指标的实时掌握。

- 对具体业务的精准掌握，例如广告投放效果的实时评估、下级经销商的销售情况、当前库存和销售情况相结合的预测报告。

这些商业洞见都需要有大数据平台的支持。传统的 BI、大数据平台、数据仓库都能够帮助我们减少创造新业务和产品过程中的不确定性。而数据中台与它们的区别在于，数据中台需要汇集全公司、全渠道、多数据源的全局信息。它不局限于某一个业务系统、某一个事业部的数据范围，必须要有全局打通、统一治理的数据。因此，有可能每个事业部都有自己的大数据平台，但是一个公司只会有一个数据中台。

不可否认，这对于一些企业有一定困难。当管理决策人员、业务部门负责人或产品经理不能获得某些数据时，他们一般会要求 BI 分析师生成其所需要的商业报表，而以下是经常出现的场景。

- 所需要的数据不在当前系统中。例如需要的数据没有采集，还要重新采集数据；或者需要埋点的地方没有设计好埋点，还要修改业务系统来增加新的数据点。

- 所需要数据的准确性需要很长时间来判断或处理。这一般是因为数据处理链条太长，涉及各种不同的系统。如

何确认数据的准确性，如何系统性、持续性地监控数据
的正确性是很重要的问题。

- 报表制作需要专业人员来完成，大家排队等待数据工程师
  跑数据。运营、产品、市场等各部门都要通过数据工程师
  获取数据，整个流程主要是沟通需求→分析数据源→升
  级数据采集系统→开发程序→提供结果。在这样的流程
  中，大数据部门很容易成为瓶颈。当然，数据需求方可
  能因数据获取速度慢、等不及而自己拍脑袋做决定，最
  终导致产品迭代效率低下。
- 报表只能看到宏观数据，在分析问题的时候作用不大。
  一般的报表能够让团队负责人了解宏观数据（如销售额、
  用户数等），这对他们有一定的帮助。然而宏观数据在分
  析有些问题时就无能为力了，比如为什么昨天的活跃用
  户数暴跌 20%。这时我们需要进行更深入、更精细的分
  析，如按照渠道、地域等维度对数据进行分解，判断某
  渠道或某地域是否有大波动，并进行多维度、细粒度的
  下钻分析等，这样才能快速定位问题，在解决问题时有
  的放矢。
- 无法跨越数据孤岛去获取自己需要的数据。一些集团化
  企业的孤岛效应尤为明显。做大数据分析需要与不同部
  门沟通协调，获得审批权限，等待数据审批完成后才能
  统计数据，整个周期较长，而且这些数据可能因为没有
  统一 ID 而无法打通。从企业自身数据的价值角度来说，
  应消除部门间的数据孤岛，让数据协作更顺畅。

总的来说，建设数据中台的目的就是系统性地解决这些问
题，使所有业务人员和决策者都可以快速获得他们需要的数据
洞见。

> **实际场景** 鞋类品牌百丽通过全流程化的数据改造，将一双鞋要经历的供应链、设计制造、门店决策、会员管理等流程统一纳入数据化流程，真正实现了数据驱动。例如，百丽子公司滔搏运动的一家线下门店根据惯有逻辑，认为男性流量会大于女性，因此店内的男女鞋铺货比为 7：3。而在通过搜集进店流量、顾客店内移动线路和属性并形成店铺热力图之后，却发现进店女性客流占总客流的 50% 以上。于是这家门店增加了 30% 的女鞋陈列，改动后的单店女鞋销售额增长了 40%。

2.2.2 个性化服务

个性化服务是指通过对客户需求的精准分析提供针对性的产品和服务。例如，我们可以使用标签体系来精准定位一个用户群体，然后针对这些用户进行一些特定操作，比如促销活动或邮件触达等。这就是一种个性化服务，随着智能手机、移动应用、5G、IoT 的普及，人们的消费习惯越来越多样化和个性化，如何整合生产系统、供应链、营销系统以快速满足用户的个性化需求成为很多企业的重要课题。

除了这种从全部用户中定位一批用户并进行特定操作之外，还有一种常见的个性化服务是基于用户画像的产品推荐。最常见的例子有 Facebook、Twitter、今日头条根据每个用户的阅读历史推荐他们可能最感兴趣的文章，Amazon、淘宝、美团根据用户的购买历史来推荐他们最有可能购买的产品，Netflix、YouTube、抖音根据用户的观看历史来推荐他们最有可能观看的视频。

> **实际场景** 可能不如前面的例子广为人知，Google 和百度也可以基于用户的搜索历史提供个性化的推荐结果。

搜索引擎经常会遇到一词多义的问题，例如，用户搜索"Saturn"，应该为其返回什么？ Saturn 可以指土星、车、电影，甚至游戏主机，如果搜索引擎对用户一无所知，那么可能就会返回一般化的相关信息；而如果搜索引擎知道这个用户最近一直在搜索购车信息，他很有可能正打算购买一辆 Saturn 汽车，那么就应该返回附近销售 Saturn 汽车的车行信息。Google 开发 Gmail 的初衷之一就是可以通过用户的邮件对用户的兴趣有更深入的了解，从而能更精准地为用户提供搜索结果。这也是不同产品之间数据互用的例子。

除了上面提到的有关互联网、电商企业的个性化服务，其他行业也有越来越多的个性化服务需求。

- 银行业需要为用户提供定制的金融产品，如理财产品、信用卡产品。波士顿咨询公司（BCG）的一项调研⊖发现，"22 岁到 49 岁年龄段客户的理财需求最强烈，他们中有四分之三的人希望银行能够像他们的私人'虚拟理财教练'。毫不意外，绝大多数客户希望银行也可以像互联网一样为他们提供个性化的体验。"
- 保险业需要为客户提供最适合的、高度可定制的保单。在《德勤 2016 年保险市场分析报告》中，未来场景中的第一项就是个性化的保险，其必备条件是"先进的预测分析能力，以支持复杂定价和风险管理，可获得行为、场景和其他关联数据，通过实时数字渠道在适当时刻联络客户，从而提供前瞻性建议"。这正是数据中台应该提供的能力。

⊖ 《个性化银行——银行提升竞争力的利器》：http://media-publications. bcg.com/BCG-GC-DigitalBCG-bundle-CHN-Apr-2019.pdf。

- 服装行业需要根据消费者的喜好和身材数据定制衣服、鞋帽。例如，服装定制提供商衣邦人可以通过用户地区、个人数据提供特定时间节点的特定产品促销；传统鞋类零售连锁集团百丽在进行数字化转型之后，在线下门店里采集用户数据以提供更精准的产品推荐服务。

提供个性化产品推荐的系统一般需要包含如下功能组件。

（1）用户画像

对于每个用户，我们都想知道其年龄、性别、地区、行业、身体状况、收入状况、兴趣爱好、社交属性等，并能根据需求快速获取。而在传统行业里，获取用户画像是非常困难的，因为用户在线下用现金交易，交易过程中不会涉及任何个人信息。互联网企业在这方面有着先天的优势，浏览器 Cookie 的使用，允许像 Google 这样的企业在不需要创建任何用户系统的情况下收集用户的信息。在越来越多的交易转移到线上和移动端之后，企业收集用户信息的手段就会越来越多，连线下企业也逐渐开始使用类似于会员制销售的方式积累用户信息并形成用户画像。打通各个业务子系统、将分散的用户信息形成一个完整的用户画像，这是很多企业建设数据中台的一个目的。

（2）产品画像

产品画像是指产品的一些属性标签。这里的产品是指广义的产品，是用户可以消费的一个实体单位。例如，对于今日头条，每篇文章就是一个产品；对于 Twitter，每条推文就是一个产品；对于电商，每个 SKU 就是一个产品。这些产品都必须有一些自己的标签。例如，对于 Twitter 的每一条推文，其主题（体育、娱乐等）就是一个标签，其作者分类（大咖、媒体人员、学生等）也是一个标签，其发出的地区、推文表现的情感都是可能的标签。一般来讲，每条广告就是一个产品，不过其标签一般是由人工设定来匹配指定用户人群的。值得注意的是，有的产品画像比较容易获得，例如 SKU 对应的 3C 产品；但有些就需要非常复杂的人工智能系统来判别，例如，精准获得视频的标签可能会成为一个单独的服务和行业。

（3）匹配服务

匹配服务一般是双向操作，一个是给定用户，找到最符合该用户画像的产品（如文章、视频、推文、广告等）；另一个是给定产品，找到最适合这个产品的用户群体并推送给他们。匹配服务的精度是很多互联网公司的核心竞争力，因为用户在产品上花的时间和精力是有限的，向用户推送一个其不感兴趣的产品相当于浪费了一次销售机会，也降低了用户的产品体验。如果每次推荐的产品（包括广告）用户都感兴趣，用户体验和销售额就都会提高。匹配服务需要使用一定的机器学习模型和行业知识图谱，而这些一般需要专门的团队来开发。

（4）反馈服务

提高匹配服务的成功率是个性化服务的关键，当然，这是建立在精准的用户画像和产品画像的基础上的。但要在数据或算法不是很完善的时候冷启动，这就要靠反馈服务了。我们推荐给用户的哪些产品用户感兴趣？哪些产品用户完全忽视？用户在我们推荐的文章或视频上停留了多长时间？为什么我们的模型精确度不高？我们在用户画像、产品画像、匹配服务中的哪一个步骤出了问题？反馈服务将这些问题的答案准确地记录下来，作为整个系统的迭代基础并持续衡量这些业务指标。

那么个性化服务与数据中台有什么关系呢？

第一，很多集团企业需要从各个部门获取和打通用户数据，这样才能形成比较全面的用户画像，以及在集团范围内推广个性化服务；

第二，用户画像服务应该以一种可重用的数据服务方式被很多部门同时使用；

第三，个性化服务的反馈和最终效果评估需要从各个部门的业务数据中统一提取。

上述功能组件都需要数据中台的支持。

2.2.3 实时数据报表

对于业务部门来讲，任何一个产品推出后他们最想知道的就是市场对产品的反馈。对于不同的行业，市场对产品的反馈形态有一些共性，也有很多行业特定的属性。例如，一般来说，产品的销售额肯定是最直接的反馈，而对于很多互联网产品来讲，用户注册数、用户活跃度、用户留存也是很重要的指标。对于线下销售，除了销售额之外，了解门店中用户的兴趣点、购买用户的细分、市场手段的触达情况也能帮助精细化管理整个销售流程。

因此，为了监控能够反映整个企业或单个产品运营情况的最重要指标，很多企业都会建设业务部门可以使用的实时业务数据报表及可视化工具。例如，一个可视化的实时看板，也就是俗称的可视化大屏，可以展示全局业务的关键指标以及实时发生的重要信息，如图 2-1 所示。不可否认，有不少大屏的项目是面子工程，但是一个能够显示最新核心指标、易用的可视化工具是非常重要的。正所谓"一图胜千文"，一个好的实时数据看板可以让管理者快速掌握企业的运行状况，让一个部门、一个项目组的人员能够快速了解当前产品的运行情况，对任务及其优先级有一致的理解。在许多高科技公司，不少部门会购买专门的大显示屏，并将其悬挂于工作区域，显示本部门的一些核心指标或者产品的运行情况。大家在工作之余，一抬头就能知道公司和产品的运行状况。

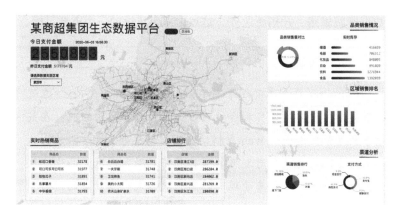

图 2-1　产品实时数据报表

在建设数据中台的同时，产品部门需要的各种数据功能在理想情况下应该可以实现无编程或者低代码配置。如果一个产品在上线之前经过数据委员会的审核，确认其数据采集规格符合要求，那么产品在上线后基本可以得到实时反馈。实时报表流程中的大部分组件可以提供可配置的 SDK 或界面，在应用发布的时候指定日志和数据的位置、需要采集和展示的指标，整个流水线就可以运行起来，将各种关键指标采集到最终展示它们的位置。最后显示的大屏可以以模板的方式提供基础展示，只在有特别显示需求的时候才需要定制开发。

2.2.4　共享能力开发新业务

数据中台的目的是数据能力的抽象、共享和复用，其中的共享和复用并不只是出于省钱的考虑而提出的，在很多时候它们是开发新业务的驱动力。在阿里巴巴和今日头条的案例中，我们看到它们在企业内利用现有用户数据快速落地新业务的强大能力。赋能企业内各个业务部门，帮助其快速理解现有数据，使用现有数据开阔思路、开拓新业务，是数据中台建设的一个重要目标。

实际场景：Twitter 的 Hack Week

Twitter 每个季度或每半年会组织一次 Hack Week。在这个星期，日常的项目都会被放下，员工可以自由组队，在头四天里开发出一个 Web 或移动应用，到星期五统一评比，从中找出比较适合公司发展的项目并将其融入现有产品中。这些应用中有很多是基于现有的用户数据或产品开发的，例如基于位置和用户兴趣的"附近的人"推荐，基于实时数据流的突发事件监测和推送，基于用户兴趣和公众热点的智能信息流等。在早期大数据平台不是很完善，很多团队需要大数据组同事手把手的指导才能实现应用原型。随着公司的发展，这项工作越来越困难。在 Twitter 的大数据平台比较完善之后，绝大部分 Hack Week 团队可以自己找到所需要的数据并根据文档使用这些数据，在四天内开发出一个完整的数据驱动型应用。（当然，完善的技术平台的支持也是必不可少的，例如在云原生的平台上，很多分布式开发的框架及应用的发布是非常容易实现的。）

经过 Hack Week 的锻炼之后，很多产品经理理解了整个数据体系的使用和探索方式，从而大大加快了开发新产品原型的速度。产品经理可以利用平台上提供的各种数据能力，像搭积木一样快速完成一个原型，并通过 A/B 测试和产品性能监控方面的框架快速推出和验证。例如，产品经理可以从大数据平台的数据流接口获取原始推文，从另一个数据流接口获取其定位信息，从一个文本分析接口获取其类型分析结果，从用户画像服务获取其作者的兴趣信息，从兴趣图谱服务获取相关的兴趣分类，然后通过实时流水线处理在附近地点有类似兴趣的用户群，并将结果推送给用户。如此复杂的流程，完全靠自己开发是非常费时费力的，但由于可以重用各种数据能力，就能以很小的代价快速完成原型。这样的迭代速度如果没有数据中台的支持，是不可想象的。

业务部门之间数据能力共享和复用的流程一定要根据企业的特定情况来制定。对于一些集团公司或者涉及较多线下业务的公司，由于业务模式差距较大，各个部门之间的数据能力共享和复用会比较复杂。例如，有线上网店、线下门店、多条业务线的企业在打通和复用数据时可能会比较困难。但是，在用户行为和业务流程越来越数字化的当下，如何实现线上线下数据的打通，赋能各个业务部门，充分发挥数据的价值，应该是每个企业必须考虑的问题。

2.3　数据中台的行业应用场景

接下来，我们来看一些数据中台的行业应用场景。虽然数据中台的理念和核心技术是通用的，但是其价值主要体现在具体行业业务的提升上，因此其应用场景与行业是紧密相关的。以数据中台在各个行业的应用场景和案例来阐述数据中台的适用场景，能够更好地回答"数据中台究竟能给我们带来什么价值"这个问题。

2.3.1　互联网行业

说到数据中台，首先想到的当然是互联网行业。过去几年中，凭借着移动互联网的红利，以阿里巴巴、腾讯为代表的互联网企业飞速发展，业务规模直线攀升，随之而来的是公司内部大量的重复建设和资源浪费。阿里巴巴先后上线了1688、淘宝、天猫、聚划算、闲鱼等业务，这些业务虽然针对的是不同的细分领域，但用到的订单、商品、库存、价格、仓储、物流等系统功能高度相似，如果每上一个新业务都要将这些系统功能全部重新开发一遍，无疑是很大的资源浪费。在这个大背景下，阿里巴巴内部不断提升共享服务部的职权，对各个业务部门重复使用、反复建设的系统功能进行统一规划和管理，从而拉开了阿里巴巴大刀阔斧改革的序幕。

阿里巴巴数据中台是从后台及业务中台将数据流入，完成海量数据的存储、计算、产品化包装的过程。在这个过程中，阿里巴巴逐渐形成了自己的核心数据能力，为前台基于数据的定制化创新和业务中台基于数据反馈的持续演进提供了强大支撑，这可以说是数据中台的核心价值之一。简单来说，数据中台就是对内提供数据基础建设和统一的数据服务，对外提供服务商家的数据产品。阿里巴巴数据中台的核心是 OneData，OneData 体系建立的集团数据公共层从设计、开发、部署和使用上保障了数据口径的规范和统一，实现了数据资产全链路的管理，提供了标准数据输出。统一数据标准是一项非常复杂的工作，因为同一个数据指标的定义众多。例如，对于 UV 这个数据指标，统一标准之前阿里巴巴内部竟然有十多种数据定义。据介绍，OneData 数据公共层总共对 30 000 多个数据指标进行了口径的规范和统一，梳理后数据指标缩减为 3000 余个。从 2015 年至今，中台战略已经为阿里巴巴创造了巨大的价值。

2.3.2 连锁零售业

连锁零售业也是数据中台的典型应用场景。虽然连锁零售企业拥有的数据体量没有电商企业那么大，但它们对于数据驱动的需求同样强烈，而且这种需求也是典型的可以用数据中台来解决的需求。

以衣邦人为例，它首创式地将"互联网＋上门量体＋工业4.0"的 C2M 商业模式引入行业，成为迅速撬动服装定制蓝海市场的零售企业。截至 2019 年年底，衣邦人已拥有 48 个直营网点，服务范围辐射全国 140 多个城市，累计预约客户突破 110万。衣邦人的成功，除了商业模式独特外，数据中台功不可没。

作为一个数据驱动的零售商，衣邦人在广告渠道管理、精准营销、个性化服务、门店管理等方面充分发挥数据的威力。例如，其数据中台打通了各个渠道的广告数据以及后台的 CRM、ERP 及业务系统数据，可以实时了解广告投放的真实成单效果，防止可能的广告欺诈，同时可以精准计算各个渠道的 ROI，进而及时放弃无效渠道，增加高效渠道的投入。在客户服务层面，能够快速实现精准的用户画像，提供个性化的促销及产品推荐。在管理层面，为各个门店提供定制化的业务数据报表，赋能一线业务人员。

与传统的数据仓库、大数据平台建设的方式不同，衣邦人在建设数据中台的过程中坚持以业务为导向，在建立全局的数据模型、数据服务的过程中不断提供解决实际业务痛点的数据应用，从全渠道分析、用户画像触达到标签体系及服务，让数据中台的价值得以快速体现。

2.3.3　金融业

银行、证券、保险等金融行业也是数据中台的典型应用场景。以银行业为例，随着移动互联网的迅速发展，其业务呈现复杂化的局面，移动银行、手机银行所带来的复杂业务，使得银行必须通过数据中台来快速应对各类复杂的应用需求。银行业的数据中台建设需要在前台业务系统与后台数据系统之间构建一条数据和能力的通道，为前台的业务团队、客户经理、财富顾问与后台的数据专家、算法模型专家、人工智能专家的工作衔接提供强有力的支撑。业务团队专注于产品的具体逻辑与业务管理流程，数据专家专注于加速从数据到价值的过程，提高对业务的响应能力。

以富国银行为例，这家一度被称为"美国最佳零售银行"的私人银行，以创新和客户服务著称于世。早在 1983 年，富国银行就建立了自己的数据仓库系统。富国银行还是少有的将数据战略写入董事会战略的银行之一，其对数据战略的重视可见一斑。不过，像大部分银行一样，富国银行以前的数据平台都是围绕业务线建立的，每个业务部门都建设有自己的数据系统，这就导致富国银行虽然坐拥 7000 万客户的数据，但是这些数据分布在众多银行部门和系统中，难以复用和共享。而要解决这样的问题，数据中台是非常适合的。

基于对数据战略的深刻认识，富国银行于 2017 年启动了建立全行集中数据运营和洞见团队、建设新型数据平台的工作，主要工作包括企业数据治理、企业数据资产管理、企业数据管理、企业级数据集成、数据安全管理及数据授权。这些工作所要实现的功能其实与我们阐述的数据中台的功能大同小异。通过这样的变革，富国银行实现了数据战略升级。2019 年 7 月，在全球前 1000 的银行排名中，富国银行高居第七位。

2.3.4 物联网

物联网（IoT）设备需要传输大量的传感器数据，对于数据处理提出了很高的要求，而数据中台正是解决这些问题的良方。以北京中信大厦 IoT 项目为例，中信大厦又名中国尊，地上 108 层、地下 7 层，可容纳 1.2 万人办公，总建筑面积 43.7 万平方米。为了进一步提升整个建筑的智能化水平，中国尊中部署了大量传感器以收集各种数据（温度、湿度、电声光等），它们会持续以很高的频率（一般时间间隔为 1～5 秒）产生大量读数，并上传给物联网网关。这些数据是实现智能楼宇管理的基础，上层的智能监控、能耗分析等业务应用都依赖于这些数据的服务。现代大楼一般会有几百万到几千万个传感器，后台的数据处理系统必须具备相应的数据处理能力。

但是，物联网数据的处理有其特殊性：一是设备的多样性导致数据的多样性，必须通过物联网网关将其转换成标准格式；二是同样的数据需要用不同的时间粒度和形式来处理。例如，同样的能耗数据，必须以实时流数据的形式提供给实时报警系统和监控大屏，以关系型数据的形式提供给 BI 报表系统生成日报和周报，三个月到半年的数据需要以时数据的形式提供给智能监控分析程序进行机器学习，更长时段（比如两到三年）的数据需要以压缩的数据格式提供给历史数据分析程序。对于这种多样的需求，一般的数据平台处理起来通常会非常棘手，而通过数据中台，中信大厦将物联网网关数据纳入统一的采集框架，自动提供底层数据不同格式和粒度的管理和转换，在汇总后将基本数据通过统一的数据接口供上层应用使用，而且所有的应用和数据全部运行在同一个集群中，由统一界面进行管理，从而解决了多源异构数据的处理及可控管理的难题。

2.4　数据中台如何为企业赋能

虽然上一节介绍了数据中台在一些行业里的应用场景，但是很多管理者和开发者对于数据中台到底是如何工作的，还只有个很模糊的概念。这一节就从互联网企业的视角，看看数据中台是如何为各个部门赋能的。

2.4.1 组织架构

很多企业在羡慕阿里巴巴、字节跳动等企业拥有全局数据能力和快速迭代能力的同时，却发现自己现有的架构无法满足建立全局数据能力的要求。伴随着粗放式的管理成为过去式，人口红利逐渐消退，烟囱效应造成部门墙、数据孤岛，数据维护成本增加及数据价值发掘难度增大，企业数字化运营的压力越来越大。

在阿里巴巴的模式下，业务部门必须用数据中台团队提供的数据能力。图 2-2 展示了阿里的技术中台、数据中台、业务中台与各个业务板块的关系。根据这张图，我们可以设想，如果中台出现问题且无法及时解决，业务部门的运作将会受很大影响。那么，业务部门为什么要冒险去尝试类似数据中台这样的新架构？如果没有马云的全力支持，很难让阿里巴巴的业务部门冒着业务受影响的风险来尝试这个新架构。而且，并非所有公司的技术团队都如阿里巴巴般强大，并非所有的公司都能像阿里巴巴一样强势要求业务部门无条件配合。这就产生了一个问题，对于一般的企业来说，究竟应该如何打造类似于数据中台的能力？

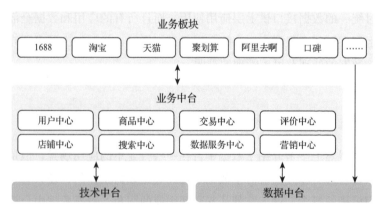

图 2-2　阿里巴巴数据能力共享示意图

实际上，数据中台复用的这些能力并不一定要由专门的数据中台部门来抽象和提供，也可以由业务部门来提供。比如在Twitter，用户分析部门做用户画像，反欺诈团队做识别机器人和恶意账号的 API，完成之后分享接口，其他部门也可以使用。因此，建设数据中台并不一定要像阿里巴巴一样重组机构，设置一个专门的中台团队，将一些通用能力划分给这个团队管理。但如果一个企业想要建设符合自身需求的数据中台，那么按照企业的组织架构来规划数据中台就很有必要。因为数据中台的目标是实现高效的数字化运营，使企业中绝大部分人员能够用数据来支撑自己的日常工作，所以了解数据中台在这些组织架构中的运作方式、选择最适合自己的中台组织架构，将对企业规划数据中台的建设很有帮助。不过需要强调的是，这种由下而上的抽象和共享虽然很常见，但也不是万应灵丹，还必须由相应的工具和流程来支撑。

下面，我们以一般互联网企业为例来说明数据中台如何为各个部门赋能。

一般而言，在一个互联网公司中我们会看到如下部门设置。

- 决策部门

  CEO、COO、CFO、CTO、CIO 等。

- 业务部门

  ○ 产品部门：产品决策、设计

  ○ 运营部门：产品运营、会员运营、用户增长等

  ○ 销售部门：销售、客户服务

  ○ 市场部门：渠道、推广、商务合作

  ○ 财务部门：预结算、资金管理

- 研发部门

  ○ IT 部门：公司内部 IT、产品运维

  ○ 产品研发：架构、开发、测试

  ○ 大数据部门：提供数据能力支撑

下面我们看看企业的各个部门是如何使用数据中台能力来提高工作效率、达到更好的工作效果的。

2.4.2　决策部门

在数字化运营的企业里，数据对于决策层的重要性不言而喻，日益普遍的 CDO（首席数据官）和 CDS（首席数据科学家）职位的设置就是很好的证明。2015 年，美国政府将来自 LinkedIn 的数据科学家 DJ Patil 任命为白宫的 CDS，就是希望他在互联网企业的数据经验能够帮助政府和其他行业做出更科学的决策。对于企业的管理决策层而言，数据中台可以为其赋予五大能力。

（1）快速智能的商业决策支持

数据中台能够为管理决策层提供全局、多维度的报表来反映各条业务线的情况，比如告诉管理决策层哪个广告渠道带来的转化率最高，并快速提供可视化报表。除了传统的业务报表之外，数据中台还能够利用全局的数据整合能力提供超出传统数据仓库的智能和全局商业洞见。例如，在整合了用户行为、销售管理、供应链数据之后，数据中台可以提供类似于"某个地区供应链问题造成用户活跃度显著下降"的自动报警功能，这种功能在传统的商业报表中是很难事先定义或者自动发现的。还有一个例子是，企业决策部门经常需要判断现有系统是否能够支持以及能够多快地支持某个产品，这时，数据中台提供的数据能力全景视图是非常关键的。

（2）精细化的运营和管理

实现每个产品线的数字化运营标准，对全公司进行高效的数字化运营。例如每个产品都必须有量化的运营指标，必须进行 A/B 测试等；对运营数据进行自动分析和报警；形成完善的数据标准和数据应用资产体系，打通各条业务线的数据，最大限度发挥数据的价值，并在做出重要决策的时候能够快速得到数据的支持。

（3）产品线的快速迭代

在数据中台的支撑下，新产品能够利用现有的数据能力快速上线，而且能够利用现有的数据积累加快推广和实施的过程，比如实现各条产品线和各个部门之间的协同与市场拓展，快速满足市场需要。举个例子，产品经理在设计一款新产品时，需要判断目标用户与现有用户的重合度以及其在目标区域的分布来决定产品的推广方式。同时，上线之前还需要做 A/B 测试，上线之后必须马上拿到性能反馈，而且这些功能最好能够充分利用现有工具快速实现。这些都需要通过数据中台打通不同部门之间的数据协调、前后端数据来实现。

（4）内部数据能力的共享和复用

解决重复造轮子的问题。通过数据中台，管理决策层可以清晰看到公司目前有哪些数据资产，哪些业务已经有了数据、应用和接口，如何提升某条业务线的运营效率，还有哪些数据需要收集、处理和分析。同时，还能够避免重复造轮子，及时发现冗余或者无用的数据。比如，在双 12 需要向中年用户进行推销活动的时候，可以复用双 11 向年轻人进行推销活动开发的服务，并且只需微调即可快速上线，无须重新开发。不过，需要注意的是，在强调内部数据能力的共享和复用时，还要关注各部门快速自主迭代和全局统一规划的矛盾。

（5）完善的 ROI 管理

大数据项目通常需要大量资源，因此我们经常会看到巨大的开销和不清晰的部门和项目分配。为了最合理地使用资源，确保核心业务的性能，我们需要数据中台为每个数据应用进行精确的 ROI 规划和管理。

以上功能会随着数字化运营程度的不断提高而日益完善，但是企业管理决策层对这些能力的重视和理解肯定是数据中台项目的一个核心驱动力，这也是我们说数据中台是个"一把手"工程的原因。

公司管理层一般以何种形式来使用这些能力？在宏观上，当决策层需要做数据支持的决定时，会有很多关于市场、产品、用户、人员、资源量化的问题，这些问题应该由数据中台快速、准确、全面地回答。一个CEO曾这样向我们解释他们公司需要建设数据中台的原因："每次需要实现一个业务功能时，我们的IT部门都可以在一两个星期内做出反应；但每次我有一个数据问题时，他们都要花上四到五个星期才能给我一个解决方案。这个时候我就意识到应该有个系统的数据解决方案了。"

在具体形式上，一般都会有专门服务于决策层的数据分析师（团队），所有决策层的问题由这个数据分析师转化和分解成具体业务指标的查询，并将各个业务部门的数据指标进行汇总整理，然后以管理层最容易理解的形式呈现出来。这个数据分析师的角色有时就由CDO或CDS来承担，这是因为只有对公司的全局业务和具体数据模型有相当深刻的了解，才能保证数据及其产生结果的准确性。一般情况下，在转化和分解决策层的问题时如果发现有些问题很难回答，这其实就是发现了现有数据系统的不足和缺失，这个时候就需要CDO或CDS来改进和完善公司数字化运营的机制。

在工具方面，管理层有时会使用通用的数据工具，而更多的时候数据平台团队会为其定制包含核心指标的可视化看板、实时/定时报表以及一些工具。例如，在Ask.com早期使用大数据平台取代传统BI的时候，最先实现的就是每天早上的定时报表（包含CEO最关心的一些通用运营指标以及重要市场活动的每日更新)、每个星期一的市场营收周报(按可配置的多维度分析)和用户画像报告以及一些重要市场活动的实时数据分析看板(管理层可以随时查看)。一般来讲,这个层次的工具很难有通用产品,其形式和数据的使用是高度个性化的,而且会随着市场的变化而变化,因此最好由专门的团队来支持管理层的数据需求。但是,一个好的底层架构可以让这个定制开发流程更快捷,让数据的准确性、实时性和可解释性有更好的支持。

2.4.3　业务部门

数据中台能够为业务部门和 IT 研发部门提供的主要功能可以根据一个产品的生命周期来划分。产品生命周期理论是美国哈佛大学教授 Raymond Vernon 于 1966 年在其《产品周期中的国际投资与国际贸易》一文中首次提出的。产品生命周期(Product Life Cycle)是产品的市场寿命,即产品从进入市场到被市场淘汰的整个过程。产品一般要经历开发、引进、成长、成熟、衰退几个阶段。

以互联网产品为例,对于一个具体的产品来讲,其生命周期基本可以划分为前期调研→立项→需求研发→开发→测试→发布→运营。对于一家公司来讲,必须快速应对变化,这就要求其对产品的生命周期有更精细的掌控。但是在一个充分数字化运营的环境中,产品的迭代周期会越来越短,传统的瀑布式开发流程已经在很多地方被抛弃,快捷开发、敏捷迭代逐渐成为主流。这时,数据中台就会承担起决策依据的重担。

对于业务部门来讲,它们对数据中台的需求贯穿了整个产品生命周期。数据中台能够为业务部门带来如下能力。

- 获得市场洞见:通过对现有用户和市场数据的分析,了解市场和用户的情况。

- 预测产品的市场：在将产品全面推向市场之前了解市场可能的反馈。
- 监控产品的性能：在产品推出后快速了解产品运营的各种指标。
- 持续跟踪用户行为及反馈。
- 自动发现市场的异常并快速响应。

上述大部分功能涉及数据的全面整合和持续集成，这些功能以自助工具的形式提供给各个业务部门。例如，我们可以汇总用户在所有产品里的行为，生成全面的用户画像，并根据用户画像给用户打上标签。然后，运营人员可以使用标签体系定位到某个特定的用户群体，并针对这个群体采取相应的市场营销方式，如发送促销邮件或通知等。

实际场景：产品的决策

在 Twitter 的产品迭代过程中，数据平台起到了核心作用。从产品想法的产生、这个想法的初步验证，到实现一个可观察到的概念验证（POC）、产品的上线，再到产品性能的持续追踪，业务部门都离不开数据平台提供的功能。一个新产品想法可能有很多来源，比如对竞品和用户行为数据的分析、用户的反馈或者产品经理的灵感。有了想法之后，产品经理要做的第一件事就是量化这个产品可能会产生的影响。例如，一个产品经理想做一个有关电影推文的 IMDb 集成，为对电影感兴趣的用户提供更好的体验。在开发这款产品之前，产品经理可以到数据平台上看一下产品推荐部门做的用户画像，看有多少用户可能会对电影感兴趣，然后到广告部门提供的数据里看这些用户点击广告的概率有多大，最后到用户增长部门提供的数据里看看喜欢电影的用户人数最近的增减情况。有了这些数据之后，产品经理可以很快判断这个产品能否为公司带来显著的用户或营收增长，而不是靠拍脑袋决定要不要开发这款产品；还可以对投入的人力和资源有一个大概的估算，让公司在立项的时候有一个更好的决策依据。

不过，并非各个业务部门需要的所有数据功能，数据中台都能马上提供。这时业务部门可以独立开发和测试自己需要的功能，只需符合数据中台要求的数据标准即可。这些功能将会呈现在数据能力全景地图里，其他部门可以直接使用。例如，数据分析中有一个常用功能是过滤掉来自某些固定 IP 段的请求，因为这些 IP 段一般都是由机器人、合作伙伴或内部使用的。维护这个网段的工作往往是从反欺诈部门先开始的。反欺诈部门将这个网段列表以及相应的数据服务 API 做好之后，其他业务部门的数据分析或数据应用也可以使用，因此它们的应用就没有必要重新开发和维护该功能了。更重要的是，通常所有部门必须使用统一的数据功能，例如上述过滤网段功能必须全局统一，否则统计的口径就会出现差异。

2.4.4 研发部门

产品研发部门希望能集中精力在业务逻辑的开发上而无须考虑数据处理的细节，因此数据中台应当具备与 DaaS（Data as a Service）平台相似的能力：

- 需要的数据都能够随时获得，并且能保证数据的可用性及正确性；
- 要有方便的数据处理流程，有一套标准，能够很方便地进行数据处理；

- 要有数据服务，提炼出有价值的数据后，能够通过数据服务将其开放出来进行共享和使用；
- 要有数据应用，能轻松地进行 A/B 测试、做大屏、进行数据监控等。

在开发业务应用的时候，研发部门一般会有更多数据方面的要求，也就是数据的建模以及对业务逻辑的还原。它们会考虑产品上线之后的数据分析需求，并在开发的时候加入相应的数据埋点、数据记录和日志条目。但是，研发部门不需要担心这些记录的数据是如何采集、存储和汇总的，这些都应该是数据中台自动处理的工作。

如果研发部门的数据记录机制符合数据中台的要求，那么数据中台可以提供自动或半自动的数据汇总、测试、监控功能。当然，这需要借助一些内部框架。例如，在 Twitter 内部的数据平台中，如果业务部门的数据是按照标准方式记录的，那么数据就可以自动对接到一个 A/B 测试框架中，系统上线后数据中台可以自动进行 A/B 测试、产生报告，并产生标准的监控大屏。

在具体形式上，一般大数据平台部门应该提供一个类似于"数据驱动应用开发标准和 SDK"的文档和一个类似于"数据驱动应用工作台"的 Web 工具。业务部门按照这个开发标准来设计记录数据的建模，然后按 SDK 中的接口安排好数据的记录，一般是将数据按指定格式写到一个指定的端口或者文件，后台的大数据流水线就会按照协议自动采集、汇总、分析这些数据并产生预制的报表。研发部门可以到"数据驱动应用工作台"上查看数据的情况和具体的报告，如果有特殊或者定制的需求，也可以使用相关的工具进行自助的 ad-hoc 分析。

2.4.5 大数据部门

在数据中台的建设中，大数据部门处于核心位置，但是大数据部门的工作除了搭建大数据基础能力平台之外，更要侧重于全局的数据能力统一管理和赋能。

传统大数据团队的主要任务一般如下：

- 安装和运维 Hadoop、Hive、Spark、Kafka 这些大数据基础组件；
- 提供 ETL 工具的运维支持，有时候帮助业务部门写一些查询，进行一些查询的优化；
- 提供大数据平台集群用户的管理、权限的分配及数据的管理与备份等；
- 负责大数据系统的运维、扩容和升级，帮助业务部门解决系统问题。

而在数据中台的运营中，大数据部门除了上述工作之外，还需要

- 建立数据标准并确保数据标准的执行；
- 提供自助的数据工具供各个业务部门使用；
- 开发支持业务系统的数据处理框架、测试框架、数据分析框架，避免各个业务 IT 部门重复开发；
- 确保各个业务部门能在数据平台上发布、共享它们的通用数据能力；
- 提供数据应用发布、运维、更新的全生命周期管理；
- 精细化运营整个大数据平台，确保每个数据应用的 ROI 都得到追踪。

这些工作对大数据团队的技能要求提高了，而且数据和业务的结合是全方位的，对数据平台的扩展性、稳定性、实时性、可

用性有了更高的要求，这也是本书要着重介绍的内容。

2.5　本章小结

　　并不是处于任何阶段的任何企业都需要马上建设数据中台，数据中台提供的是建设数据能力最合适的方法论和体系架构，因此我们建议所有计划实现数字化运营的企业都采用数据中台的方式来建设适合自己的大数据平台和数据仓库。

　　本章介绍了几种常见的由数据中台提供的数据能力及其使用场景。这些数据能力是企业推进数字化运营、在市场竞争中获得先机的利器。一家企业之所以决定建设数据中台，一般是因为业务部门需要这些能力，而现有的数据系统无法提供快速高效的支持。

　　因此，我们应该在数据中台建设之初就明确定义需要提供的业务能力及应用场景，这样才能做到有的放矢，正确衡量数据中台建设的效果。

| 第 3 章 |

数据中台与数字化转型

　　数据中台建设的最终目的是实现企业的数字化转型,通过打通数据壁垒,构建数据采集、治理、分析与利用所形成的闭环,提高企业运营效率,使企业能够对市场变动进行快速反应,从而进行商业模式创新、提升用户体验、提供个性化产品服务。

　　数字化转型的核心方法论之一是数据驱动,简单来讲,就是基于数据来做公司运营的决策以及提供基于数据的产品。很多高科技公司都将数据驱动能力作为公司的一项核心能力。从起步开始,这些公司的管理层就把打造数据驱动系统需要的基础架构作为必修课。而要打造数据驱动系统,实现数字化运营,就离不开数据中台的建设。

　　本章将介绍数字化转型的发展历程及其与数据中台的关系。

3.1　数字化转型的 4 个阶段

在 2018 年 IBM 和 Forrester Consulting 联合发布的报告《数字化转型的深层实质》中，数字化转型的任务由 3 个主要系统承担：SoE（System of Engagement，行动系统）、SoI（System of Insight，洞察系统）和 SoR（System of Record，记录系统）。SoR 将系统需要的数据记录下来，SoI 负责从数据中发现洞见，而 SoE 负责根据洞见来引导行动。虽然数字化转型的模型有多种表现方式，但其主要功能和建设内容还是这三个方面。

到目前为止，数字化转型经历了 4 个不同的发展阶段，分别是信息化阶段、数据仓库 / 数据集市阶段、数据湖 / 大数据平台阶段、人工智能 / 数据中台阶段。这四个阶段的主要建设成果对应着数字化转型各方面的目标，并推动这些目标付诸实现。下面，我们来具体谈谈数字化转型的这四个阶段。

3.1.1　信息化

所谓信息化，在业务层面，就是把面向交易的数据、所有的业务系统用计算机管理起来；在技术层面，采用的技术是关系型数据库、各种范式的管理以及联机事务处理过程（On-Line Transaction Processing，OLTP）。这个阶段的主要任务是把生产行为、交易行为数字化，涉及的 IT 系统包括但不限于以下系统。

- 买卖行为：网页商城、传统柜台业务系统
- 进销存：ERP、财会系统
- 客户管理：CRM
- 供应链管理：SCM
- 生产管理：MES

- 传感系统：各种传感器

信息化是所有数据系统和数字化运营的根本，需要注意的是，信息化不是一步到位的。随着新业务的出现，新系统的信息化必须与现有系统协调发展，倘若无法完成 SoR 的需求，就会造成信息丢失、数据割裂。

不过，这个阶段主要依赖的 OLTP 在作为分析工具时存在明显不足。在 OLTP 系统中统计一些基本数据很容易，但是进行面向历史的综合分析则会非常困难。例如，要统计每天的销售情况、库存情况非常容易，而如果涉及"过去 30 天按地区、用户性别、年龄、产品类别的销售分类"或者"哪些产品在过去一年内因为库存不足造成过销售流失"之类的数据，统计起来将会非常困难且效率低下。这是因为在 OLTP 系统中，历史数据并没有专门的存储和查询优化，查询将会影响到生产数据库，而且无法直接查询某些历史数据（如某个用户过去 30 天账户余额的变化），也无法自由探索不同维度的组合，维度稍微多一些，数据库就撑不住了。因此使用 OLTP 数据库无法高效地支持"快速全面的商业洞见"。于是，数据仓库和数据集市应运而生。

3.1.2　数据仓库（数据平台 1.0）

数据仓库（Data Warehouse）及其分支数据集市（Data Market）就是为了解决 OLTP 的不足，完成数字化转型中 SoI 的需求。它们把 OLTP 中的数据采集过来，做成面向历史、主题、分析的数据集，进而可以轻松做出上述 OLTP 难以做出的分析。

图 3-1 所示为 20 世纪 90 年代的数据仓库架构，它与今天常见的数据仓库架构图其实差别并不大。在这个阶段大家第一次意识到数据本身的价值，因此这一阶段的成果可以称为数据平台 1.0。

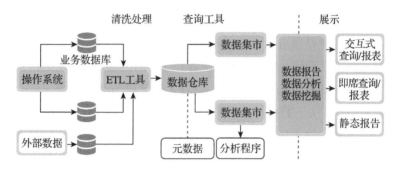

图 3-1　20 世纪 90 年代的数据仓库架构

虽然数据仓库解决了 OLTP 的问题，但是大家发现，当要做某一个业务统计时，通常需要在数据仓库中做一个拥有数百个庞大字段的表去查询，以至于速度太慢，于是就出现了数据集市。

数据集市还是为了解决效率和限制的问题。在技术层面，它与数据仓库类似，但在业务层面，它是针对单个业务域、主题域、面向分析的数据库，它去掉了对事务性（Transactional）的要求，保留了关系型和低一级的范式。因此，它的范式要求没有那么高，有一些信息冗余，但数据查询不需要很复杂的 SQL，比较高效且容易实现。

但在数据仓库发展了十多年之后，随着互联网时代的到来，数据仓库还是暴露了很多问题。一个较为明显的问题就是，由于数据仓库的数据只来源于业务系统功能，只能提供一些汇聚的业务信息，所以能做的功能有限，无法提供个性化的信息以及一些非传统业务数据源的信息。例如，每个访问网站的用户按照顺序访问过哪些网页、点过哪些链接、什么时候离开网站，这些个性化的信息数据仓库都无法提供。

另外，一些非传统业务数据源的信息，例如引导用户访问的推荐链接、用户的 IP 地址、每个请求网站响应的时长，一般存储在服务器日志中，每天所产生的数据量是业务数据量的几千上万倍，而且包含很多价值未知的数据，如果都存储到数据仓库中，其效率之低和限制是无法想象的。在最开始的时候（2006年以前），有很多公司试图用传统技术（如 Teradata）来解决这个问题，但都以失败告终。例如，作为原美国四大搜索引擎公司之一的 Ask.com，曾经试图在广告商和渠道商的维度上加上地区、内容类别、人群信息等维度，做成深度分析的数据仓库。但即使使用成本高达数百万美元的 Oracle 集群也需要两天时间才能算完一天的数据，这显然是不值得做的。

除了性能和效率的问题之外，数据仓库有一个重大的局限是其提供的数据能力受到先验经验的限制。数据仓库中的数据经过了高度聚合或处理，从流程上来说比较依赖其在建设时的顶层模型设计。数据在建模和入库的时候需要预先设置 Schema 和分析主题，而很多数据模型和分析主题的设计比较依赖设计者的经验。如果需要分析的主题或者提供的数据服务在这些预制的数据模型之外，就需要进行比较大的系统改动。这是很多早期的数据仓库建设没有带来令人满意的效果的重要原因之一。

3.1.3　大数据平台（数据平台 2.0）

大数据平台（Big Data Platform），包括其中的关键组件数据湖（Data Lake），打破了数据仓库中数据存储和处理的局限，提升了 SoR 的效率，可以存储和记录更多的数据，也加强了 SoI 的能力，可以进行很多以前无法完成的查询。此时也出现了很多基于数据驱动的应用，提供 SoE 的功能。

数据湖在业务层面实现了业务系统的如实快照（贴源层），可以高效存储日志数据、埋点数据、媒体数据、爬虫数据；在技术层面，采用 HDFS、Hive、MongoDB、对象存储等技术，解决了个性化信息和非传统业务源信息的分析难题。这个阶段的数据平台开始能够处理业务数据之外的各种数据，因此可以称为数据平台 2.0。

在这个阶段，数据仓库和数据集市基于大数据技术得到了进化。在业务层面，它们聚合了更多的数据源，支持更丰富维度的聚合分析；在技术层面，采用了 MPP（Vertica、GP）、SQL-on-Hadoop（Presto、Impala、Hive）、高维度分析（Kylin）等技术手段；而在需求方面，这个阶段数据仓库和数据集市的需求与传统的数据仓库和数据集市是类似的，只是运用了更多大数据技术，更多的是做非传统关系数据库。在这个阶段，不再需要 Transactional、关系型、范式。

在这个阶段还出现了新型数据库 NoSQL。正如其名，NoSQL 不是基于 SQL 的数据库，它包含键－值存储（Key-Value Store）、文档数据库、对象数据库、图数据库等。例如 HBase、Cassandra、ClickHouse 等键－值存储可以提供海量个性化数据（用户 / 产品画像、标签体系）的存储和访问（业务的、分析的）。

后来又出现了实时数据、流式数据，从而可以对实时、流式处理的需求进行更快速的响应。比如，根据某个用户在第一分钟内的行为就能够马上对其进行个性化推荐，这就是实时、流处理的威力。Twitter 于 2013 年收购流处理框架 Storm，就是因为 Twitter 的广告有很强烈的实时需求，当用户点击一条推文时，马上就可以为这个用户推送合适的广告。只有这种实时流数据才会用到 Storm、MQ、Kafka 这样的技术。

之后出现的半结构化数据、对象数据处理技术（如 JSON API、文档数据库、对象数据库）可以快速响应业务变更，从而克服了关系型数据难以变化、媒体存储效率低下的问题。例如，对于传统的关系型数据库，增删字段、改变数据库的逻辑是一件非常麻烦的工作，而对于半结构化数据、对象数据，这样的业务变更就会非常容易。

总的来说，虽然在大数据平台阶段基于大数据技术实现的数据仓库和数据集市与传统的数据仓库和数据集市在名称上相同，在业务层面的需求也一致，但前者能够满足更多的数据源和更丰富维度的聚合分析，并能够实现更高维度的数据分析。

可见，基于大数据技术实现的数据仓库和数据集市与传统的数据仓库和数据集市还是存在较大差异。因此在本书中，我们将基于大数据技术实现的数据仓库和数据集市称为大数据数仓、大数据数集，以示区分。

3.1.4　数据中台（数据平台 3.0）

通过上面三个阶段的描述我们看到，信息化、数据仓库、大数据平台已经逐步提供了 SoR、SoI、SoE 的功能，如此一来似乎所有的问题都已经解决。那么，现有的数字化转型体系究竟还有哪些局限，非得要数据中台来做不可？

正如我们在本书开篇抛出的问题，基于计算与存储结构提供标准统一、可链接萃取的数据中台，包含数据采集研发、链接与萃取、数据资产管理、统一数据服务，这不都是大数据平台应该提供的功能、应该做的吗？为什么还有那么多公司要建设数据中台呢？

让我们再回头来看看阿里巴巴对于数据中台需要解决的问题的描述："各个部门数据重复开发，浪费存储与计算资源""数据标准不统一，数据使用成本高""业务数据孤岛问题严重，数据利用效率低"。原来，在很多企业中，这些本应在大数据平台阶段解决的问题并没有得到考虑和解决，因此需要一个新平台来为大数据平台"打补丁"，而这个新平台就是所谓的"数据中台"。因为硅谷的很多企业在大数据平台阶段就已经考虑到并解决了上述问题，所以硅谷并没有出现"数据中台"的概念。

这个阶段的数据平台强调对 SoR、SoI、SoE 功能实现全局管理和规范化，提升数字化转型的效率和能力，可以称为数据平台 3.0。

3.2 数据驱动

介绍完数字化转型的 4 个阶段之后，我们来看一下数字化转型的一个主要目标——数据驱动。在一个数字化运营的企业里，所有的运营要素（如零售行业的人、货、场，物联网的传感器、设备）都会有相应的数字化形态，这样才能支持数字化的决策和数据驱动的产品迭代。不管是一袋橘子、一张健身卡还是一张电影票，这些产品的实体以及消费它们的用户在网站、移动应用、内部 ERP 或 CRM 上都会有一个程序生成的对应对象。在对这些运营的要素进行数字化（也就是上面所说的信息化）之后，我们可以使用数据工具来驱动销售和提供个性化服务，销售和生产的流程可以根据数据来实现精细化管理，这样的系统称为数据驱动系统。

具体来说，数据驱动系统可根据当前全局数据产生的智能洞察来持续地动态决定最佳产品和管理决策。数据驱动系统是由程序来实现的，而程序 = 数据 + 算法，那么可以认为，传统的信息化系统是使用预定好的算法来处理预定好的数据，而数据驱动系统则是基于智能、个性化、实时、自适应的算法来处理动态、持续变化、用户输入、多方聚合的数据，如图 3-2 所示。

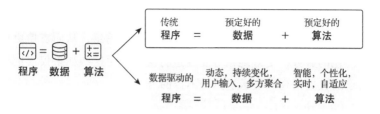

图 3-2 数据驱动的程序

例如，一个用户来到一个网站：

- 如果每次他看到的都是一样的内容（如静态网站），那么这就不是一个数据驱动系统的产品；
- 如果他看到的内容随着时间而改变，但是所有用户在同一时间看到的内容都是一样的，那么这也不是一个数据驱动系统的产品；
- 如果他看到的是与他自己相关的一些简单的局部数据（如存款余额），那么这也不能算是一个数据驱动系统的产品。

数据驱动系统的关键在于以下 3 个特点。

（1）持续（Continuous）

数据平台必须是持续运行的，不断自动处理最新的数据，产生最新的结果，这也就是常说的从 T+1 到 T+0 的需求。在万物互联的趋势下，互联网会连接越来越多的设备，随着各种新业务、新模式的出现，会有越来越多的应用出现在互联网上。同时，会有越来越多的用户被连接进来，而这些设备、应用和用户将会时时刻刻不断产生大量的新数据，这就需要数据平台能够持续运行并自动处理所产生的最新数据，而不需要手动处理或者进行大量人工干预。

（2）洞察（Insight）

输出必须利用数据分析的结果，而不是简单地罗列或展示数据。数据驱动系统必须具有数据分析和机器学习的能力，能够从海量的数据中挖掘出对于企业业务有价值的信息，从而支持更加个性化的服务，更好地指导企业进行决策。而这些如果仅仅依靠简单的数据罗列和展示显然是不行的。

（3）动态（Dynamic）

所有的输出必须是根据数据动态生成的（包括批处理和实时处理），而不是固定的规则。因为数据的产生是动态的，所以数据驱动系统的输出也必须是动态的。就像前文所述，一个网站应该能够为用户提供"千人千面"的体验效果，而这离不开数据平台的动态数据处理能力。

下面我们以互联网企业为例来介绍一下数据驱动系统的功能以及它们是如何应用在公司的业务和管理之中的。

3.2.1 面向用户的数据驱动产品及服务

数据驱动系统的第一个作用是为最终用户提供数据驱动的产品及服务，其主要特征是个性化、智能化、精准匹配用户需求。下面是一些例子。

（1）产品推荐

简单来说，产品推荐就是向用户推荐产品，比如 Twitter 推荐的是推文，Facebook 推荐的是用户帖子，Instagram 推荐的是热门图片。产品推荐是一种用于预测及显示用户想要购买的商品的算法系统，它通过分析用户的上网行为来判定用户对何种商品会有购买兴趣。

近年来推荐系统越来越火，并用于各种不同的领域，如电影、音乐、新闻、图书等，而其中大多数是用于电商平台，eBay、亚马逊、阿里巴巴等都有专门的推荐系统来为用户推荐产品。在合理的设置下，它不仅可以有效提升利润、点击率、转化率等，还可以为用户提供更好的体验，吸引回头客，这些对于电商是很重要的。

（2）用户推荐

类似于 Facebook、LinkedIn 的 People You May Know 或者 Twitter 的 Who To Follow，用户推荐是根据用户的社交图谱来发现用户可能的社交联系，并将其推荐给用户。用户建立的连接越多，产品的黏性越强。

（3）内容搜索

所谓内容搜索就是根据用户需求与一定算法，运用特定策略从互联网中检索出指定的内容信息并反馈给用户的一门检索技术。内容搜索依托于多种技术，如网络爬虫、检索排序、网页处理、大数据处理、自然语言处理等，为信息检索用户提供快速、高相关性的信息服务。内容搜索的核心模块一般包括爬虫、索引、检索和排序等。

（4）数据指数

积累了大量用户数据和消费数据的公司都会推出自己的数据指数产品，如腾讯的 TBI 指数、阿里巴巴的淘宝指数、百度的百度指数、微博的微指数。此类产品主要用来了解趋势，对判断一些产品及事件的趋势很有用。

（5）个性化服务

根据用户的主动设定，或对各种渠道的数据进行收集、整理和分类后挖掘用户的需求，主动向用户提供和推荐相关信息或服务，以满足其个性化需求。用户行为分析、用户画像、个性化推荐等都可以为精细化运营和战略决策提供支持。

- 基于地理位置的服务：基于 GPS 的实时地图服务、云计算、人工智能、机器学习，使得实时匹配海量乘客和车辆成为可能，如 Uber、滴滴等智能打车服务。

- 基于用户画像的服务：基于多维度用户数据及商品数据，通过画像标签系统抽象出用户的信息全貌，从而进行定向广告投放、个性化推荐、个性化广告推送、精准营销等活动。

- 基于实时活动的服务：通过收集在端点和边缘实时交付的数据，为对延迟敏感的行动提供信息参考，从而为数据消费者提供实时决策，加快业务响应并帮助其改进用户体验。

（6）产品线的交叉推广

交叉推广（Cross-Promotion）是一种市场推广策略，一般是指向某一款商品或服务的消费者推荐与该商品或服务相关的另一款商品或服务。例如，我们在一些电子商务网站购物时，常常会看到"你可能会喜欢"或"购买了这款商品的人同时还看了"等信息，这些就是交叉推广的一种。

3.2.2 面向内部业务部门的数据驱动服务

数据驱动系统的第二个作用是提供可供前端产品共享的内部服务，这实际上就是一般数据中台的定义中包括的，可以在前端产品中复用的数据能力。但是值得注意的是，类似于产品推荐/用户推荐的功能在某些场景下也会作为系统服务提供。所以，在前台产品和中台功能之间其实并没有一个明确的界限。如果某个前端功能使用的场景多了，我们一般也会把它提炼出来作为系统服务提供。

（1）用户画像

用户画像作为一种勾画目标用户、联系用户诉求与设计方向的有效工具，在各领域均得到了广泛应用。用户画像最初是在电商领域得到应用的，在大数据时代背景下，用户信息充斥在网络中，将用户的每个具体信息抽象成标签，利用这些标签将用户形象具体化，进而为用户提供有针对性的服务，这就是用户画像的作用。一般用户画像的结果会以用户标签的形式为前端服务，例如年龄、性别、地区、爱好、收入等。

（2）内容情感分析

内容情感分析又被称作文本情感分析、意见挖掘、倾向性分析。简单而言，内容情感分析是对带有情感色彩的主观性文本进行分析、处理、归纳和推理的过程。互联网（如博客、论坛）、社会服务网络（如大众点评）上产生了大量用户对人物、事件、产品等的有价值的评论信息。这些评论信息表达了人们的各种情感色彩和情感倾向性，如喜、怒、哀、乐、批评、赞扬等。基于此，潜在用户就可以通过浏览这些带有主观色彩的评论来了解大众舆论对于某一事件或产品的看法。

（3）内容自动标签

内容自动标签又称内容自动标注，是指将一些非标准化的内容自动打上标准化的标签。例如，用户点赞了一个包含猫的图片，此时如果能够识别出图片中有猫，我们就可以自动给图片打上"猫"的标签，并且知道这个用户对"猫"这个主体感兴趣，进而对其进行相应的内容推荐或者广告投放。

（4）知识图谱

知识图谱（Knowledge Graph），在图书情报界称为知识域可视化或知识领域映射地图，描述了实体概念之间的联系和因果。知识图谱作为一个可共享的数据能力，能让前端产品对用户与产品的一些隐藏关系进行推理，提供支持个性化的服务。例如，我们知道体育产品中的跑鞋和可穿戴设备中的心率监控仪都是服务于跑步爱好者的，就可以在用户购买跑鞋的时候推荐心率监控仪。

（5）趋势预测

趋势预测又称时间序列预测分析法，是根据事物发展的连续性原理，应用数理统计方法或者机器学习的算法分析过去的历史资料，然后再运用一定的数字模型来预计、推测计划期产（销）量或产（销）额的一种预测方法，例如 Uber 预测需求，Airbnb 预测房价。

（6）活跃用户统计

虽然这是一项必需的基础功能，但是在实际工作中，即使只是统计一下活跃用户也是有不少挑战的。这个难度主要在于多维度的统计、活跃用户的定义以及新产品的加入。

（7）用户增长分析（留存率、漏斗）

用户增长分析不只是分析用户数量的增长，用户的获客、激活、留存、变现、推荐等都属于用户增长探讨的范畴。用户增长是一个由行业、用户、竞品、痛点、产品、渠道、技术、传播、创意、数据等构成的一体化、系统化的增长体系。用户增长不是简单地刷屏，也不单是运营或者市场部门的事情，它是以上各个要素综合作用的结果。用户增长分析的主要目的是判断未来用户的增长趋势和增长空间，为增长是否能够持久提供初步的判断和依据。

（8）产品性能报告

一个产品上线后我们需要对其性能、用户体验、商业收益、用户反馈进行实时追踪。最好是产品上线之前就准备好，产品一上线就可以拿到实时的报告。更进一步，这种产品性能报告最好能做成一个通用工具，使业务部门只需简单配置就能完成一个实时大屏或者性能报告。

（9）反欺诈

反欺诈是对交易诈骗、网络诈骗、电话诈骗、盗卡、盗号等欺诈行为进行识别的一项服务。在线反欺诈是互联网金融必不可少的一部分，常见的反欺诈系统有用户行为风险识别引擎、征信系统、黑名单系统等。

（10）数据即服务 / 模型即服务

数据在系统之间以服务化 / 模型化的方式进行交互，而服务通常以 API 的形式存在。如自动数据服务发布使多源数据可在统一标准下进行管理、复用及监控。数据即服务 / 模型即服务的主要功能通常包括接口规范、数据网关、API 数据链路、逻辑模型、API 等。

（11）风控服务

金融的核心是风险控制（简称风控），互联网金融也不例外，只是后者更加依赖于数据。大数据风控的核心是数据，阿里巴巴前首席数据官车品觉提出以"联动"方式让数据"动"起来，可以形象解释大数据风控服务的实现方式。如利用 IP 地址结合上网时间，判断用户的家庭地址或公司地址，并根据其所在的地址结合公司发展状况、职位、所在地房价等数据，判断此用户的收入，并对风险进行预测。这样就可以通过"联动"数据，指导全面、全流程的风控服务。

3.2.3　数据驱动的系统管理

数据驱动系统的第三种功能一般用于内部管理和决策。它们和内部业务数据服务的区别在于，这里的功能可能不直接与最终产品对接，但却是公司数据驱动管理方式的另一形态——BI（商业智能）。除了第 2 章介绍过的商业智能工具、实时产品数据报表等之外，数据驱动系统还支持以下内容。

（1）数据资产管理

对数据进行关联性分析，透视数据流转的生命周期，对来自多源异构系统的数据进行统一管理，把数据从成本转化为资产。数据资产管理可提供多维视角，包括数据被如何使用及使用过程中消耗多少资源、产生了多少价值，数据由谁来维护以及被哪些人访问等维度的信息。

（2）数据探索

在公司内部进行数据探索，发掘数据价值，并快速实施和验证各种大数据方案。数据探索为数据科学家或者业务专家提供平台，使其能根据业务情况，基于实际工作中遇到的问题进行数据采集、处理、分析及展示，从而快速验证商业问题。

（3）合规

合规涉及数据访问、数据准确性等问题，如系统内的数据如何以及以何种颗粒度记录所有数据的操作记录、应用/程序间的数据访问权限管理等。安全合规类产品可以应对用户和数据、应用/程序和数据之间的审计及访问控制。

（4）异常检测

用更强的控制感掌握数据的健康状态，并应用算法基于规则和模型自动发现系统运维中的问题或对风险、异常进行预警及警告。自动异常检测的强度和渗透力直接关乎数据驱动决策的正确性。

3.3 数据中台如何支持数字化转型

数据中台的建设是支持上述数据驱动系统能力的必要条件之一。可以看到，3.2节中列出的数据驱动能力可以使企业快速获得市场洞察并提供个性化产品和服务。但是在没有数据中台的时候，数据是隔离和零散的，是难以自动化、汇聚和使用的，因此实现真正的数据驱动比较困难。这也是很多人认为现有的大数据平台是赶风口的面子工程的原因之一，因为它们并没有真正帮助企业实现数据价值。

数据中台的产出是全局的、标准的数据和服务，它解决了上层数据驱动应用的基础输入问题，在这个基础上才能真正高效地实现数据驱动的输出。类似于上面对"程序 = 数据 + 算法"的分析，数据中台解决了企业级的数据问题，3.2 节列出的数据驱动能力则是使用各种不同的算法来帮助企业实现数字化运营目标的能力。

在数据层面之外，下面简单介绍一下数据中台从技术层面和组织架构层面如何支持数据驱动和数字化转型。

3.3.1　从技术层面支持数字化转型

如前所述，数据驱动的核心特点是持续、洞察和动态，因此在技术层面，整个数据中台必须非常注重数据标准、开发工具和能力服务化这些平台性的功能，使整个系统能持续不断地汇聚和处理不断变化的业务数据，将后台的数据处理和前端的数据使用解耦，保质保量地为业务系统提供正确的数据决策。而且，因为数据中台需要赋能公司业务部门的开发人员和产品经理，所以逐步降低数据中台的使用门槛、提高数据应用的开发效率是数据中台的核心要务。具体平台提供什么样的数据驱动能力则可以由各个业务部门来定义和开发，但这些都必须构建在数据中台提供的体系之上。

业务部门使用数据中台的场景一般是这样的。每个业务部门实际上相当于拥有自己的一个云平台和大数据平台，同时拥有平台中公开的数据服务以及数据工具。因此，它们可以将自己的业务系统数据导入大数据平台，同时与现有的数据进行联合，进行各种各样的查询。此外，它们还可以发布各种新的数据应用供自己或者其他部门使用。

因此，在技术层面，数据中台必须提供以下支持：

- 全局的数据标准和完善的数据模型；
- 完善安全的多用户管理；
- 方便灵活的工具链；
- 高效稳定的数据应用发布及运行流程；
- 完善的数据治理和数据应用资产管理；
- 全面的审计和监控。

3.3.2 从组织架构层面支持数字化转型

数字化运营不仅需要技术的支持，它更是一种企业运营的模式。要高效地实现数字化运营，企业的组织架构必须有相应的支持。在公司层面，管理层必须推行数据驱动的决策和产品迭代，一般会在 CIO 或 CTO 下设置 CDO、CDS 之类的职位，来负责数据相关的技术路线，推进数据驱动理念在各个业务部门的贯彻。

数据中台的方式将改变许多部门现有的工作方式，特别是数据标准、数据驱动决策、信息安全、企业基础设施支持、合规、对接第三方数据提供商等。在 CTO 或者 CIO 的领导下，可以设置一个由各个业务部门和技术部门参与的数据委员会，公司的产品立项、设计、测试、上线都要经过严格的数据审查，确保数据的产生符合全局的规范，产品和运营的决策有相应的数据支撑，相似的数据功能不会重复开发，具有类似于 A/B 测试的数据验证机制。

数据委员会通常由 CTO 或 CDO 负责，其主要职责包括

- 宣扬数据中台对于企业数字化转型的价值；
- 审计和辅导公司所有产品的立项、设计、测试、上线流程中与数据相关的内容；

- 维护公司的数据标准，发现数据工具中欠缺的方面并组织解决；
- 协调其他部门，必要时抽调人员互相驻场以解决摩擦；
- 向第三方数据或应用提供商提出数据的要求和标准。

3.4　本章小结

本章介绍了数字化转型的 4 个阶段以及相应的数据平台建设的内容。数据中台作为数字化转型的基础架构，可以高效支持数据驱动的产品与决策，是实现高效数字化运营的关键技术。

第 4 章

从大数据平台到数据中台

"罗马不是一天建成的",企业的数字化建设也不是一蹴而就的,必定是一个循序渐进、逐步发展的过程。企业从大数据平台到数据中台的建设同样是一个循序渐进的过程,具体可分为三个阶段:大数据平台建设阶段、数据管理及应用阶段和数据能力中台化阶段。企业如果能够清楚认识到自身所处的阶段,就能够更好地应对其在不同阶段建设中遇到的问题和挑战。因此本章将重点探讨企业从大数据平台到数据中台建设过程中可能存在的三个阶段,以及处于各个阶段的企业所需要应对的不同问题和挑战。

4.1 大数据平台建设阶段

处在这个阶段的企业已完成一个包含绝大部分大数据基础组

件的平台，将数据导入系统，并运行一些基本的大数据查询和报表生成任务。此阶段一般会经历三个步骤：大数据平台起步、系统自动化和大数据平台的生产化。

4.1.1 大数据平台起步

最开始，企业的大数据团队可能会安装一个 Hadoop 集群和 Hive（可能带有 Sqoop），以便将数据传输到集群并运行一些查询。近年来，Kafka 和 Spark 等组件也被考虑在内。如果要进行日志分析，也可以安装 ELK（Elasticsearch、Logstash、Kibana）等套件。

但是，这些系统大多数是复杂的分布式系统，其中一些系统需要数据库支持。虽然许多系统提供单节点模式，但团队仍需要熟悉常见的 DevOps 工具，如 Ansible、Puppet、Chef、Fabric 等。

由于开源社区的辛勤工作，对大多数软件工程团队来说，使用这些工具和原型设计应该是可行的。技术实力比较强的团队可能在几周内就可以设置好一个能够联通及运行的系统，具体的工作量一般取决于要安装的组件数量。

4.1.2 系统自动化

安装好大数据组件之后，企业已经拥有了一个基本的大数据系统，接下来可能有如下需求（见图 4-1）。

- 一些定期运行的 Hive 查询，比如每小时一次或每天一次，以生成商业智能报告。
- 使用一些 Spark 程序运行机器学习程序，生成一些用户分析模型，使产品系统可以提供个性化服务。
- 一些需要不定时从远程站点提取数据的爬虫程序。
- 一些流数据处理程序，用于创建实时数据仪表板，显示在大屏幕上。

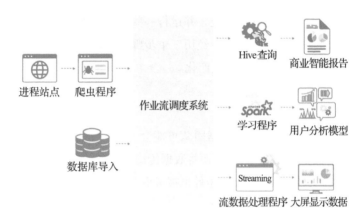

图 4-1　系统自动化阶段

　　要实现这些需求，大数据平台需要一个作业调度系统，以根据时间或数据可用性来运行它们，例如使用 Oozie、Azkaban、Airflow 等工作流系统，可以指定何时运行程序（类似于 Linux 系统上的 Cron 程序）。

　　工作流系统之间的功能差异很大。例如，一些系统提供依赖关系管理，允许指定调度逻辑，如作业 A 仅在作业 B 和作业 C 完成时运行；一些系统允许仅管理 Hadoop 程序，而另一些系统则允许更多类型的工作流程。平台必须选一个最符合自己要求的系统。

　　除了工作流系统，还有其他需要自动化的任务。例如，如果 HDFS 上的某些数据需要在一段时间后删除，假设数据只保留一年，那么在第 366 天，系统需要从数据集最早的一天中删除数据，这称为数据保留策略。

4.1.3　大数据平台的生产化

　　现在企业已经拥有了一个自动数据管道，数据终于可以在这个数据流水线上流动起来了。大功告成？现实情况是，生产环境中还会遇到下面这些棘手的问题：

- 硬盘故障（据统计，硬盘第 1 年的故障率为 5.1%）；
- 服务器故障（据统计，服务器第 4 年的故障率为 11%）；
- 使用的大量开源程序有很多 bug；
- 自行开发的数据应用程序可能也会有一些 bug；
- 外部数据源有延迟；
- 数据库有宕机时间；
- 网络有错误；
- 运维时的误操作。

这些问题在规模稍微大一些的系统中都会经常发生。为了保证系统的正常运行，我们还需要做好以下这些（见图 4-2）。

- 监控系统：监控硬件、操作系统、资源使用情况、程序运行。
- 系统探针：系统需要的各种运行指标，以便可以被监控。
- 警报系统：出现问题时，需要通知运维工程师。
- 避免单点故障（SPOF）：避免一个组件或者节点的失效造成整个系统的崩溃。
- 备份：需要尽快备份重要数据；不要依赖 Hadoop 的 3 份数据副本，因为它们也可能被人为误操作而删除。
- 恢复：如果不希望每次发生故障时都手动处理所有错误，那么最好尽可能让这些错误自动恢复。

可见，建立企业级系统并不像安装一些开源程序那么容易，把系统安装好并不意味着就可以直接在生产中使用它。虽然这些问题在系统刚刚成形的一两个月内不太明显，但对于任何一个在生产环境中运行大数据平台的团队，运维问题都是必须面对的。

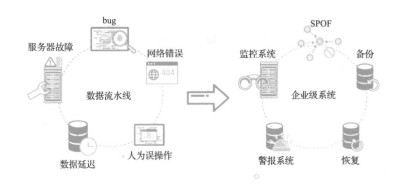

图 4-2　大数据平台的生产化阶段

4.2　数据管理及应用阶段

这个阶段的企业一般会开始数据湖和数据仓库的建设，并涉及数据治理与管理、数据安全与权限管理等。

4.2.1　数据湖/数据仓库建设

企业开始将数据简单地导入 Hadoop，然后运行一些查询。在这个时候，一般会开始数据湖和数据仓库的建设，也会逐渐重视元数据的管理、数据建模的管理。这时一般会有比较懂业务的人员参与到数据仓库的建设中，以确保所有业务相关的数据能够完整地导入数据仓库相应的模型中，如果有缺失的信息，可能还要进行新的数据埋点或者业务系统改造。

数据湖和数据仓库建设是数据中台建设的核心工作之一，负责整体的业务数据建模并将原始数据转换成数据应用可以直接使用的数据。图 3-1 所示的数据仓库架构其实在 20 世纪 90 年代就已经很成熟，数据中台建设在这一阶段主要提出了类似于 OneID 和 OneModel 这样针对数据治理和建模的要求。

这一阶段的主要工作包括：

- 顶层业务架构的梳理，业务域和数据域的划分；
- 数据规范的确定；
- 业务流程的梳理及面向业务流程的数据建模；
- 数据导入、数据清洗、数据治理、数据转换；
- 主题的分析及实现，数据集市的建立。

这些工作内容将在第 10 章中详细介绍。

4.2.2　数据管理

一个企业级的大数据系统不仅要处理与标准操作系统类似的硬件和软件故障问题，还要处理与数据相关的问题，这就是数据管理需要做的工作。一个真正数据驱动的 IT 系统需要确保数据完整、正确、准时，并为数据进化做好准备。那么我们需要完成以下工作（见图 4-3）。

- 我们需要确保在数据流水线的任何步骤中数据都不会丢失，因此需要监控每个程序正在处理的数据量，以便尽快检测到所有异常。
- 我们需要有对数据质量进行测试，以便在数据中出现任何意外值时，接收到告警信息。
- 我们需要监控应用程序的运行时间，以便每个数据源都有一个预定义的 ETA（预期完成时间），并且会对延迟的数据源发出警报。
- 我们需要管理数据血缘关系，以便了解每个数据源的生成方式，在出现问题时，知道哪些数据和结果会受到影响。
- 系统应自动处理合法的元数据变更，并应立即发现和报告非法元数据变更。
- 我们需要对应用程序进行版本控制并将其与数据相关联，

以便在程序更改时，知道如何对相关数据进行相应的更改。

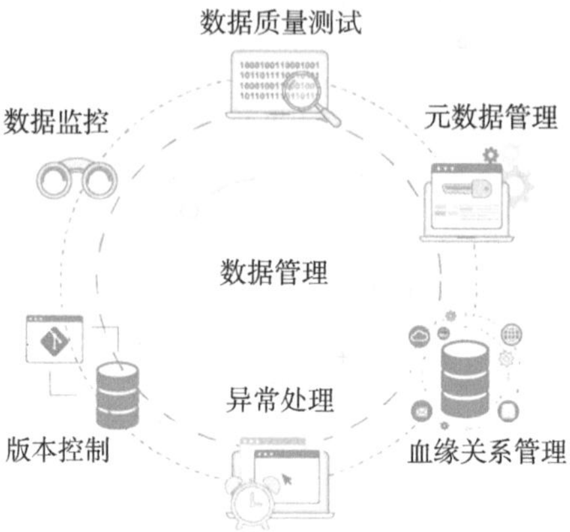

图 4-3　数据管理

此外，在此阶段，我们可能需要为数据科学家提供单独的测试环境来测试其代码，并提供各种便捷和安全的工具，让他们能快速验证自己的想法，并能方便地发布到生产环境。

4.2.3　数据安全

在实现面向客户产品的数据驱动后，企业管理层依靠实时的业务数据分析报告来做出重大决策。数据资产安全将变得非常重要，我们必须确定只有合适的人员才能访问数据，并且数据系统应该拥有完善的身份验证和授权方案。

一个简单的例子是 Hadoop 的 Kerberos 身份验证。如果没有使用 Kerberos 集成运行 Hadoop，那么拥有 root 访问权限的任何人都可以模拟 Hadoop 集群的 root 用户并访问所有数据。其他工具如 Kafka 和 Spark 也需要 Kerberos 进行身份验证。由于使用 Kerberos 设置这些系统非常复杂（通常只有商业版本提供支持），我们看到的很多系统都选择忽略 Kerberos 集成。

除了身份验证问题，以下是企业在此时还需要处理的一些问题（见图 4-4）。

- 数据审计：系统必须审计系统中的所有操作，例如谁访问了系统中的什么内容。
- 多租户：系统必须支持多个用户和组共享同一个集群，具有资源隔离和访问控制功能，能够安全地处理和分享他们的数据。
- 端到端安全：系统中的所有工具都必须实施正确的安全措施，例如所有 Hadoop 相关组件的 Kerberos 集成、所有网络流量的 HTTPS/SSL。
- 单点登录：系统中的所有用户在所有工具中都应具有单一身份，这对于实施安全策略非常重要。

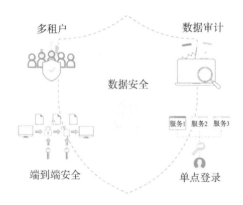

图 4-4　数据安全阶段

由于大多数开源工具没有在其免费版本中提供这些功能，因此许多项目在安全问题上采用"撞大运"的方法并不奇怪。安全的价值对于不同的项目来说并不相同，但我们必须意识到其中潜在的问题并采取适当的应对方法。

4.3 数据能力中台化阶段

此时，企业已经进入了数据管理的高级阶段，需要全局的数据治理、数据能力的复用和共享以及云原生架构的支撑。在这个阶段需要解决的一个重要问题是如何避免数据孤岛和应用孤岛。

应用场景：为什么会出现数据孤岛和应用孤岛

部门 A 为了解决一些大数据问题，采购了厂商 X 的大数据解决方案，安装了一个大数据平台，导入自己的数据并开发了一些大数据应用，运行得挺不错。这个时候，部门 B 也需要解决一些大数据问题，于是试图采购厂商 Y 提供的大数据解决方案，但 Y 的大数据平台和 X 的有一些版本、组件上的差异，所以需要对 X 的大数据平台进行改造。问题是，这个任务由谁来完成，由谁负责改造后的大数据平台的运维？有可能厂商 Y 的大数据应用也需要做些改造，这可行吗？部门 A 的应用已经运行得很好了，部门 B 的应用会不会对部门 A 的应用造成影响（包括性能和数据安全的影响）？如果影响了，谁来负责？比较简单且快速见效的方法是直接安装厂商 Y 提供的端到端的解决方案。照此下去，每个解决方案都会安装一个新的大数据系统。还有一个问题是，厂商 X 和厂商 Y 底层的数据结构可能不是对外公开的，因而它们各自解决自己的问题，虽然开始互不干扰，但是后来就造成了数据孤岛和烟囱。这个时候，由于各个子系统的数据标准不一、数据格式不同，各部门之间数据无法互联互通，很难根据数据做出全局决策。

解决上面的问题，正是数据中台方法论和架构的任务。TotalPlatform 保证所有数据应用的统一管理，OneID、OneModel

确保各子系统中数据的互联互通，OneService 负责数据能力的共享，TotalInsight 确保全局数据运营的高效和价值量化。

4.3.1 全局的数据治理

必须有全局的数据治理系统来管理所有子系统的数据，确保它们能互联互通。例如，OneID 要求所有关于用户的数据都必须使用同一个 ID，OneModel 要求所有数据仓库的模型都必须符合同样的标准。

但是这里要指出，解决数据孤岛和应用孤岛的问题，除了技术方案以外，明确责权利也很重要。出现孤岛的原因之一就是各部门的责权利不明晰。如何在使用数据中台解决孤岛问题的同时保证责权利的明晰，是一个非常重要的问题，我们将在第 6 章中详细描述。

4.3.2 数据能力的复用和共享

在进行全局的数据治理的同时，治理的结果必须能为公司创造价值。这个时候就类似于 OneService 的功能，既要求能进行全局的数据能力的复用和共享，也需要类似 TotalInsight 的功能，管理全局的数据资产，量化数据能力的投入产出。主要的工作如下：

- 建立数据能力共享的责权利机制；
- 提供全局的数据能力目录和访问机制；
- 提供数据能力共享的工具、机制和流程；
- 对共享的数据能力的管控和审计；
- 确保共享的数据能力的高效运行。

4.3.3 云原生架构的支撑

在这个阶段随着业务的不断增长，越来越多的应用程序被添加到大数据系统中。先有 Spark、Kafka，后有 Flink、TensorFlow，现在又有各种新的大数据和人工智能组件。

这些就是在云基础架构上运行大数据系统的根本原因。而云平台为分析工作负载和一般工作负载提供了极大支持，并提供了云计算技术的所有好处：易于配置和部署、弹性扩展、资源隔离、高资源利用率、高弹性、自动恢复。

在云计算环境中运行大数据系统的另一个原因是大数据工具的发展。传统的分布式系统（如 MySQL 集群、Hadoop 和 MongoDB 集群）倾向于处理自己的资源管理和分布式协调，但是现在由于 Kubernetes、Mesos、YARN 等分布式资源管理器和调度程序的出现，越来越多的分布式系统（如 Spark）将依赖底层分布式框架来提供这些资源分配和程序协调调度的分布式操作原语。在这样的统一框架（见图 4-5）中运行它们将大大降低复杂性并提高运行效率。

图 4-5　云原生架构

第 8 章将详细介绍云原生架构如何帮助我们简化数据中台的

运营与管理以及真正实现 TotalPlatform。

4.4　DataOps

大部分企业的数据平台建设已经进行到第一阶段或第二阶段，而要顺利过渡到第三阶段，则离不开一个关键方法论——DataOps（数据运维）的帮助。

DataOps 与 DevOps 十分形似，也有着与 DevOps 类似的软件开发角色，它是数据工程师简化数据使用、实现以数据驱动企业的方法，也是企业顺利实现第三阶段的关键。因此，本节将介绍 DataOps 的概念，解释为什么它对于企业从数据中获取真正价值、实现数字化运营以及建设数据中台都非常重要。

4.4.1　什么是 DataOps

维基百科对 DataOps 的定义是：一种面向流程的自动化方法，由分析和数据团队使用，旨在提高数据分析的质量并缩短数据分析的周期。DataOps 的这一定义会随着时间的推移而变化，但其关键目标非常明确：提高数据分析的质量并缩短数据分析的周期。

在 2018 年 Gartner 发布的《数据管理技术成熟度曲线》报告中，DataOps 的概念被首次提出（图 4-6）。该报告指出，DataOps 虽然可以降低数据分析的门槛，但并不会使数据分析变成一项简单的工作。与 DevOps 的落地一样，实施成功的数据项目也需要做大量的工作，例如深入了解数据和业务的关系、树立良好的数据使用规范和培养数据驱动的公司文化。当然，DataOps 将极大提高人们使用数据的效率并降低使用数据的门槛，公司可以更快、更早、更好地使用数据，且成本和风险更低。

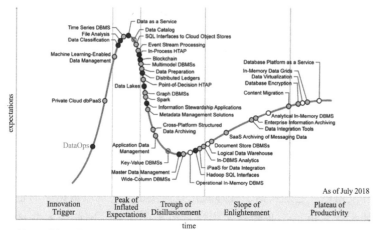

图 4-6　Gartner 对 DataOps 的定位

4.4.2　DataOps 解决的问题

大数据的大多数应用可以分为 AI（人工智能）或 BI（商业智能）。此处的 AI 是指广义的人工智能，包括机器学习、数据挖掘以及其他从数据中获取以前未知知识的技术。BI 则更多地使用统计方法将大量数据汇总成更简单的报告，方便人们理解。简而言之，AI 使用各种数据算法来计算新的东西，BI 则是统计人们可以理解的数字。

编写 AI 或 BI 程序并不难，你可以基于 TensorFlow 在几个小时内写一个人脸识别程序，或者使用 MATLAB 绘制一些数据可视化图形，甚至用 Excel 也不难实现 AI 或 BI 程序。问题在于，要实际使用生产结果来支持面向用户的产品或根据这些神奇的数字来决定公司的命运，你需要做的就不只是手动工作了。

根据 Dimensional Research 在 2017 年做的一项调查，对于想

要实施大数据应用的公司来说，图 4-7 中列出的问题最为困难。

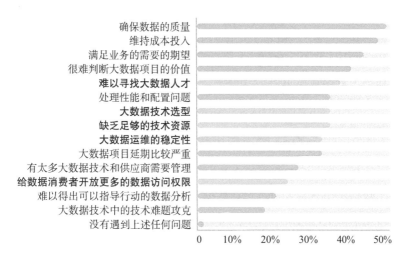

图 4-7　大数据实施主要困难

在 "Hidden Technical Debt in Machine Learning Systems" 这篇论文中，Google 的数据分析师研究发现，对于大多数机器学习项目，只有 5% 的时间花在编写 ML 代码上，另外 95% 的时间用于设置运行 ML 代码所需的基础设施（见图 4-8 ）。

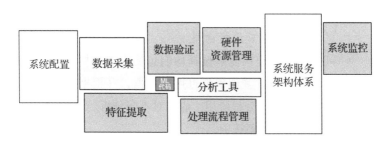

图 4-8　Google 关于机器学习中隐藏的技术债的研究

在这两项研究中，我们可以很容易地看到许多艰苦的工作实际上并不是在编写代码。整个基础设施的准备工作以及高效运行生产级别的代码是非常费时费力的，而且经常伴随着各种风险。在 Google 的研究中，他们引用了来自 Twitter 大数据团队的 Jimmy Lin 和 Dmitry Ryaboy 的话："我们的大部分工作可以被描述为'数据管道工'。"实际上，DataOps 的目的就是使管道工的工作更简单和高效。

4.4.3　DataOps 的目标功能

DataOps 旨在缩短整个数据分析的周期。它的主要使用对象是数据应用开发人员，包括数据工程师和数据科学家。因此，从搭建基础架构到使用数据应用的结果，通常需要实现以下功能。

- 部署：包括基础架构和应用程序。无论底层硬件基础设施如何，配置新系统环境都应该快速而简单。部署新应用程序应该花费几秒而不是几小时或几天时间。
- 运维：系统和应用程序的可扩展性、可用性、监控、恢复和可靠性。数据应用开发人员不必担心运维，可以专注于业务逻辑。
- 治理：数据的安全性、质量和完整性，包括审计和访问控制。所有数据都在一个支持多租户的安全环境中以连贯和受控的方式进行管理。
- 可用：用户应该能够选择他们想要用于数据开发和分析的工具，随时拿到他们可用的数据，并根据需要轻松开发和运行数据分析应用。应将对不同分析、ML、AI 框架的支持整合到系统中。
- 生产：通过调度和数据监控，可以轻松地将分析程序转换为生产应用，构建从数据抽取到数据分析的生产级数据流水线，并且数据应该易于使用并由系统管理。

简而言之，DataOpsi 遵循类似于 DevOps 的方法：从编写代码到生产部署的路径（包括调度和监控）应由同一个人完成，并遵循系统管理的标准。与提供许多标准 CI、部署、监控工具以实现快速交付的 DevOps 类似，通过标准化大量大数据组件，新手可以快速建立生产级的大数据应用并充分利用数据的价值。

4.4.4 DataOps 的主要技术

DataOps 的主要方法论仍处于快速发展阶段。像 Facebook 和 Twitter 这样的公司通常会有专门的数据平台团队（Data Platform Team）处理数据运营并实现数据项目。但是，它们的实现方式大多与公司现有的 Ops 基础设施集成，因而不适用于其他公司。不过我们可以从它们的成功中学习经验，并建立一个可以由每家公司轻松实施的通用大数据平台。

要构建 DataOps 所需的通用平台，一般需要以下技术。

- 云架构：必须使用基于云的基础架构来支持资源管理、可扩展性和运营效率。
- 容器：容器在 DevOps 的实现中至关重要，在资源隔离和提供一致开发、测试、运维环境中的作用也至关重要。
- 实时和流处理：目前来看，实时和流处理在数据驱动平台中变得越来越重要，它们应该是现代数据平台中的"一等公民"。
- 多分析引擎：MapReduce 是传统的分布式处理框架，但 Spark 和 TensorFlow 等框架日常使用越来越广泛，应该进行集成。
- 集成的应用程序和数据管理：应用程序和数据管理（包括生命周期管理、调度、监控、日志记录支持）对于生产数据平台至关重要。DevOps 的常规实践可应用于应用程序管理，但是数据管理及应用程序与数据之间的交互需要很多额外的工作。

- 多租户和安全性：数据安全性可以说是数据项目中最重要的问题，如果数据无法得到保护，数据使用也就无从谈起。该平台应为每个人提供一个安全的环境，使每个人都可以使用这些数据并对每个操作进行授权、验证和审核。

- DevOps工具：该平台应为数据科学家提供有效的工具，以分析数据并生成分析程序，为数据工程师提供大数据流水线的工具，并为其他人提供消费数据和结果的方法。

4.4.5 DataOps 与数据中台

DataOps的核心任务是提高数据分析的质量并缩短数据分析的周期，是高效打造数据中台的必经之路，因此可以将DataOps作为数据中台建设必须参考的一个方法论。要建设一个高效的业务IT系统，采用DevOps并不是必要条件，但是绝大部分公司会采取DevOps的方法论和技术体系，因为这是经过实践检验的高效和普适的方式。

与DevOps一样，DataOps的使用与发展也是一个需要正确工具和正确思维加持的持续过程。DataOps的目标是以正确的方式更容易地实现大数据项目，以达到用更少的工作量从数据中获得最大的价值的目的。

在过去几年中，随着云计算和容器技术的成熟，大数据操作的标准化成为可能。加之数据驱动的企业文化被广泛接受，DataOps终于准备好进入大家的视野。我们相信这一运动将降低实施大数据项目的门槛，使每个企业和机构都能够更容易地获取数据的最大价值。

可以看到，DataOps 与数据中台需要解决的问题其实是类似的，都希望能够更快、更好地实现数据价值，支持数字化运营，但是二者强调的重点不同：

- 数据中台强调的是数据的统一管理和避免重复开发，是数据能力的抽象、共享和复用；
- DataOps 强调的是数据应用的开发和运维效率，就像 DevOps 解放了开发人员的生产力一样，DataOps 希望通过提供一整套工具和方法论，来让数据应用的开发和管理更加高效。

不过，虽然如此，但二者都是解决现有大数据平台问题的必经之路。数据中台强调的是战略层次的布局，必须有一个中台来承担所有数据能力的管理和使用；DataOps 强调的是战术层面的优化，如何让各个开发和使用实际数据应用的人员更加高效。可以说数据中台描述了最终的目标，而 DataOps 提供了一条实现这个目标的最佳路径。

4.5 本章小结

本章分别介绍了大数据项目的 3 个发展阶段：大数据平台建设阶段、数据管理及应用阶段和数据能力中台化阶段。数据中台被用来解决大数据项目第三阶段所产生的问题，DataOps 则是硅谷公司在解决第三阶段问题时普遍采用的方法论，也是数据中台建设必须参考的一个方法论，二者虽强调的重点不同，但都为解决现有大数据平台存在的问题提出了很好的建议和指导。

第二部分

数据中台架构与方法论

通过第一部分的讨论，我们了解到，数据中台的出现与大数据平台和数据仓库的传统建设方式及其架构缺陷有着十分密切的关系。很多正确建设了大数据平台和数据仓库的企业，并没有特意构建所谓的数据中台层次，却自然而然地提供了数据中台所承载的功能。因此，在建设数据中台时，我们可以借鉴类似于 Supercell 的 "数据中台" 的成功经验，而不是闭门造车，为了建设数据中台而建设数据中台。

数据中台本质上是符合一定规范的大数据平台和数据仓库体系。我们将这些规范总结为 OneID、OneModel、OneService、TotalPlatform 和 TotalInsight。建设符合这些规范的数据中台，最重要的是建设时遵循一个合理的方法论，采用一个合理的体系架构。在方法论中，最主要的思想是业务驱动，数据赋能，快速落地，小步快跑。在体系架构上，核心是采用云原生的架构统一管理，抽象底层复杂的数据基础能力层，全局管理数据开发流程。在本部分中，我们将详细介绍这样一套方法论和体系架构的思路和细节，为下一部分各个数据中台组件的建设打下基础。

第 5 章

数据中台建设须知

根据第 4 章的介绍，一个企业在决定开始数据中台建设时，应该已经大致知道企业的信息化、大数据建设目前处于什么阶段，离数据中台的建设目标还有多远的距离。那么在开始数据中台建设之前，企业还需要注意哪些事项？本章将就此问题进行深入探讨。

5.1 数据中台建设需要一套方法论

虽然目前关于数据中台的文章有很多，但有一个关键问题一定要首先澄清，那就是数据中台既不是一项技术，也不是一款产品，而是一套方法论，或者说是企业的一套战略，其本质是企业运营思路和模式的转变。数据中台并不是购买一套产品就能实现的，成功的数据中台战略的实施不仅需要工具和产品的支持，更需要公司架构和流程层面的配合。

在数据中台的建设与信息化过程中，ERP、CRM 系统的建设有很多相似之处。以 ERP 为例。一方面，ERP 系统中的计划体系主要包括主生产计划、物料需求计划、能力计划、采购计划、销售执行计划、利润计划、财务预算和人力资源计划等，而且这些计划功能与价值控制功能已完全集成到整个供应链系统中；另一方面，ERP 系统通过定义事务处理相关的会计核算科目与核算方式，保证了资金流与物流的同步记录和数据的一致性，从而根据财务资金现状就可以追溯资金的来龙去脉，便于事中控制和实时做决策。此外，流程与流程之间则强调人与人之间的合作精神，以便在有机组织中充分发挥每个人的主观能动性与潜能，实现企业管理从"高耸式"组织架构向"扁平式"组织架构的转变，从而提高企业对市场动态变化的响应速度。总之，借助IT 技术的飞速发展与应用，ERP 系统得以将很多先进的管理思想变成现实中可实施应用的计算机软件系统，这与数据中台将数据驱动的理念贯穿始终，并借助各种工具和产品，实现数据驱动企业的目标不谋而合。

第 6 章将会详细介绍我们总结的一套数据中台建设方法论，这里暂不展开。在明确需要数据中台之后，企业究竟应该如何规划数据中台的建设？我们认为，企业首先需要回答以下几个重要问题：

- 如何判断当前已有数据的价值，规划并继续深入思考数字化转型如何为企业创造价值；
- 如何制定数据中台落地的策略和路线；
- 如何精确评估数据中台的 ROI；
- 如何设计相应的组织架构及划分责权利；

- 如何进行合适的技术选型，以及把握购买产品和自主研发之间的平衡。

我们将在后面的章节中逐一介绍回答这些问题的一些思路。

5.2 从失败的大数据项目中吸取教训

显然，并不是所有的数据中台项目都会成功。数据中台的概念出现时间不长，虽然已经有一些关于失败的数据中台项目的报道，但还只是零星的个例，我们难以从中总结出可靠的经验。而大数据技术已经发展十多年了，项目众多，我们完全可以从失败的大数据项目中总结经验，吸取教训，然后用其指导数据中台的建设工作，以少走弯路，避免失败。

自 2012 年起，NewVantage Partners 公司每年面向财富美国1000 强企业的管理层调查大数据和 AI 在其企业内的实施情况。2019 年的调查报告揭示了企业数据平台窘境——尽管在大数据和 AI 领域投入超过 5 亿美元的公司较上一年增长了 66%，但在65 家受访企业里表示"未能或尚早体现可量化业务结果"的企业却增加了 41%[⊖]。

在研究企业数据平台项目失败案例的过程中，我们发现导致企业数据平台建设失败的核心原因有以下 4 个。

- **启动难**：缺少用例支持，无法获得业务支持；需要进行长时间的数据湖设计与技术评估；需要统一组织内多个业务或技术部门。

- **数据源难以规模化**：缺少对错综复杂的源数据系统进行

⊖ "Big Data and AI Executive Survey 2020: Executive Summary of Findings"，http://newvantage.com/wp-content/uploads/2020/01/NewVantage-Partners-Big-Data-and-AI-Executive-Survey-2020-1.pdf。

管理的手段；难以跟上不断增长的数据源系统规模。

- 数据使用难以规模化：数据平台项目跟不上企业创新要求；用例过窄，难以满足规模化需求；平台能力跟不上错综复杂的用例需求。
- 难以实现数据商业化：开发和运营成本极高；难以将数据平台真正转化为商业竞争力；难以形成创新文化。

基于此，我们把企业数据平台的成功要素归结为：在错综复杂的企业技术环境中快速启动，规模化地引入高价值的新数据源和使用场景，尽早实现数据对整个企业商业系统的价值（对内或对外）。

其中的关键词是"快速启动""高价值""使用场景""尽早实现数据价值"，第 6 章将会详细介绍如何才能达到这样的建设效果。数据中台虽然是个较新的概念，但是它要解决的问题并不新鲜，实际上就是大数据平台建设方式错误或不当造成的问题。所以，在建设数据中台的时候，我们一定要实事求是，根据实际业务场景确定建设路线和评估建设成果，快速实现可衡量的数据价值，避免数据中台建设重蹈覆辙。

5.3　数据中台建设中的常见问题

前文提到过，国内企业在建设大数据平台的过程中出现了很多问题，其中涉及多部门合作时问题尤其严重，例如各个部门数据重复开发、浪费存储与计算资源、数据标准不统一、数据使用成本高、业务数据孤岛问题严重、数据利用效率低等。为了解决这些问题，阿里提出了数据中台这个概念，将其作为一种新的架构方式。

那么，在数据中台建设过程中还会出现什么问题？我们根据业界数据中台的建设实践，列出了以下常见的问题。

- 数据标准建立和协调困难：业务板块和业务线众多，数据标准难建立，协调扩展困难。

- **技术选型困难**：技术选型众多，不同业务方有不同的数据需求，技术选型时依据这些客观需求及主观偏好，会选择不同的计算框架和数据组件。

- **数据需求多样**：业务部门需求多样化，包括报表计算、可视化看板、数据探索、数据服务、结果推送、数据采集及迁移、A/B测试、标签体系、用户触达、数据应用等。

- **数据需求多变**：为应对市场的快速变化，业务方的数据需求也是多变的，看板必须能够按需调整，标签必须能自主配置，诸如此类的需求需要有大量自助工具来支撑。

- **数据正确性难以确定**：随着数据的复杂度越来越高，数据链条越来越长，数据源越来越多，保证数据的正确性及验证数据将成为一个很耗时的问题。

- **数据管理复杂**：业界对数据的可解释性、可管理性要求越来越高，各种新存储架构的加入，使得元数据管理和数据流程标准化更加复杂。

- **数据安全管理复杂**：如果无法保证数据安全，数据就是不可用的，数据合规使得数据安全成为刚需，这里要求能够支撑多级数据安全策略、数据链路可追溯、敏感数据可加密。

- **数据权限管理**：在数据赋能的体系中权限控制是很关键的功能，需要实现各种级别的数据权限，组织架构、角色、权限策略自动化，以及对新的计算架构的权限管理。

- **数据成本高，难以量化**：数据成本包括集群成本、运维成本、人力成本、时间成本等，持续系统地计算这些成本需要在系统架构中加入相应的统计接口，而现有的大多数平台并没有将这些接口考虑在内。

5.4　评判数据中台建设效果

在建设一个项目之前，我们一般要先定义好评判这个项目建设效果的标准。那么，如何判断我们建设的系统是不是成功的数据中台呢？

目前来看，企业的数据平台建设可能有以下形态。

- 企业级数据仓库：传统的基于关系型数据库的数据仓库、BI、数据可视化。
- 传统大数据平台：以 Hadoop、Hive、Spark 为代表的传统大数据生态系统。
- 云原生数据平台：实时数据和流数据处理、数据流水线、数据服务及机器学习。

第 1 章介绍了评判一个大数据平台能否承担数据中台任务的标准。简单来讲，一个大数据平台能够让企业所有部门在同一个平台上使用同一个数据管理体系和同一个数据应用体系来实现数据价值，就代表它能够承担建设数据中台的任务。也就是说，同一套体系能支持全局的数据能力的抽象、复用和共享，我们就认为它实现了数据中台的功能。阿里的 OneID、OneModel 讲的就是同一个数据管理体系，OneService 讲的就是同一个数据服务体系。

我们认为，数据中台建设的成功与否不应由一些名词来评判，而应由数据中台在企业中的使用方式及使用效果来评判。下面列出评判数据中台使用效果的 12 个方面，大家可以从这些方面判断数据中台的建设是否成功。这些方面是指导性的指标，我们会在第 6 章介绍数据中台建设方法论时详细讲述如何使用具体的指标来量化这些方面。

- 数据能力复用度：系统中提供了多少种可以共享的数据能力？这些能力达到了何种复用程度？

- 可协作程度：跨部门的协作是如何在系统中实现的？能否在各部门独自开发的情况下达到全局的有序管理？
- 可理解性：系统的当前状况、数据和应用的使用情况、数据如何使用等，是否有直观可理解的方式？对系统的理解和认识是仅个别人掌握还是存在系统的方法？
- 可适应性：添加一个新的工具或处理框架所需操作的复杂性如何？多快能够将其加入系统？添加一个新的数据源类型需要多长时间？
- 自动化程度：系统中的手工操作有多少？有哪些人工操作是应该由系统自动完成的？系统是否能自动发现运行中的问题？
- 可衡量性：系统的效率和 ROI 是否可衡量？系统的使用程度和资源消耗是否能精细化管理？
- 管理程度：系统中的人员、数据、应用、资源是否完全在管理之下？在每个时刻系统的运行情况是不是明晰？日常管理需要进行哪些操作？
- 系统复杂度：整个系统的复杂度会不会随着数据、人员、应用的增加而不断升高，最后导致不可管理？
- 用户易用程度：用户需要多长时间的培训才能使用系统？业务部门需要多长时间才能自助管理自己的数据和提供数据服务？在平时操作（例如导入新数据源、开发新的数据看板）中，需要多少专门的大数据开发人员支持？
- 弹性和扩展性：系统的资源使用情况是不是合理（系统负载不能太高也不能太低）？是否可以随时实现扩缩容？
- 安全管理复杂度：系统里的数据和应用都需角色管理、权限管理，我们的系统是如何处理的？人员加入、人员离职都是如何处理的？是否能自动发现对系统的异常访问？

- 可靠程度：系统可靠程度如何？系统如何处理机器失效、数据错误、程序故障？出现需要人工干预才能恢复的故障的频率是多少？一般多长时间能够恢复系统正常运行？

可以为这个列表创建一个打分卡，看看我们在数据中台建设中各个方面的表现，并在后续的工作中持续改善。

5.5　数据中台建设的人员规划

在数据中台的建设中，除了传统的大数据团队以外，还需要业务部门的积极参与。因为共享的数据能力是与业务相关的，而且开发和迭代的流程需要与各个业务部门、IT 部门协调沟通，所以在建设数据中台时需要对参与人员进行统筹安排。这也是我们在数据中台的规划过程中经常碰到的问题。下面列出了数据中台建设过程中一般会涉及的人员及其主要职责。

- 业务部门主管：深入了解业务流程和优先级，能够将业务场景与数据对应，指导建模的流程。
- 业务系统架构师：了解企业的系统架构、技术框架。
- 业务流程工程师：对业务流程非常熟悉，通常是技术部门与业务部门的纽带。
- 数据工程师
  - 数据平台工程师：通常有系统工程师背景，负责建设和运维数据平台，安装和运维各种大数据组件，以及保证数据平台的性能和稳定性。
  - 数据开发工程师：以数据仓库技能为背景，懂业务，负责建模、数据清洗和编写 ETL 程序。
  - 数据应用开发工程师：以应用开发为背景，开发服务于业务部门的数据应用。

- 数据中台架构师：全面掌握数据平台的功能，对公司的产品提出数据的支持和要求，负责公司产品与数据平台的集成、与业务系统进行衔接的架构规划以及公司的数据标准推动和把控。
- 数据分析师：以统计学背景为主，能够从数据中产生合理、准确的商业智能报表。
- 数据科学家：以机器学习为背景，提供基于机器学习和人工智能的数据分析产品和结果。
- 数据产品经理：负责公司内部数据能力的规划和开发流程的协调，有时这个角色由数据架构师承担。

图 5-1 列出了以上主要角色与数据中台各个组件交互的对应关系。

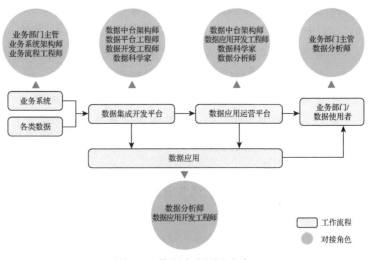

图 5-1　数据中台团队角色

由于建设阶段不同，角色可能会有细微变化，如在数据中台建设的早期阶段，可能每个部门都有数据应用开发工程师、数据分析师、数据科学家，或者需要这些角色的参与。

数据中台建设团队的组织模式一般有两种。一种是去中心化的数据中台搭建模式，这种搭建模式下一般有一个数据平台团队来打造这个"数据中台"，然后各个业务部门（一般都有自己的开发团队）在这个平台上开发和使用自己的数据应用。通过这个数据运营平台，在有共享和复用需要的时候，各个业务团队可以快速共享自己的数据能力。这种模式在硅谷比较普遍，好处是比较容易推进，因为数据中台实际上分为两部分：一部分是数据技术，这一部分最好由数据平台团队负责；另一部分是业务数据能力，这一部分最好由业务部门的人完成，因为他们最理解业务，并且业务也是经常需要迭代的。这种模式的难点在于数据平台团队的业绩难以直接衡量，而且推行统一数据标准需要业务部门积极参与和配合，在业务部门比较繁忙的情况下难以协调。

另一种模式是组建一个专门的数据中台团队，并由中台团队来负责所有共享的数据能力的规划和开发，它相当于公司内部的一个支持团队，负责满足其他部门的需求。这种模式的好处在于数据能力的规划和实现比较直接，难点主要在于数据中台团队需要理解业务，在业务快速变化的情况下迭代速度不一定能跟上，而且数据中台团队会和各个业务部门产生一定的职能冲突。

表 5-1 列出了两种模式的一些对比。

表 5-1　集中式与去中心化的数据中台实现对比

	集中式数据中台实现	去中心化的数据中台实现
组织架构	需要重新建立一个数据中台团队	一般由传统数据平台团队牵头
业务逻辑	由数据中台团队负责梳理全局业务逻辑，决定哪些部分需要共享	由数据平台团队制定核心数据架构及标准，业务逻辑由各业务部门自己负责

（续）

	集中式数据中台实现	去中心化的数据中台实现
能力共享	由数据中台团队负责开发和维护	由数据平台团队提供管理工具，具体能力开发由业务部门负责
责权利	数据中台团队负责保证所有中台功能的稳定性	数据平台团队负责平台的稳定、性能和使用，具体业务能力由各业务部门负责
使用方式	业务部门将数据中台能力当成一个黑盒来使用	业务部门既是数据平台的使用者，也是数据平台能力的贡献者，在统一体系管理下共同迭代

　　对于具体企业而言，到底应该采用何种模式来实现自身的数据中台，主要看企业所处的阶段以及企业的真实需求，必须实事求是，根据企业的实际情况来做出更优的选择。实际上，数据中台与技术中台不一样，数据是跟着业务走的，而技术的共性比较多。让数据中台部门天天跟着业务部门学习数据显然不现实，Twitter、Facebook、Airbnb等硅谷公司的做法是，大数据部门提供足够好用的工具，赋能业务部门共享数据能力。而有些公司的情况又不一样，它们将某项能力抽取出来由专门的组来负责。这两种方式各有优势，因此要视公司的具体情况而定。而国内有些行业的大数据平台建设往往是搭建一个Hadoop集群且仅供该部门内的项目使用。其他部门需要大数据应用时，由于没有一个很好的大数据平台架构，使用这个部门的大数据平台会非常困难，最后只能再独立搭建一个Hadoop集群。这样就会产生大量的数据孤岛和应用孤岛。因此，最好在建设大数据平台之初就要求各个部门共享集群，每个数据应用都必须接入现有的平台。

5.6　数据中台的技术选型要求

　　技术选型是在一个项目的开始阶段必须决定的重要问题。因为一旦选择了某个技术架构并开始实施，后面出现问题再来修改的成本很高。从某种意义上讲，数据中台会作为一个独立的系统出现，就是因为很多数据平台在早期技术选型的时候没有考虑到统一系统、多租户、自助发展和全局管理的需求。

所以，要建设数据中台，在技术上就要采用先进的架构，以高效支持数据能力的抽象、共享和复用。并不是一定要选择某个提供商的产品，完全可以考虑自主研发。第 9 章中会详细介绍选择开源组件的一些原则，但是一般而言，不管是采购、集成还是自研，数据中台的技术体系应该满足下列技术要求。

- 易用：提供大数据应用开发的低代码平台。
- 快速：数据应用及新的大数据技术可以快速落地、快速迭代。
- 安全：数据安全是第一位的。
- 可衡量：所有工具的使用都有统计数据。
- 可审计：所有工具和数据的使用情况都可审计。
- 协作：所有工具都有协同工作的属性。
- 健壮：完善的多租户管理，确保资源隔离、数据隔离。
- 自助：业务人员经简单培训，可自助完成绝大部分功能。
- 性能：数据分析及数据服务的性能有保证。

5.7　本章小结

本章介绍了在数据中台建设开始之前应该考虑和了解的一些事项。需要强调的是，数据中台的顶层设计很重要，但是并非一定要在开始之前就做全局的数据梳理和协调。如何能够快速见效并在一个高效可扩展的框架下进行迭代，可能是更需要考虑的问题。这些问题，我们将在下一章中详细讲解。

第 6 章

数据中台建设方法论

　　数据中台的建设不是购买一款软件然后安装实施就能完成的，它是一个持续迭代、持续演进的过程，涉及公司内部所有部门和业务系统。数据中台建设过程本身需要一整套的方法论来指导，包括实施路线、技术架构、组织方式、人员协作等各个方面的指导方针。这一套方法论的核心原则是：业务驱动，使用可衡量的成果激发自主积极性；敏捷式的实施和迭代，快速落地和见效；强调规范的制定和工具的使用，可持续发展。

　　在第 1 章中，我们基于自身经验与思考，将数据中台建设方法论简单概括为如下几条：

- 选择合适的基础平台架构及工具体系；
- 搭建完善的顶层架构设计及数据规范；
- 业务驱动，快速落地，融合数据，形成可共享的数据能力矩阵；

- 通过数据应用赋能及引导，不断拓展中台功能；
- 在运营中使用合适的指标体系来衡量系统性能及投入产出比；
- 在管理上明确责权利，通过技术手段完善管理和迭代流程。

在这一章中，我们将详细介绍这个方法论的思路。

6.1 基础架构

数据中台会出现的一个重要原因是，现有的大数据平台在架构上无法快速高效地支持数据能力的全局管理和共享复用。因此，采用合理的基础架构对于建立一个可持续发展的数据中台非常重要。

思考试验 考虑这样一个场景：某公司的广告部门想通过大数据平台来分析用户行为，实现广告的精准投放。因为该公司还没有大数据平台，所以广告部门就和 IT 部门一起安装了一个大数据平台，并开发了一些用户行为分析应用，形成了用户行为分析系统。这些应用实现了广告精准投放，带来了不错的效益，系统也开始稳定运行。用户增长部门看到这些应用效果不错，也想使用一下这个用户行为分析系统。问题是，如果它们在使用这个系统时出现问题，该由谁来负责？广告部门、用户增长部门还是 IT 部门？如果这个系统在建设时并没有考虑到其他部门的使用，那么修改系统的工作以及修改对系统造成的影响又由谁来负责？广告部门还是 IT 部门？

在面临上述问题时，我们经常看到，由于底层基础架构的

支持不够，IT 部门难以确定新功能会对现有生产系统造成什么影响。而由于新功能的影响不可预知，广告部门会对其有抵触情绪。这时一个能够快速落地的选择是，由 IT 部门在完全隔离的情况下再为用户增长部门设置一套集群，这样，各部门就可以独立开发，互不干扰。

还有一种情况是在同一个集群中重复开发。我们在一些实际场景中看到，部门 A 从一个生产数据库中采集了一些数据，建立了自己的数据仓库。部门 B 也有类似的数据仓库需求，但并不完全一致，由于部门 A 没有精力满足部门 B 的需求，但又不会将自己的数据仓库开放给部门 B 改动，于是部门 B 就自己采集数据，再建一套适合自己的数据仓库。这样，一些核心的业务数据库被重复采集许多遍。长久下去，每个部门都有一套自己的数据仓库，里面的语法和语义自成体系，导致整个数据的统一协调工作成为一项不可能完成的任务。

这种做法有其存在的合理性：在项目开始的阶段，大家可以快速独立开发，避免互相影响，加快落地的效率和迭代的速度。但是在使用大数据的部门增多之后，就会出现数据的重复使用、开发、存储，数据访问难以控制等问题，并且容易造成数据孤岛及应用孤岛，到数据运用达到一定规模时，数据就会变得难以管理。

我们认为，一个好的基础架构应当不仅能让项目快速落地，还能让企业的各个部门在现有系统上快速开发新功能、引入新数据，而不用担心与现有数据发生冲突。这个基础架构的核心需求是资源隔离、控制管理、可弹性扩充的资源和应用管理。因此，数据中台的基础架构应该有如下特征。

（1）云原生架构

用传统方式建设数据中台具有以下几个难点：

- 传统的单体架构应用开发模式很难做到数据应用的快速落地、快速迭代，也很难保证数据应用能力的快速复用；
- 新的大数据技术难以快速落地；
- 难以解决多租户环境下的数据安全及性能问题；
- 业务人员很难自助完成新的数据分析及探索工作；
- 难以部署和运维分布式的计算框架和存储框架，以保证大数据分析的高性能。

基于这些原因，我们认为，数据中台的基础架构一定要是云原生的。云原生架构可以帮助我们快速开发、测试、迭代和上线大数据应用，轻松实现数据能力的共享和复用，实施统一的数据中台组件的标准化配置和管理，快速集成新的大数据、人工智能和机器学习开发工具，方便地部署和运行各种分布式计算框架和存储框架。

（2）多处理引擎支持

数据中台需要支持多种数据处理引擎来应对不同的数据分析场景。离线大规模数据的处理一般采用 Hive 或 Spark 计算引擎（Hive 后台可以选择 MapReduce 或 Spark 引擎），而流数据的处理一般采用 Kafka 或 Flink 作为计算引擎。在海量的数据中，分析人员经常要进行随机查询，在这种场景下，Cassandra 或 HBase 会表现得比 Hive 更出色。在传统的数据仓库中，分析人员基于多维数据模型（也称为数据立方体），利用 OLAP 技术进行多维度的数据分析，执行钻取、上卷、切片、切块及旋转等操作。

在大数据环境下，类似的 OLAP 计算引擎有 Apache Kylin。如果分析人员要进行基于时序数据模型的分析，则可以采用 InfluxDB 等时序计算引擎。图计算也是大数据分析中常用的一种分析方式，应用领域包括社交网络、舆情分析、用户推荐等，目前流行的图计算引擎是 Neo4j。

在引入这些计算引擎时需要注意的是，要将它们组织成整个组织中统一的全局计算框架，并纳入统一的多租户安全管理系统和全局数据资产管理系统。只有这样，我们才能实现全局的数据安全策略，并准确地评估这些计算引擎所消耗的资源和所产生的价值。

（3）集成的数据及应用管理

如上所述，数据中台应该可以同时管理批处理数据和流数据，以及多种处理引擎和分布式数据存储。我们经常看见在一些企业的实施环境中，各种集群、系统都有各自的管理界面、报警系统、元数据系统，这在后期会导致数据资产不明确、使用复杂、效益不明确等问题。为了避免这种情况，我们必须通过这种统一的管理模式进行统一的数据应用资产管理，全局把握数据、资源、中台使用者以及应用之间的关联关系，实现高效的集群资源利用，使分析人员可以快速进行大数据应用的开发、迭代、共享和复用。

（4）灵活方便的多用户支持

多用户是数据中台必须支持的一个功能。在多用户的环境下实现数据和应用的隔离，才能让各业务部门有意愿在数据中台的安全环境下进行数据能力的开发和迭代，把部门的私有数据隔离保护起来，同时把可以公开的数据能力抽象并共享，供其他部门复用。

数据中台的多用户支持一定要灵活方便，应该可以通过通用的 LDAP 或 OpenID 协议直接对接公司的用户系统，而不需要另建一套独立的用户系统。使用同一套用户系统管理一家公司内所有 IT 平台架构的好处是，当公司发生人员变化的时候，只要在一个用户系统内进行人员或组织架构的更新，就可以将这种更新覆盖到公司所有的 IT 系统中。在不同的 IT 平台架构中使用不同用户系统的安全隐患是显而易见的，如果 IT 部门在更新时遗漏了某一个平台的用户系统，则会在这个平台中留下安全漏洞。

数据中台的多用户支持还要与全局的数据资产管理结合起来，数据中台的用户是组织的一种资产，通过分析这些用户与数据、应用、资源的关联关系，可以准确地评估公司各业务部门在数据中台中所使用的资源及其产生的价值。公司可以将这种评估纳入数据中台的绩效管理，进一步激发各业务部门使用数据中台驱动业务发展的积极性。

（5）端到端的安全审计

在数据中台的建设过程中，实现端到端的安全审计是保证数据中台安全性的必要手段。但是在大数据的环境下，数据类型、计算引擎的多样性以及不断增长的海量数据和数据应用，使得安全审计的实施具有很大挑战。一般来说，数据中台的安全审计要重点关注以下几个功能的实现。

- 兼容性：首先是支持不同的数据类型，包括结构化数据和非结构化数据、批处理数据和实时数据、存储在各种不同存储系统中的数据；其次是支持不同的数据采集及数据处理引擎，例如批处理和实时处理引擎。

- 快速检索：安全审计数据是一种大数据，因此数据中台要提供安全审计数据的快速检索，并能够提供整个事件端到端的回溯，直观地分析整个事件的关联性。

- 敏感数据处理：审计数据会包含一些敏感数据，因此要对审计数据进行安全认证和授权管理，避免敏感数据泄露。

- 安全报警：对于海量的安全审计数据，很难通过人工监控，因此数据中台一定要实现安全审计数据监控和报警的自动化，当发生违反安全规范的事件时，能够自动通知安全管理人员及时处理。

（6）高效的开发及运维流程

在云原生架构下构建的数据中台是以容器化的方式来部署大数据的基础组件，而大数据应用则是在微服务架构下进行开发并以容器化的方式在数据中台中运行，云原生的 DevOps 和 CI/CD 流程可以使开发团队快速迭代和更新大数据应用，并轻松进行数据中台的运维工作。

6.2 数据工具

在实践中，一个很重要的思路是将方法论映射到我们所使用的工具中，然后通过这些工具来规范我们的管理方法，而不是通过说教或行政规定来确保这些方法论的执行。目前这样的工具是比较欠缺的，第 4 章介绍的 DataOps 就是使用工具来体现数据中台建设方法论的一个理论指导。前面的章节已经介绍过数据中台中的各种数据应用和工具，这里简单汇总如下：

- 数据发现
- 数据应用资产管理
- 自助数据开发探索平台
- 自助数据应用运维平台
- 数据可视化
- 数据共享
- 数据即服务
- 模型即服务
- 多用户、多租户管理
- 自动异常检测
- 行为审计

实际场景：数据科学家的自助工具

一般来说，数据科学家的主要职责是编写机器学习程序并评估所生成模型的效果。他们的主要工作是理解业务数据与机器学习算法和模型之间的关系，使用最合适的模型和算法生成最精确的模型参数。在运行这些算法的时候，他们需要与底层的执行框架打交道，而且在模型确定后，还需要将其发布到生产系统并运维。这个时候如果底层系统出了问题，仍需要他们来解决。但是由于数据科学家一般对底层系统并不太熟悉，这会占用他们相当多的工作时间，降低他们调试算法和发布算法的效率，进而影响企业内部共享算法模型的效率。

为了解决这个问题，Twitter 内部给数据科学家提供调试数据程序性能的工具，在程序出问题或者效率低下时，他们可以使用可视化的方式直接找到出问题的地方，进而快速解决问题。然后，通过内部云平台和 PaaS 系统，数据科学家可以快速通过可视化界面自助发布模型应用，而 PaaS 平台能够解决容错、负载均衡等一系列繁杂的配置工作，同时提供方便的运维工具，从而大大降低算法模型在公司内部共享的难度。如果没有这些工具，数据科学家就不时需要数据平台团队的支持，这就会大大降低研发的效率，提高数据能力共享的门槛。

6.3　顶层架构设计

建议在实际投入开发之前，先进行顶层架构设计，根据实际业务架构来设计数据中台的数据架构。这里所说的业务架构包括企业的组织架构、业务域及业务子域的划分、核心业务流程、业务流程与相应 IT 系统对应的关系。建设数据中台需要先把这些内容梳理清楚。数据中台的数据架构可以理解为中台数据能力的架构组织，是指数据中台提供的明细数据、汇总数据、数据分析结果、数据报表、数据服务是如何组织的。

顶层架构设计需要根据对业务的分析，划定以下内容。

- 企业的主数据，如客户、产品、订单、供应商、员工、渠道等。
- 数据域：能够覆盖主要业务流程的抽象数据主题，如交易域、用户行为域、市场营销域、库存域等。
- 核心业务流程与主数据和数据域的关系由谁负责，以及有哪些关联部门。

经过这样的划定，业务部门在使用数据中台时，就可以快速找到自己所需的数据能力。

虽然顶层架构设计非常重要，但我们建议在确定好基本的顶层架构之后，不要进行大规模的深度业务调研和建模，而应采取6.5 节介绍的快速落地方式，以实际业务痛点为切入点，逐步展开数据中台的建设。从另一个角度来讲，企业业务会不断变化，任何依赖于大规模业务调研的数据中台建设方式都是不合理的。数据中台应该随着业务的发展而发展，因此在早期建设时可以采取迭代的方式进行。

6.4 数据规范

数据规范是指进入数据中台的数据（输入）和数据中台提供的能力（产出）都必须符合的规范。很多大数据平台建设因为缺乏规范而产生了数据孤岛、应用孤岛和数据开发困难的问题。OneID、

OneModel 是解决数据规范的一种思路。例如，OneID 要求对于一个业务实体在所有业务系统中使用同样的全局 ID，OneModel 的一个核心要求是派生指标名称由原子指标、周期、统计粒度、业务限定等维度来确定。

数据规范的目的主要是可以对进入体系的数据和输出的数据能力进行通用管理，而不需要对每个数据源或分析程序都进行单独处理。除了常见的 OneID 和 OneModel，数据规范还有很多，比如下面这些规范。

- 数据存储的格式，例如 Hadoop 文本必须使用 LZO 压缩，宽表必须使用 Parquet 格式存储。
- 数据库 / 表的命名规则，例如数据仓库中不同层次的表必须以其对应层次为前缀（ODS、DWD、DWS 等）。
- 表 / 字段元数据规则，例如表 / 字段必须有中文注释，统计指标字段的计算方式必须在注释中有介绍或链接等。
- 数据隐私规则，所有涉及隐私数据的数据表和数据字段都必须在元数据或说明中标记相应的隐私类型，如 privacy_user_address，这样在排查隐私数据和进行脱敏检查时会很方便。
- 数据服务的命名规则和访问规则，例如，数据服务函数名称必须以其数据域加分析主题为前缀，数据服务函数必须在注册 Session 后使用，以便于统计。
- 数据集的访问行为规范：是允许开放命令行访问，还是必须通过系统工具使用，使用前必须通过什么授权。
- 数据表的默认字段要求，例如，是否在数据仓库的汇总表中加入 created_at（创建时间）、updated_at（修改时间）、job_id（任务 ID）这样的字段，以便于变更数据处理及任务管理。

数据规范与传统的数据标准并不是一个概念。很多行业数据标准描述了具体业务数据必须符合的业务规则，例如，2020年5月中国银保监会下发的《中国银保监会办公厅关于开展监管数据质量专项数据治理工作的通知》中，要求"监管数据包括：非现场监管（1104）、客户风险、监管数据标准化（EAST）、保险统计信息、保险偿付能力、保险资金运用等系统采集的数据核心监管指标。数据质量主要包括数据真实性、准确性、完整性"。而我们这里所说的数据规范更多的是数据中台体系本身的运营对数据和数据应用的要求，与具体业务关联不大。例如，之所以提出上面例子中的默认字段要求，是因为我们在工作中发现，如果一个汇总记录不加上 created_at 或 updated_at 字段，在后续使用和管理中就会丢失其变更历史，在使用和排错时将会遇到非常大的困难。

也许数据规范中最重要的是 OneID 和 OneModel，而在建设数据中台的过程中，我们会发现，其他数据规范对于数据中台的顺利运营也非常重要。我们可以从一些基础数据规范出发，逐步完善，最终形成适合企业具体数据形式和 IT 架构的数据规范，指导数据中台的运营。更重要的是，要通过工具来实现这些数据规范，而不是靠一个文档，更不能靠 IT 或数据工程师的口口相传。

6.5 业务驱动

业务驱动是指根据实际业务需求和痛点来决定数据应用开发的优先级。业务部门有什么痛点，当前业务需要哪些数据支持，都是我们决定如何管理数据的依据。

在大数据系统发展早期，有一种常见的做法是，先把所有能够采集的数据采集起来，进行长期存储，然后再试图发现其中的数据价值。但是在实践中我们发现，这种贪大求全的数据管理方式有很多弊端，不仅会造成资源的无端浪费，更关键的是梳理这些数据会花费很多无谓的劳动，投入产出比低。而且，很多数据在经过多年存储之后，实际上并不能产生什么价值，但它们会一直占用宝贵的系统资源。因此，我们认为在梳理清楚主数据和关键的业务数据之后，对数据的采集和使用应该以业务驱动为主，解决当前业务的痛点需要哪些数据，我们就在系统中治理和管理哪些数据，然后根据业务的需求不断扩充这个元数据和主数据的范围，增加整个业务系统的数字化范围，这样才能尽量发挥出资源的最大效益。

从另一个角度来看，由业务驱动的开发优先级可以保证系统快速见效，对整个系统在公司内部的接受程度和推广速度有很强的正面推动效应。因为数据中台需要全公司的参与，所以这种早期的示范效应非常重要。如果一个项目投入了大量的资金和人力，在一段时间还没有见到效果，那么它在内部推行的时候阻力会更大；反之，如果一个项目投入很少的资金和资源就能很快见效，那么它就能够在公司内部更快速地落地和推广。换言之，没有业务部门认可和积极参与的大数据系统是没有生命力的。

值得注意的是，这种思路与数据湖的建设并不矛盾。将业务系统的结构化数据采集到数据湖中的工作量其实并不大，而且很多时候可以半自动甚至自动完成。这些数据量相对于大数据平台来讲并不大。比较耗时、耗资源的是对非结构化数据的处理和治理，所以，在早期需要存储哪些非结构化数据、做哪些数据治理，都是需要由业务来驱动的。

实际场景：EA 的"数据中台"建设

EA "数据中台"的建设就是一个由业务来驱动的过程。这一过程从一开始遵循的思想就是以业务的需求和痛点为导向，而不是为了建设大数据而建设大数据。当时，EA 面临的首要问题是全公司"烟囱式"的数据分析架构，几乎每个游戏工作室（移动、社交、游戏机平台、PC 平台）、每个业务部门都有一套自己的数据分析平台，且架构大同小异。这让 EA 面临巨大的困境，公司各业务部门很难掌握公司的整体运营状况，各游戏工作室也很难对玩家的反馈做出快速反应，从而导致游戏玩家数量减少，游戏营收下降。

因此，在建设初期，EA 大数据部门首先花了近一个季度的时间搭建了一个拥有 30 个节点的小规模 Hadoop 集群作为数据中台的基础，逐步将 EA 的游戏数据从各个游戏平台汇聚到大数据平台。最初，这个平台只提供了一些基础的服务，比如数据的浏览、查看和下载功能，业务部门的数据分析能力非常有限，复杂的数据分析功能只有少数分析人员才懂得使用。虽然初期阶段的成果是有限的，但 EA 各业务部门还是很快就看到了一些成效，对数据中台的建设也越来越有信心。

6.6 关键指标

在第 1 章中，我们讨论了建设数据中台的根本原因是可以帮助企业取得相对竞争优势，最终创造价值。数据的核心价值在于产生可用于指导如何赢得竞争的洞见（Actionable Insight），因此评估数据中台项目是否成功，也就是看这些洞见最终是否能够转化为价值。而要明确这一点，我们需要有一定的关键指标，包括价值指标及性能指标。

价值指标，一般是 ROI（Return On Investment），用来衡量数据中台所产生的价值。推行数据中台的一大难点是其 ROI 不好量化。虽然大家都知道数据中台可以产生价值，可以帮公司赚钱和省钱，但是具体产生了多少价值，是由哪一个程序、哪一个数据产生的，很难精确衡量和定位。因为整个数据的链条很长，使用的工具很多，参与的部门和人员也很多，实际上最后单个组件的 ROI 很难量化。但是对于企业而言，产品必须产生收益，而且 ROI 一定要能够衡量，于是如何量化价值指标就成为数据中台建设的一个核心问题。

性能指标衡量的是数据中台整个系统的性能、资源的使用效率、开发效率、运维效率和迭代效率，核心是对数据产品的支持能力。业界最常用的数据中台性能指标有两个：一个是数据产品迭代时间（Time To Market），另一个是可靠数据洞察时间（Time To Reliable Insight）。

数据产品迭代时间是指一个数据产品从想法到推向市场的时间。这里的数据产品就是需要数据来支持和驱动的产品，比如基于用户画像的个性化服务、基于产品相似程度的产品推荐。数据产品与一般产品的区别在于，它需要大量数据的支持，它所产生的行为是个性化的，是根据系统中现有的数据来决定的，而不是事先定义好的。

因此，数据的质量，数据的获取和使用的方便性、可靠性、实时性决定了这款产品能否快速推向市场。而且，产品推向市场之后得到的反馈也需要通过一些数字化的指标来衡量，例如使用 A/B 测试。这种数字化的数据产品迭代时间实际上衡量了整个系统数字化的程度和数据产生价值流程的成熟度。

很多互联网公司之所以能够在推出一款新产品后快速将产品里的用户数据复用到别的产品上，就是因为它们的底层数据是打通的，从想法到产品快速推向市场所需的整套流程都是可以重用的。不过，我们也看到，很多行业的企业从有一个想法到推出一个数据驱动产品的流程太长，没有现成的工具可用。

实际场景：从 Musical.ly 到 TikTok

我们知道，字节跳动收购 Musical.ly 后将与 TikTok 合并，新的 TikTok 在欧美大受欢迎。那么，为什么 Musical.ly 会被收购呢？潘乱在文章"再谈 Musical.ly 收购案交易各方心态"中提到：

当事人回看，Musical.ly 在被收购前的 2016 年，主要做错了两件事：回国太晚，算法太弱。Musical.ly 在被字节跳动收购以后，用了不到一个月时间对接今日头条的分布式机器学习平台，快速复制推荐算法之后，产品核心指标暴涨。

这说明做成一款音乐短视频的关键在于：

1）比别人先想到并认同音乐短视频这个想法；

2）一定的产品、交互设计能力，能够把这个产品的原型打磨出来；

3）高效的推荐算法；

4）商业化团队＋用户增长。

3）和 4）是提高 ROI 的关键要素。Musical.ly 只是做好了 1）和 2），就在欧美成为现象级产品。而字节跳动为其加入了 3）和 4），就可以通过高 ROI 跑出用流量变现、接着进一步采买流量的打法。

这里提到的高效推荐算法和用户增长策略，在硅谷的独角兽企业里都是基于高效的大数据平台的。字节跳动正是利用强大的数据能力，将现有产品的数据能力和洞见快速运用到其他产品线上，从而缩短了数据产品的迭代时间。

可靠数据洞察时间衡量的是管理层获取可靠的市场洞见需要花费的时间。管理层如果能实时了解整个公司的详细运行状况，就可以更好、更快地应对市场变化。这种能力是每个公司管理人员都希望拥有的。之所以要加上"可靠的"（Reliable），是因为洞见的完整性和可靠性非常重要，没有管理人员希望自己做的决定是建立在错误的数据之上的。但是，因为大数据系统非常复杂，数据导入、数据转换、数据分析、数据发布整个流程的每个步骤都有可能发生错误，保证数据的正确性和完整性十分困难。

图 6-1 所示为从数据到洞见的全周期。如果我们把数据应用开发的整个流程进一步细分，可以将数据产品迭代时间和可靠数据洞察时间划分成按步骤衡量的指标。这些指标又可以分为多级指标，一级指标一般是我们必须衡量和优化的，二级指标一般代表更高的要求，能促使整个数据平台管理达到更高的水平，但是在数据中台建设的早期，其优先级没有一级指标高。

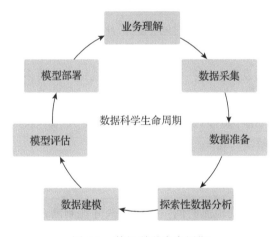

图 6-1 数据科学生命周期

一级指标

- 数据发现时间：用户需要多长时间才能找到自己需要的数据。

- 数据理解时间：用户需要多长时间才能理解自己想用的数据。
- 数据导入时间：用户需要多长时间才能将自己需要的数据导入系统中。
- 数据治理时间：数据开发人员需要花多少时间才能将数据治理到可以使用的程度，其中包括验证数据的正确性和完整性的时间。
- 数据延迟时间：数据从源头到可以使用有多少延迟。
- 获得结果时间：终端用户要花多少时间才能获得查询的结果。
- 结果发布时间：数据开发人员需要花多少时间才能将结果发布到系统中供大家使用。
- 数据应用生产化时间：数据开发人员需要多少时间才能将自己的数据应用生产化。
- 问题发现时间：如果系统中出现错误，要多久才会触发报警。
- 问题解决时间：错误触发报警后，运维人员需要多久才能解决问题。

二级指标

- 数据合规检测时间：需要多久才能判断系统中所有数据及权限设置是合规的。
- 数据应用迭代时间：从一个数据应用需求出现到实施需要的整体时间。
- 数据应用优化时间：现有数据应用的效果确认及优化所需要的时间。

前面提到的所有方法论和工具、数据开发流程都是为了不断提高各个阶段的指标，使得从数据到价值的过程速度更快、效率更高。值得注意的是，量化这些指标需要有相应的研发投入和运营资源，企业可以根据自身的实际情况决定是否量化这些指标。不过，在建设数据中台的过程中，我们都应该把这些指标作为参考标准，看看我们选择的方案有没有将这些指标的优化考虑在内。

6.7　明确责权利

如何明确数据中台建设各方的责权利是数据中台项目立项时首先要回答的问题。数据中台的建设涉及数据应用开发流程的改变，有时还会涉及组织架构的改变（比如设置数据团队）。虽然数据运营管理平台等工具有助于这个转变的流程，但是数据中台的建设首先要是个一把手工程，且需要组织的配合，比如建立数据委员会来协调企业内部的数据管理。

对于一个数据中台来说，明确责权利首先是决定数据的产生者、拥有者、管理者和使用者。数据的产生者和拥有者负责提供数据，数据的管理者负责提供系统和体系以保证数据的完整性、正确性、实效性和安全性，而数据使用者则是受益的一方。这里的核心是数据管理者制定数据中台的使用规则，通过建立系统，让各方在一个高度有序的环境下发挥数据的作用。

与公开的数据集市不一样，数据中台中数据的产生者和使用者之间有时并没有明确的角色区分和直接的利益交换。每个部门可能既是一些数据的使用者，又是其他一些数据的产生者。数据的使用者不一定要向数据的产生者付费，数据的产生者也不一定能够从贡献数据中直接获利。如何让数据产生者有动力来贡献数据，如何更精准地量化数据使用者产生的效益，如何保证数据产生和使用的过程全程可控，数据中台就是解决这些问题的工具。

由于各企业的组织架构和文化并不相同，数据中台的具体实现形态在各企业里可能也会不太一样，但如果要建设数据中台，责权利必须明确，只有这样才能有持续发展的推动力。

实际场景：用户画像功能的共享

数据中台有一个典型的应用场景是用户画像功能。在面向大量用户的企业中，用户画像一般都是数据中台的核心功能。每个部门都必须将用户的相关行为纳入用户行为数据的管理体系中，使用统一的主数据管理和维度数据管理。此外，要建立一个类似于数据委员会的内部组织，负责核查每一款即将上线的产品是否对用户行为进行了合适的记录和上报，如果不符合要求则拒绝其上线。产品上线之后，用户在产品中产生的行为会更新到现有的用户画像系统里。其他产品可以自动获取这个不断更新的用户画像，进而提供更精准的个性化服务。例如，在 EA Sports 的用户体系中，如果一个用户在某一款足球游戏里花了很多钱买道具，那么他在另一款免费射击游戏中就有可能收到一条高档足球鞋的广告推送。这里，射击游戏实际上是用户画像的受益者，虽然它并不用为这个功能付钱。此时在内部明确各参与部门的责权利就很重要，我们可以使用 API 审计或内部计费系统等来提供这种功能，否则提供数据的团队会逐渐失去动力，出了问题各部门也会相互推诿。

除了上面场景里的自助开发、全局共享模式，还有一种模式是在公司里建立一个统一的中台部门，由其管理所有共享数据的产生和使用。所有部门要使用的共享数据都由中台部门来管理和分配，并且只能通过中台部门提供的 API 使用。在某些公司的组织架构下，这种架构更有效。但是在很多情况下，产生数据的

是业务部门，使用数据的也是业务部门，数据应该由业务部门来掌控，数据平台团队可以负责制定规则、提供工具、提供管理系统，协助各个部门使用这种数据能力。也就是说，数据平台团队的责任就是管理整个数据中台的建设，保证各个部门顺利使用数据中台，确保质量和效益可衡量，而它们自己并不拥有数据。同时，各个部门可以通过数据 API 或者内部的数据集市机制来将部门产生的数据变现。这样可以提高各个部门提供数据的积极性。但前提条件是数据平台团队提供的这个平台与工具足够好用，责权利足够清楚。

6.8　管理迭代

如前所述，数据中台建设应该由业务驱动，快速见效。但是快速见效并不是说一步到位，后续仍然需要持续迭代。如图 6-2 所示，公司的业务、市场、客户以及公司本身都是不断变化的，而数据中台是对整个业务流程、公司管理的建模，因此它的功能也会不断演变。可见，并不是数据中台搭建完毕就可以一直提供服务，它也必须随着市场和公司的发展而不断演变。

图 6-2　管理迭代

　　为此，数据中台的工具必须提供这种管理迭代的功能，而且整个数据中台的建设和迭代需要有完善的机制来管理。评判一个数据中台工具或数据中台系统的好坏，有一个很重要的角度是看它如何管理数据、人员、应用及市场的变化。例如，现在机器学习技术突飞猛进，每年都会出现很多新技术、新框架、新理念。如果数据中台是一个固定封闭的平台，那么这些新技术的使用很快就会将其淘汰。因此，我们的数据中台必须能够不断扩展其边界，容纳新的工具，并且使新工具在现有的框架下快速发挥作用。

　　此外，数据中台要管理数据的变化。数据并不是一成不变的，在业务变化的同时，底层的数据（包括数据格式、数据语义）也是不断变化的。在这个不断变化的过程中，原有的程序如何持续更新、如何持续发挥作用也是需要考虑的。变化的数据语义和不变的数据应用会产生非常难发现的错误，带来很多不可预知的后果。数据的变化管理包括数据和数据应用的生命周期管理。因为数据并不会一直持续产生作用，有迭代就会有淘汰，需要持续衡量数据和数据应用的价值，它们什么时候不再产生价值了，就将其移除。我们经常发现有些数据在产生之后一直存放在系统中，在最初的开发者离职之后就没人知道这些数据的用途了。这种无效数据占用了大量的资源，需要及时处理。第 15 章会详细讲解数据中台应该如何管理人员、数据及应用的演进。

6.9　数据中台建设流程

　　综合上述各个方面的方法论，图 6-3 给出了在这套方法论指导下建设数据中台的实际流程。

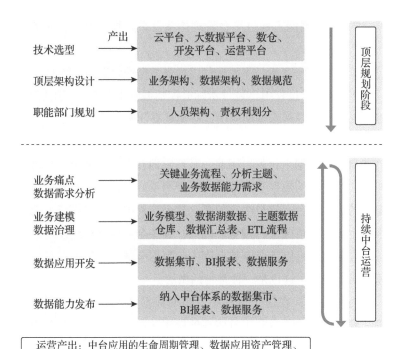

图 6-3　数据中台建设流程

1）选择一个合适的基础平台架构和中台建设工具体系；

2）完成顶层架构设计，包括业务架构、数据架构及规范，明确各部门责权利；

3）确定业务痛点或需求，以及相关业务流程、分析主题、数据应用需求；

4）使用相应工具发现已有数据、已有数据能力，定位缺失数据；

5）导入缺失数据，与现有数据进行整合、清洗、治理；

6）完成相应数据分析、数据报表、数据应用或其他数据能力的开发及测试；

7）将数据能力通过平台管理体系发布到数据中台供业务部门和人员使用；

8）重复 3～7 步，不断迭代以增强数据中台能力矩阵；

9）在运营过程中，通过指标监控数据应用表现、使用情况，确定 ROI，及时剔除过期应用，避免重复开发。

实际上，很多硅谷企业在建立之初，就是按照这个流程来打造自己的数据平台的。因此，虽然它们并无"数据中台"这个叫法，但它们的数据平台都是从一个简单的平台逐渐发展成这里定义的数据中台。值得注意的是，这个流程中的一些细节可能会根据企业实际情况进行调整。例如，有些企业信息化建设比较完善，在第 4 步可以将业务数据库中的数据全部导入数据湖中，以积累历史数据，这也是一种常见的做法。

可以看到，在这个流程中，初期数据的规范，责权利的明确，开发中统一平台和工具体系的使用和运营，以及对于关键指标和迭代管理的重视，与我们实际看到的很多大数据平台的建设方式是有一定区别的。

6.10　本章小结

在建设数据中台时，我们希望有一套成熟的方法论作为指导，确保我们所选择的技术路线、实施方式是最有效的。在这个过程中，我们可以使用跨部门的数据委员会这样的组织来指导数据中台的实施和沟通，明确数据规范、关键责任人，打造数据运营服务平台，丰富数据中台工具。在运营过程中使用中台服务不断开发新的应用，按需扩展数据及服务，扩大数据中台的服务范围及影响力。对于现有的数据应用，要不断加强控制数据的直接使用，并逐渐将现有应用迁移到中台的管理框架内。

7

数据中台的架构

　　数据中台虽然在实现路径上有很多关键的非技术因素，例如高层战略、组织架构、资源配置等，但是即使在这些非技术因素上有更好的支持，如果在整体架构和技术实现上不能实现好的层设计，其建设也是难以取得成功的。正如第 1 章所述，现在很多机构之所以需要单独建设数据中台，就是因为它们在建设大数据平台的时候没有设计好技术架构。而数据中台的投入和规模一般都很大，如果早期的整体架构没有设计好，后期迁移的成本巨大。

　　本章将首先介绍数据中台的功能定位和主要建设内容，然后讨论架构设计的原则以及如何设计合适的数据中台架构来支持企业的数据服务能力，最后简单介绍在这样一个架构设计下的各个主要功能组件。

7.1 数据中台的功能定位

数据中台的功能定位是完成公司内部数据能力的抽象、共享和复用，因此，数据中台的架构必须围绕这三个功能来设计。与传统的大数据平台不同，数据中台搭建于大数据平台及数据仓库之上，将大数据平台和数据仓库所实现的功能以通用数据能力的形式提供给企业的所有部门。因此，单从功能上来讲，大数据平台实现具体的数据能力，数据仓库是业务建模、数据治理发生的地方，而数据中台则需要把大数据平台、数据仓库的数据和接口组织起来，通过打通数据提升数据能力，通过共享提高全局使用效率。因此数据中台的架构设计应该考虑如何有效地完成抽象、共享和复用的功能。

思考试验：数据仓库 + 数据服务就是数据中台吗？

假设我们已经有一个很好的数据仓库，并且在上面设置了一些可以供大家使用的数据集市或者说主题数据。在此基础之上，我们又提供了一些可供大家使用的数据服务。那么能说这个系统就是数据中台吗？

在回答这个问题之前，让我们先回到数据中台的定义上，看看这个系统是不是提供了全局的数据能力的抽象、共享和复用。从另一个角度来讲，如果一个新业务应用需要使用新的数据能力，可以看看我们是需要直接与底层的原始数据打交道，还是能通过中间的这个系统来开发。因此，关键问题是这个数据仓库提供和共享的数据服务和数据能力，是否能够覆盖整个企业的业务范畴。如果每个部门都有这么一套数据仓库、数据服务、数据集市，那么岂不是每个部门都有一个小的数据中台？因此我们认为，这还不能称为数据中台。中台应该是要支持全局的，而不是局部的；数据能力的抽象、共享和复用也应该是全局的，而不是局部的。

大数据平台在各部门与整个公司的使用模式是有很大区别的。如何管理数据仓库的演变，如何管理数据服务的抽象，如何管理数据的产生与发布流程，这些都是数据中台需要解决的问题。而这些问题在传统数据仓库和大数据平台中的优先级通常会比较低。

实际上，数据中台的建设应该贯穿数据处理的全生命周期，即从原始数据到最后产生数据价值的整个流程，且整个流程都处于数据中台的管理之下。图 7-1 显示了从原始数据到实现数据价值的完整流程，其中每一步都是数据中台建设需要考虑的：

- 数据发现 / 探索
- 数据采集 / 导入
- 数据建模 / 治理
- 数据转换 / 分析
- 数据服务 / 共享
- 模型管理 / 更新
- 数据产品 / 集成
- BI 报表 / 可视化
- 应用开发 / 测试 / 发布
- 任务调度 / 运维

从流程来看，这些内容也都是大数据系统应该建设的内容，那么这些内容和数据中台建设应该是什么关系呢？数据中台的建设是包含底层大数据平台和数仓建设的，数据中台底层也是由（符合数据中台需要的）大数据平台和（符合数据中台规范的）数据仓库来支撑的。数据中台要做的就是把上述流程在全局标准化、规范化，让这个流程产生的结果和能力能够在全局共享和复用。

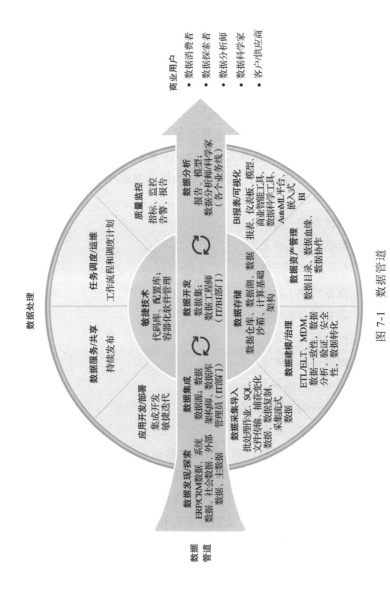

图 7-1 数据管道

我们再来看看数据中台的架构设计，其核心在于用全局统一的标准和规范来实现数据赋能，这与单一部门实现上述流程的侧重点是不同的。在数据中台的设计中，需要考虑如何灵活地支持数据能力的抽象，管理各种数据复用，确保它们都符合统一的数据规范和安全规则，同时又使各个部门能够独立演变属于自己的数据，而不需要进行复杂的多部门协调。我们认为数据中台应该能够支持各个部门在一个统一平台上完成上述流程中的所需功能，同时在发现有全局共享需要的时候，能够方便地将特定的数据能力共享给全公司，并且在后续的演变中不会因为协调的原因而拉长数据能力的演进过程。

所以，已经有大数据平台、数据仓库的公司需要在此之上搭建负责数据应用开发和运营管理的平台，统一管理数据能力的流程。数据中台的功能定位也应该是一个数据运营管理平台：在原有的基础大数据平台和数据仓库的基础上，将独立的数据仓库研发和数据能力研发组织成整体数据能力的开发和共享平台。而没有大数据平台或者数据仓库的公司，需要在建设大数据平台和数据仓库的同时打造数据中台的能力。

此外，由于数据中台对于可扩展性、协同工作的要求，很多传统大数据平台难以满足数据中台的需求。应该考虑在基于现有大数据平台打造数据中台的同时，逐渐将大数据平台迁移到更适合新一代大数据人工智能组件的新框架之下，以便于数据中台的后续演变。例如，数据中台需要提供给各部门自助的数据工具，应该使用一种云原生的架构快速发布和支持新的大数据组件，并将其纳入整体的管理范畴。如果现有的大数据平台还不支持这种功能，就应该考虑将其逐步迁移到云原生的架构上。

7.2　数据中台架构设计的 9 大原则

基于数据中台的功能定位和需要解决的问题，我们认为其架构设计应遵循下面的设计原则。

- 面向未来：应该能够很容易地将新出现的大数据、人工智能、机器学习应用和框架加入系统。新技术以前所未有的速度出现，如果数据中台不能快速适应变化，各部门可能很快就会自己另起炉灶，形成新的应用及数据孤岛。

- 需求驱动：数据中台的存在是为了更快、更好地满足业务部门的需求，因此其架构设计应该以如何快速处理需求为核心，能否快速满足新需求应该是判断一个架构是否合理的标准之一。

- 面向个体：系统的每个使用者面对的都是系统的一个方面，但是他们都应该能够从系统中获得他们需要的数据能力，自助完成他们的目标，达到最优的效率。

- 面向协作：考虑系统的每个使用者的行动如何影响整个系统的功能。个体用户对系统的使用会以自适应的方式影响整个系统的演进，例如，多个用户在有类似的数据能力需求时如何协同开发，我们的架构应该能清楚地掌握系统中核心元素之间的关系和连接。

- 面向变化：对于系统中所有的元素（用户、数据、应用、资源），架构设计必须考虑其变化和生命周期。例如，新员工入职应该经过什么流程？离职又该如何处理？如何往系统里新增一个数据表？这个数据表里的数据应该存多久？如何知道这个数据表已经没有用途？如何移除这个数据表？

- 处理异常：对于数据中台这样复杂的系统，我们必须假设所有组件都有可能失败或出错。系统必须具备极强的容错性以及在发生大多数错误时自动恢复的能力。

- 预防恶意使用：数据越来越成为一个公司的核心价值，数据中台是公司数据处理和能力共享的核心组件，我们要假设所有的规则都有人违背，一定会有人试图违规访问数据。数据中台应该能让每个用户都放心使用系统，而不用担心会使系统意外崩溃。

- 不要重复造轮子：应该尽量避免重复开发系统功能组件，系统中的数据和能力要能高效安全地在各个部门之间共享。这意味着每个用户在使用数据中台的时候，都能够对系统中的可用数据和能力有个全局视图。
- 兼顾灵活性和易用性：作为数据中台，如果把所有组件都做得傻瓜化，虽然对于新手来说很容易上手，但是在功能和效率上会有一定限制；如果提供很多灵活的选项，则新手可能就会淹没在复杂的系统配置中。我们必须在二者之间找到一个比较好的平衡。

从某种意义上来说，这些原则也是建设一个好的大数据平台所需要遵循的。但是在建设单一的大数据平台时，第一优先级是解决局部的问题，以上面向未来、面向变化、面向协作、不要重复造轮子等原则的优先级就降低了。而在建设数据中台的时候，因为数据中台就是要解决这些问题的，所以必须重视这些原则。

7.3　典型的硅谷大数据平台架构

第 1 章简单介绍了 EA 和 Twitter 是如何使用大数据平台来驱动公司的运作的，并描述了它们是如何提供数据中台的典型功能的。本节我们分析一下典型硅谷互联网企业的大数据平台架构，作为我们数据中台架构的参考。

7.3.1　Twitter 的大数据平台架构

Twitter 是最早一批推进数字化运营的硅谷企业之一，其公司运营和产品迭代的很多功能是由其底层的大数据平台提供的。

图 7-2 所示为 Twitter 大数据平台的基本示意图。

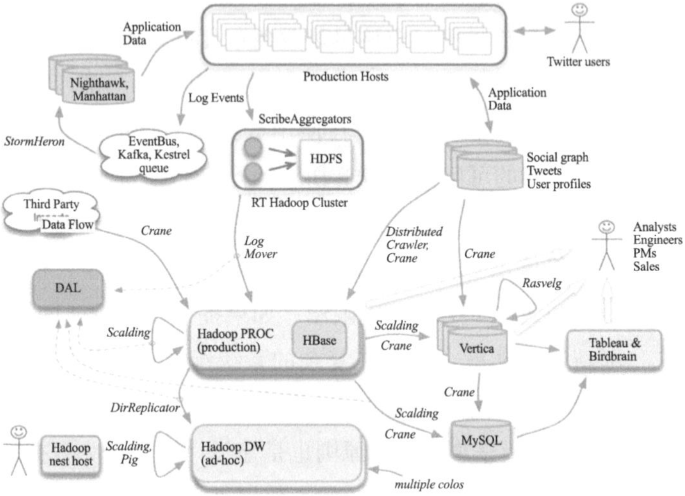

图 7-2　Twitter 大数据平台架构

Twitter 的大数据平台开发比较早，很多组件是其内部开发的，后面都有开源组件来对应。

- Production Hosts：直接服务用户的生产服务器，也就是业务系统。
- MySQL/Gizzard：用户关系图存在于 Twitter 的大规模 MySQL 分布式集群中，使用单个 MySQL 作为存储单位，在上面增加一层分布式协调数据分片（sharding）和调度的系统。
- Distributed Crawler, Crane：类似于 Sqoop 和 DataX 的系统，可以从 MySQL 中将业务数据导出到 Hadoop、HBase、Vertica 里，主要用 Java 编写。
- Vertica：大规模分布式数据处理系统（MPP），可以理解为一个以 OLAP 为主要任务的分布式数据库，主要用于建设数据仓库。类似的商业产品有 Teradata、Greenplum 等，类似的开源工具有 Presto、Impala 等。

- Rasvelg：基于 SQL 的 ETL 工具，主要用于数据清洗、治理和数据仓库建设。

- ScribeAggregators：日志实时采集工具，类似于 Flume 和 Logstash，主要目的是将日志实时采集到 Hadoop 集群中（图 7-2 中的 RT Hadoop Cluster）。

- Log Events：主要是将客户端埋点的数据或其他需要实时处理的数据写入各种消息中间件中。

- EventBus、Kafka、Kestrel queue：Kafka 是开源的消息中间件，EventBus 和 Kestrel 都是 Kafka 出现之前 Twitter 内部开发的消息中间件。需要内部系统的原因是有些业务需要类似于 exactly-once（确定一次）的语义或者其他特殊需求，而 Kafka 成熟较晚，直到 2017 年的 0.11 版才推出 exactly-once 这种语义。

- Storm、Heron：消息中间件的数据会被一个实时处理系统处理。Twitter 早期用的是 Storm，但后来发现 Storm 性能和开发问题比较大，就自己用 C++ 开发了一个与 Storm API 兼容的系统 Heron 来取代 Storm，并在 2016 年开源。

- Nighthawk、Manhattan：Nighthawk 是 sharded Redis，Manhattan 是 sharded key-value store（用来取代 Cassandra），推文、私信等用户信息存放在 Manhattan 里，Nighthawk 作为缓存，这些组件是直接服务业务的；实时处理的数据和一些批处理分析的数据也会放在这里，被业务系统调用。

- LogMover：日志复制工具，主要使用 Hadoop 的 distcp 功能将日志从实时服务器复制到另一个大的生产集群。

- 第三方数据：例如苹果应用商店的数据，这些数据使用定制的爬虫程序在 Crane 框架里执行。

- Pig、Hive、Scalding、Spark：各种内部批处理分析框架，也用来开发 ETL 工具。

- DirReplicator：用来在各个数据中心、冷热 Hadoop 集群、测试 / 生产集群中同步数据目录。

- DAL：Twitter 的数据门户，基本上所有的数据操作都要经过 DAL 的处理。

- Tableau、Birdbrain：Twitter 的数据可视化 /BI 工具，Tableau 是通用的商业化工具，主要供具有统计背景的数据分析师使用；Birdbrain 是内部的 BI 系统，它将最常用的报表和指标做成自助式的工具，确保从 CEO 到销售人员都可以使用。

实际上，Facebook、Twitter、LinkedIn、EA、Uber、Airbnb、Lyft、Pinterest 以及很多其他硅谷公司的大数据平台架构都非常类似，下面我们以 Airbnb 和 Uber 的数据平台架构为例进行介绍，看看它们之间的共同点。

7.3.2　Airbnb 的大数据平台架构

图 7-3 展示了 Airbnb 的大数据平台架构[⊖]。

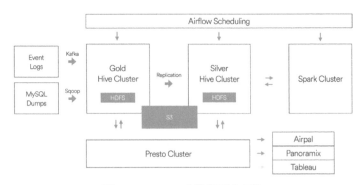

图 7-3　Airbnb 大数据平台架构

　⊖　Airbnb 大数据平台架构：https://medium.com/airbnb-engineering/data-infrastructure-at-airbnb-8adfb34f169c#.3nbxp845m。

Airbnb 采用可扩展的大数据平台以确保产品能满足业务的增长，并对 Hive 集群单独区分金集群和银集群，对数据存储和计算进行分离以保证灾难恢复。

- 数据源：包含各种业务数据的采集，例如将数据埋点事件日志发送到 Kafka，MySQL 数据通过数据传输组件 Sqoop 传输到 Hive 集群。
- 存储：使用的是 Hadoop 的 HDFS 和 AWS 的 S3。
- 复制：有专门的复制程序在金、银集群中复制数据。
- 资源管理：用到了 YARN，同时通过 Druid 和亚马逊的 RDS 实现对数据库连接的监控、操作与扩展。
- 计算：主要采用 MapReduce、Hive、Spark、Presto。其中，Presto 是 Facebook 研发的一套开源的分布式 SQL 查询引擎，适用于交互式分析查询。
- 调度：开发并开源了任务调度系统 Airflow，可以跨平台运行 Hive、Presto、Spark、MySQL 等 Job，并提供调度和监控功能。
- 查询：主要使用 Presto。
- 可视化：开发了负责界面显示的 Airpal、简易的数据搜索分析工具 Caravel 及 Tableau 公司的可视化数据分析产品。

7.3.3　Uber 的大数据平台架构

图 7-4 显示了 Uber 的第二代大数据平台架构[⊖]。

2015 年前后，Uber 开始围绕 Hadoop 生态系统重新构建新的大数据平台。Uber 引入了一个 Hadoop 数据湖，其中所有原始数据仅从不同的在线数据存储中摄取一次，并且在摄取期间

⊖　Uber 大数据平台的演进（2014～2019）：https://www.iteblog.com/archives/2557.html

不进行转换。这种设计降低了在线数据存储的压力，使 Uber 能够从临时摄取作业过渡到可扩展的摄取平台。除了整合 Hadoop 之外，Uber 还使该生态系统中的所有数据服务都可以横向扩展，从而提高了大数据平台的效率和稳定性，而且具有这种通用的水平可扩展性可以快速满足新业务需求。Uber 第二代大数据平台中包括以下组件。

第二代（2015~2016）：Hadoop 的到来

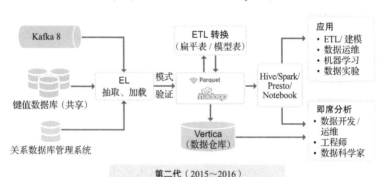

图 7-4　Uber 大数据平台架构

- 实时数据采集：Kafka。
- 键值数据库：类似于 Twitter 的 Manhattan。
- RDBMS DB：关系型数据库。
- Ingestion：数据采集（这里它强调了强制类型检查，即 schema enforced，强制类型检查是数据治理中的一环）。
- 数据采集、存储：主要使用 Hadoop，采取 Twitter 开源的列式存储格式 Parquet，构建了一个集中模式服务来收集、存储相关客户端库，将不同服务数据模式集成到这个中央模式服务中。
- ETL：在 Hadoop 数据湖上进行数据的整合、治理、分析。

- 数据仓库：使用 Vertica，主要存储从数据湖中计算出来的宽表，因为处理能力有限，一般只存储最近的数据。
- 计算框架：采用 MapReduce、Hive、Spark 和 Presto。
- 查询工具：使用 Presto 来实现交互式查询，使用 Spark 对原始数据进行编程访问，使用 Hive 进行非常大的离线查询，并允许用户根据需求进行选择。
- 支持的数据应用：建模、机器学习、运营人员、A/B 测试。
- 支持随机查询：运营人员、数据科学家。

7.3.4　云平台作为大数据平台的通用底座

在上面的几张架构图中，没有明确指出这样一个事实：绝大部分硅谷高科技公司的大数据平台是建立在一个底层云平台架构之上的。因为这是一个共识，所以大部分架构图中省略了这一层。例如，很多硅谷的公司，从几十人的小公司到几千人的上市公司，在基于 Apache Mesos 来打造它们的大数据平台。那么它们为何选择 Apache Mesos 作为基础平台呢？

Apache Mesos 是一个分布式集群管理系统，提供了高效、跨分布式的资源隔离和共享以及分布式计算的管理和调度。该系统目前被业界领先公司广泛应用到生产环境和大数据系统中，如苹果公司使用 Mesos 管理 3000 台集群来支持 Siri 语音识别应用，Twitter 使用 Mesos 管理近万台机器的生产环境集群。Apache Mesos 是目前比较先进并经过生产环境验证的分布式集群管理系统。

作为一个数据中心管理系统，Mesos 最重要的功能实际上就是基于混合技术做二层调度和资源管理。Mesos 不仅支持容器技术，还支持非容器化的应用，实现整个资源池的混合架构、资源的抽象、扁平化管理，最终实现对上层分布式应用（如 Spark、Cassandra、Hadoop 等）的支持。Mesos 最大的特征及优势是对海量集群的商业和企业级支持。在 Mesos 的发展历程中有很多问题被发现和解决，并据此在商业环境中持续迭代 Mesos 的代码仓库，这样就形成了持续迭代和持续优化的机制。Mesos 能够用于大型甚至是超大型集群（主机数在万台以上的集群），在这之上，Mesos 实现了企业级的高可用性。总的来说，这种对超大规模集群的支持以及被验证过的企业级高可用性是 Mesos 最主要的优势。

Mesos 源于 Google 的论文"Large-scale cluster management at Google with Borg"，其中描述了 Google 的 Borg 系统是如何管理它的海量服务器和数据中心的。Mesos 的主要作者 Ben Hindman 在加州大学伯克利分校读博期间，根据 Borg 的主要思路写了一个分布式数据中心管理系统。Twitter 在 2010 年高速发展时碰到了数据中心的管理问题，于是就把 Hindman 招募过来，并将 Mesos 作为自己的数据中心管理系统。经过 Twitter 工程团队的大力推进和实际生产验证，Mesos 在生产环境中很快就能管理上万台机器的集群，也因此在业界树立了数据中心管理的标杆。

同一时期，Uber、Airbnb、Lyft、Pinterest 等公司正好也处于起步阶段，而它们在生产中碰到的问题与 Twitter 高度相似。因此，它们也就自然而然地选择了基于 Mesos 来打造自己的大数据平台。下面以 Airbnb 为例，看看它为什么会选择 Mesos。

首先，在有 Mesos 之前，Airbnb 大部分的开发人员和用户有很多数据需要计算，而用以前的方式很难平衡资源，不仅需要找机器来配置，还要安装一些 Spark 的集群工具。因此，数据开发人员难以及时处理数据并进行大数据计算。而 Mesos 正好解决了开发人员的数据计算需求与资源供给之间的矛盾。在解决这个矛盾的过程中，研发人员就能够很轻松地完成大数据的计算和对相关运维的支持，后续也为研发人员带来了很多益处。

其次，Airbnb 研发人员会用到 Cassandra 之类的工具，在使用 Mesos 以前，这需要先准备机器，安装操作系统、Spark 集群、相关的依赖包，安装和使用十分困难。而使用了 Mesos 之后，新分布式应用上线和开发人员之间的矛盾就得以解决，从而能够及时满足研发人员对于新应用、新分布式系统的需求。

体会到 Mesos 对分布式开发流程颠覆式的改进之后，Airbnb 的两名早期数据平台员工 Tobias Knaup 及 Florian Leibert 在 2013 年共同创立了 Mesosphere 公司。Leibert 曾是 Twitter 早期用户增长团队的成员和数据平台的用户，他也是在 Twitter 使用了 Mesos 之后意识到其优势并将 Mesos 引入 Airbnb。2014 年 Hindman 也加入其中，全职推广 Mesos。他们认为 Apache Mesos 是一个开源的孵化项目，它不仅能服务于 Twitter、Facebook 这样的大公司，还应该更多地服务于早期 Airbnb 这样的中小企业。因此，他们创立了 DC/OS 这个项目，通过 DC/OS 的开发和商业化，帮助很多中小企业客户在工程师能力不足的情况下，也能受益于 Mesos 带来的好处。从广义上来说，他们普及了 Mesos 的应用。实际上，Apache Mesos 类似于 Linux 的内核，DC/OS 则是基于内核之上的分布式应用系统。随着 DC/OS 的发展，在 DC/OS 中的许多基于 Mesos 的监控、日志管理、用户管理、多租户、安全等外围运维服务也随之成长起来。总而言之，DC/OS 是基于 Mesos 的开源技术，Mesosphere 是基于 DC/OS 开源技术所做的企业级封装，也是构建数据基础架构的核心平台。

7.3.5　硅谷大数据平台架构的共性和建设思路

从以上大数据平台的架构范例中，我们可以看出以下几个共性。

- 统一的平台支持端到端的数据工具体系，尤其强调体现数据价值的应用。
- 强调数据能力的闭环，从数据的产生、使用到最后反馈到产品。

- 数据的采集、治理、分析、使用由所有部门在统一体系中完成。
- 主要的基础组件大部分采用成熟系统，如 Hadoop、Hive、Kafka、Spark、Vertica。
- 自己开发一些侧重用户交互的组件，如 ETL 开发调度平台、数据门户、建模/数据治理。

这些共性体现在第 1 章中提出的 TotalPlatform 的概念中，即要求整个企业的数据工作在统一平台中完成。此外，还有一些在架构图中没有显示，却是大部分数据平台都很重视的部分，如在第 1 章中提出的 TotalInsight 的概念：

- 全局的数据和应用资产的管理和运营；
- 明确平台团队和业务团队的分工和合作；
- 重视可衡量的数据能力。

这些将在后续章节中详细介绍，这里只简单罗列。

从上述介绍可以看到，硅谷企业在数据平台的建设上一般都会采取比较开放的思路，从现有的比较合理的开源架构起步，搭建好自己的基础平台，解决基础问题之后再来迭代。它们在这个过程中会开发一些新技术，解决一些新问题，这些新技术和解决问题的新方法有的回馈到开源社区，有的就在自己公司内部使用。大家都想避免重复造轮子，这主要是基于以下几方面的考虑：

- 重复造轮子风险大、投入高、见效慢；
- 自己造的轮子没有社区，原始开发人员离职后难以招人替代；
- 开发人员更愿意使用现有开源工具，闭源系统很难招到顶尖人才；
- 闭源开发的系统迭代一般比开源要慢很多，如果赶不上，差距会越来越大；

- 涉及系统越来越复杂，一个公司很难自己覆盖所有系统。

我们知道很多大公司内部开发的优秀产品因为没有开源，后续迭代减慢，逐渐被开源产品取代。但是，并非所有层次的产品都适合开源，也并非所有的系统都适合选择开源产品。我们建议的思路如下。

- 基础架构组件：这方面的产品或组件最好选择成熟的开源体系，因为成熟的开源体系经过了众多企业的千锤百炼，具有较高的稳定性和可靠性，而如果自己重新来做，未知因素太多，坑也太多。
- 用户交互组件：在基础架构之上与用户打交道的交互产品，因为各个企业使用习惯不一样，底层技术栈不一样，所以最好选择定制服务或者自主开发。

第 9 章会详细介绍选择开源软件的一些思路和原则，以及常用的开源大数据组件。

7.4 数据中台架构

要搭建一个企业级的数据中台，我们认为在系统硬件资源和操作系统之上，还需要建设以下几个主要子系统。

（1）应用基础能力平台

应用基础能力平台也就是我们一般所说的 PaaS（Platform as a Service）层，它提供资源管理、应用的全生命周期管理以及微服务的支持等。第 8 章将介绍云原生系统提供的能力支持及使用云原生的原因。例如，为什么 PaaS 层一些能力（例如多租户和资源隔离，对不同计算框架的支持）的缺失，造成了我们见到的数据孤岛和应用孤岛的问题；为什么数据中台需要的一些功能（快速的数据应用发布，ROI 的精细化管理），必须要有 PaaS 层能力的支持。

（2）数据基础能力平台

数据基础能力平台也就是在第 1 章中定义的"传统大数据平台和数据仓库"包含的内容，例如各个常用的大数据平台组件、数据仓库、数据湖的工具、ETL 工具、数据可视化工具等。很多企业在这方面已经有了一定的基础，因此本章只对其进行简单介绍。

（3）数据集成开发平台

数据集成开发平台能最高效地使用底层的组件和数据，提供从源数据到数据能力的转换。阿里巴巴所说的数据中台的主要建设内容 OneID、OneModel 和 OneService 都是通过数据集成开发平台提供的工具来实现的。

（4）数据资产运营平台

数据资产运营平台是管理全局数据资产及应用，提供数据能力变现的管理工具，它实际上实现的是整个大数据平台、数据仓库和数据中台的数字化运营。阿里巴巴所说的中台建设主要是针对数据集成开发平台的，而我们认为，除了直接服务业务的 OneID、OneModel、OneService 之外，负责运营数据中台的数据资产运营平台也很重要。它提供了整体体系里所有应用和数据的一个全局运营管理机制，与阿里巴巴的数据资产管理不同，数据资产运营平台是将数据中台整体当作一个运营管理的对象，而不只是处理数据中台中的数据。没有这个数据资产运营平台，我们只知其然而不知其所以然，后续数据中台的迭代将会因此而受限制。

（5）数据业务能力层

这一层就是使用数据中台提供的工具，结合业务部门的需求，为业务部门提供实际可用的能力，例如具体的行业数据应用（如用户画像、产品推荐等），业务部门可以使用的 BI 报表、看板等。一般在这一层会形成一个数据能力矩阵,业务部门可以直接使用这里的数据能力实现数据的价值。

在云原生的体系中,系统的应用基础能力平台一般是由一个 PaaS 平台来承担,而数据基础能力平台也需要将大数据组件进行云原生的改造。图 7-5 展示了一个满足上面要求的云原生数据中台中的各个子系统及它们之间的关系。

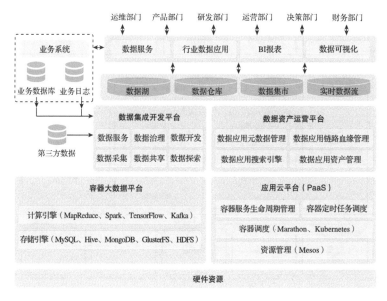

图 7-5 数据中台系统架构

这里的数据中台的架构与阿里巴巴提出的数据中台的架构(见图 7-6)有一定的区别。可以看到,其核心能力包括数据采集及开发、数据连接与萃取、数据资产管理、数据主题式服务调用,基本属于上面所说的数据集成开发平台。上述架构和阿里巴巴的架构的最大区别是 PaaS 平台和数据应用的角色:阿里巴巴虽然在底层使用了一些 PaaS 平台的功能,但 PaaS 平台及数据应用在阿里巴巴的数据中台中并不是"一等公民"，而从我们的一些实践来看，如果不将数据应用使用 PaaS 平台管理起来，使其成为数据资产的重要组成部分，我们将无法最终体现管理数据能力和数据的价值，也无法真正实现 TotalInsight，这样的数据中台在功能上是有缺失的。

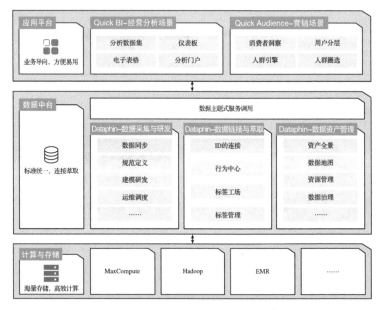

图 7-6　阿里巴巴数据中台架构[○]

7.5　数据中台子系统

下面分别介绍一下数据中台中的各个子系统。

○　阿里巴巴数据中台解决方案：https://cn.aliyun.com/solution/datavexpo/datamidend。

7.5.1　应用基础能力平台

一般可以将应用基础能力平台称为云原生 PaaS 平台。从顶层设计的角度来看，应用基础能力平台应该提供以下内容。

- 资源管理：类似于 Mesos、YARN 的分布式资源管理系统，可以将一个分布式集群里的资源（CPU、内存、存储、网络）管理起来供上层使用，同时提供资源隔离、多租户等多部门共享协作的必要支持。

- 容器调度：类似于 Kubernetes、Marathon 的容器调度系统，允许我们使用容器将很多复杂的应用封装起来，避免它们在发布和运行时互相干扰，从而降低应用发布和共享的难度。在容器技术出来之前，我们在一个 Hadoop 集群上运行不同的应用程序时常常担心应用之间会相互干扰，因为各个应用的安装和依赖可能会对同一台机器上的其他应用造成影响。有了容器技术之后，大家可以随意发布应用而无须担心影响其他应用，这是数据中台能力共享的一个必要条件。

- 容器服务生命周期管理：即使有容器调度系统，企业级生产系统还需要一个专门的容器服务生命周期管理系统。容器服务主要是指以容器方式运行的系统服务，例如身份验证服务、系统监控报警服务、分布式调度服务等。这些服务的特点是持久运行（long-running service），一旦发布就在系统中一直运行，系统需要支持其发布、容错、监控、报警、扩容、降容、升级等一整套管理功能来确保其正常运行。

- 容器定时任务调度：所谓定时任务，就是在大数据平台上经常出现的指定时间运行的程序，而且有一个启动—运行—停止的过程（所谓的 run-to-finish program，与 long-running service 相对），ETL 程序是最好的例子。PaaS 平台一般不提供这个功能，因为 PaaS 平台服务对象主要是持久运行的服务，run-to-finish 的 ETL 程序一般是在 Hadoop、YARN 这样的平台上运行的。但是，随着大数据处理框架的多样化和容器化，能够支持容器化的定时任务的调度体系逐渐成为必需。

我们会在第 8 章展开描述这些子系统的相关技术和功能细节。

7.5.2 数据基础能力平台

数据基础能力平台可以理解为大数据平台需要的基础组件的集合，这里的"基础组件"是指与具体业务数据和数据应用不直接关联、在所有企业里都同样安装和使用的大数据平台组件。虽然图 7-2 中只列出了最基础的存储引擎、计算引擎以及一些典型的数据管理系统，但是一个数据基础能力平台包含的组件实际上非常多，比如下面这些。

- 分布式存储：包括分布式块存储（HDFS）、对象存储（Ceph）、文件存储（GlusterFS）。
- 关系型数据库：MySQL、PostgreSQL 等 RDBMS 在很多子系统（如 HiveMetaStore）中还是需要的，在支持 BI 系统时一般也是有需要的。
- NoSQL 数据库：MongoDB 文档数据库、Redis 内存数据库、InfluxDB 时序数据库等具有特定用途的数据库。
- 分布式数据处理系统（MPP）：Presto、Druid、Impala 等 SQL-on-Hadoop 系统。
- 键值存储：HBase、Cassandra、ClickHouse 等专用的键值存储数据库，也有人把它们归为 NoSQL 数据库。
- 分布式计算框架：MapReduce、Spark、TensorFlow、Flink

都可以算作分布式计算框架。

- 消息队列：Kafka、RabbitMQ、RocketMQ 等技术可以让分布式系统之间方便地进行消息传递。
- 实时 / 流数据处理框架：Kafka Streaming、Spark Streaming、Flink、Storm、Heron、Pulsar 等可以让实时 / 流处理更方便高效的框架。
- 日志采集工具：Flume、Logstash、Fluentd 等日志采集工具。
- 数据库采集工具：Sqoop、DataX 等从数据库往大数据系统导入数据的工具。
- 任务调度系统：Oozie、AirFlow 等调度 ETL 程序的系统服务。
- 分布式调度系统：ZooKeeper、Consul 等分布式应用之间进行协调所必需的系统服务。
- 安全系统：Kerberos、Ranger 等大数据平台里必需的授权和鉴权的工具。

虽然这些组件的安装和管理是传统大数据平台的建设内容，但我们必须看到，很多时候正是对这些组件的使用方式欠妥造成了数据孤岛和应用孤岛。例如，Hadoop 集群多租户功能的不完善，造成有的企业里有十几个 Hadoop 集群，每个部门都建有一个集群以避免与其他部门冲突。本书不会介绍大数据建设的全过程，但是会讨论与数据中台相关的一些特性。第 9 章会详细介绍数据基础能力平台常用的组件及开源产品。

更重要的一点是，由于有了云平台和容器技术，我们认为这里的大部分组件会逐渐以容器的方式在云平台上运行。例如，在之前的大数据平台中，Hive 集群使用的 HiveMetaStore 必须在一个指定的 IP 地址上运行，如果希望做到高可用和自动容错，需要进行一系列复杂的操作、设置和开发，运维人员也要进行专门的运维操作。解决了 HiveMetaStore 的问题之后，可能还要去解决 Sqoop 2 Server 的类似问题。如果可以利用应用基础能力平台提供的功能，那么这些问题就不需要单独去解决了，从而极大减少发布、管理、运维的成本和复杂度，这样才更适合建设一个共享和赋能的环境。目前，数据库和分布式文件存储这种 IO 密集型（IO-intensive）的应用还不是很适合容器化运行，但是随着 CSI（容器存储接口）等技术的成熟，应用的容器化运行会是一个不可逆转的趋势。

7.5.3 数据集成开发平台

在数据集成开发平台中，我们使用数据基础能力平台的各种组件将源数据采集到数据中台中并对其进行治理和转换，使之成为能够被业务部门使用的数据，并在此之上提供数据探索、开发、管理、服务的工具，使各个业务部门可以在这个平台上抽象、共享和复用它们的数据能力。我们认为，数据集成开发平台是数据中台的核心组件，它负责将底层的硬件资源、数据资源、应用资源、基础数据能力资源组织成一个业务部门可用、全局可管理的数据中台，真正赋能业务部门，快速实现数据价值。这一平台主要包含以下功能子系统。

- 数据仓库建设：数据的建模和管理（类似于 OneModel）往往使用 Hive、MPP 来实现，主要功能包括数据建模、主数据管理、元数据管理。
- 数据集成：数据在系统中的流动，包括数据导入、ETL、数据清洗、数据治理，确保数据的互联互通和全局可用（类似于 OneID）。
- 数据开发：各种数据应用的开发系统，包括数据探索、数据查询、机器学习、数据可视化。

- 数据服务：将数据变成业务系统可用的能力，包括数据看板、数据大屏、数据服务（类似于 OneService）、模型服务。
- 应用调度系统：数据集成、数据开发、数据服务的应用都需要在集群上运行，我们需要一个数据应用调度系统来对它们进行全局管理。这里的应用调度系统和应用基础能力平台中的容器调度工具应该是应用层管理系统和后台服务的关系。
- 全局的多租户管理：这一部分主要管理数据应用 / 工具的集成，支持单点登录、用户体系集成、权限体系集成、资源隔离、数据隔离、配额管理、端到端安全审计。这里的能力一般需要应用基础能力平台和数据基础能力平台中相应的底层能力相配合。

虽然数据仓库、数据开发工具等也是传统大数据平台的建设内容，但是在数据中台的建设中对其有额外要求，例如前面提过的 OneModel、OneID 的数据仓库建设要求。以数据开发为例，在数据中台中，我们要求数据开发工具建立在全局数据应用资产管理之上（这样才能避免重复造轮子），为数据科学家、数据分析师提供稳定、高质量的跨主题数据资源，同时支持自然语言处理、机器学习建模平台、智能标签 + 动态知识图谱等多个易用的数据挖掘工具集。这里的数据开发工具更强调可扩展性、协调开发的重要性，例如：

- 支持方便的代码开发、测试、发布流程
- 版本管理
- 新工具的支持
- 运维、调试支持
- 协同工作的支持

在传统的大数据平台中，在进行数据分析之后，一般都需要专门的数据工程师针对数据分析的结果编写数据服务应用，才能使分析结果被其他应用使用。这个过程中有很多重复劳动，并且效率低下，难以管理。

在数据中台中，用户应该可以使用标准化、产品化的中台服务进行数据自助服务，从数据结果或者机器学习的模型自动生成数据服务，而无须编写代码。系统可以提供统一的、面向应用的、主题式的数据服务，将数据资产管理平台、数据分析挖掘平台的数据处理和分析结果以数据服务形式对外提供，同时生成以业务为导向的服务资源目录，让前台应用更清晰地使用数据中台里的各类数据，实现以数据驱动业务，促进前台业务。同时，系统应该采用应用基础能力平台提供的微服务架构形式，自动处理负载均衡、容错、调用审计等功能。

第 13 章将会详细介绍数据开发平台、数据即服务、模型即服务的工作等相关内容。

7.5.4　数据资产运营平台

数据资产运营平台负责数据中台本身的运营管理。在打造数据中台的早期阶段，我们看到的有可能主要是数据集成开发平台的工作成果，但是数据资产运营平台是这个系统长期高效持续发展的必要保障。如果说数据集成开发平台是数据中台的生产线，那么数据资产运营平台就是数据中台的 ERP（我们系统里有什么资产，可以产生什么效益，实际花销多少，产生了多少效益）、CRM（有多少用户在使用我们系统里的产品，他们是如何使用的，如何与用户保持交流、获得用户反馈）、产品门户（用户会到这里来查询如何使用产品，有什么资源，并共享使用经验）。

数据资产运营平台是一个比较新的概念，它的功能有时部分存在于现有的组件（如数据血缘）中，有时由各个企业内部根据实际需要开发一些小工具（如数据门户工具）来完成，但是并没有形成体系。

思考实验　实际上数据资产和数据血缘并不直接为业务系统提供价值，那为什么我们还需要这些功能？理论上，它们不属于数据中台价值输出的一部分，但在实际工作中，如果我们不能回答"系统中到底有什么数据""这些数据之间是什么关系"这些问题，数据价值的开发将变得非常困难和低效，系统规模稍大就无法继续发展。在传统的关系型数据库时代，数据资产和数据血缘的管理相对简单，只需要处理关系型数据就可以了。但是在大数据时代，数据资产和数据血缘需要跨平台、跨架构，因而变得更加难以管理。那么，我们为什么要梳理数据资产和数据血缘？从根本上讲，我们需要的是让这个数据能力的开发和管理更加有序，也就是大数据平台的运营管理。

而这里提出的数据资产运营平台强调的是将数据和应用一起管理，其主要功能组件如下。

- 数据应用资产管理：将系统中的数据应用和数据作为资产统一管理。值得注意的是，这与传统只管理数据的数据资产管理还是有一定区别的。数据应用资产管理用于盘点数据和应用资产，以实现数据资产化为主要目的。其主要实现方式是通过数据开发引擎与底层大数据技术平台进行数据交互，采集底层数据的各种管理信息，构建数据资产的全局图谱，服务数据应用和管理的需求。除了数据资产，我们也需要管理系统内的应用资产，因为数据本身不会产生价值，必须通过特定的应用来产生价值，掌握系统中的应用及其对数据的使用是很关键的。

- **数据应用元数据管理**：对于元数据管理，我们将其扩展到数据和应用的元数据，这样能对系统有更全面的了解。一般应用的元数据包括作者、代码位置、版本、历史变更记录、使用的数据源、产生的数据源、使用的文档等。应用的元数据对于跟踪数据的变化、解决生产问题都有非常重要的作用。

- **数据应用链路血缘管理**：与传统关系型数据库中的数据血缘不一样，这里不仅需要发现和记录数据之间的血缘关系，而且需要发现和记录数据和应用之间的生产和引用关系，可能还存在应用和应用之间的关系，例如数据服务 API 的调用。这些关系的记录和梳理如同数据血缘在关系型数据中的作用一样，对整个系统的精细化运营和管理都是不可或缺的。

- **数据应用门户**：这是数据应用资产的一个使用入口和搜索界面。当系统中的数据和应用资产超过一定数量时（系统中有几千个数据源、上万个日常任务是非常常见的），传统的数据管理和浏览方式是非常低效的，一个类似于 Google 搜索、百度搜索的数据应用资产搜索引擎就变得十分必要，这样企业内部的数据使用人员就可以随时查阅数据或数据应用了。

我们会在第 14 章详细介绍数据应用资产管理和数据门户功能。

7.5.5　数据业务能力层

数据业务能力层指的是通过数据集成开发平台开发、由数据资产运营平台管理、供业务部门使用的实际数据能力。这一层次的具体功能一般都与具体行业和业务相关，但是其表现形式一般在各行业都比较类似，包括以下几项。

- 数据 API：通过数据即服务、模型即服务提供的 API，供业务系统使用。

- 数据看板：由数据科学家定制的数据探索 UI，可以提供预先做好或者轻度定制的数据查询工具。

- 数据报表：主要是预先制定好的商业决策需要的报表。

- 数据大屏：实时的数据展示方式，一般用来展示最重要、时效性很强的业务数据及其分析结果。

在有些数据中台的解决思路中，数据业务能力层是由一个专门的数据中台团队提供的。但是我们建议，应该由对业务最熟悉的人员来掌控数据的使用和演变，而中台部门提供工具、管理体系来赋能业务部门。我们会在第 15 章中介绍如何管理开发迭代的流程，以及在数据业务能力迭代中可能会发生的一些问题及其解决思路。

7.5.6　数据中台重点建设内容

根据上面的讨论，我们总结出以下在传统大数据平台和数据仓库建设之上建设数据中台功能的重点内容。

- 全域数据采集：以需求为驱动，采集与引入全业务、多形态的全域数据，确保对业务建模的全面支持。

- 标准数据规范及数据治理：确定基础层、公共中间层、应用层的数据分层架构模式，通过数据指标结构化、规范化的方式实现指标口径统一。

- 数据开发工具：提供高效易用的工具体系，赋能业务部门，形成高效的数据开发和迭代体系。

- 数据应用工具：形成以业务核心对象为中心的直接数据应用（如标签体系），可供业务人员直接使用。

- 全域数据应用资产管理：构建数据及应用资产管理体系，实现数据中台本身的数字化管理，实现数据资产化，降低数据管理成本，充分发挥数据价值。
- 统一主题式服务：通过构建数据即服务、模型即服务的自助引擎，面向业务统一数据出口与数据查询逻辑。
- 数据中台运营工具：高效、稳定运行的数据中台才能提供价值，数据中台运维工具与传统运维工具的区别在于前者更加智能、可自助。

7.6 本章小结

本章介绍了数据中台架构的一些原则、其中需要的各个子系统以及它们的主要功能。需要强调的是，在数据中台的建设中，底层平台架构固然重要，但关键还在于使用这些工具将企业的数据组织起来，实现价值。在底层平台之上的数据组织、最后实现的数据能力（包括实现这些数据能力的过程），都是数据中台建设的重要内容。

第 8 章

数据中台与云原生架构

本章将详细讲述云原生架构与数据中台的关系。目前关于数据中台的讨论有很多,但很少有人把云原生架构与数据中台联系在一起,且大部分人并不觉得建设数据中台一定要使用云原生架构。而我们的实践表明,数据中台的应用基础能力平台一定要建设在坚实的云原生架构之上,因为只有这样,才有可能在统一平台中管理所有数据和数据应用,进而实现 TruePlatform。本章将详细阐述这一观点,并梳理清楚云原生架构与数据中台的关系。

8.1 云原生架构及云平台

云原生技术起源于 Google 工程师于 2006 年提出的 cgroup 容器技术,该技术在 Google 内部得到大规模使用,并于 2008 年被 Google 并入 Linux 内核主干。2013 年，Docker 项目正式发布，Docker 使用 cgroup 来限制容器使用的资源，并使用 namespace 来隔离容器的运行环境。Google 还开发了内部容器管理系统 Borg。2013 年启动的 Kubernetes 项目将 Borg 最精华的部分提取出来，使开发者能够更简单、更直接地使用。同年，Pivotal 公司的 Matt Stine 提出云原生（Cloud Native）的概念，该公司先后开源云原生的 Java 开发框架 Spring Boot 和 Spring Cloud。

2015 年，Google、Red Hat、Microsoft 等大型云计算厂商以及一些开源软件公司共同成立云原生计算基金会（CNCF），Google 把 Kubernetes 贡献出来，成为 CNCF 托管的第一个开源项目。CNCF 发展迅猛，目前一共拥有 550 多个成员，已有 10 个毕业项目，正在孵化的项目有 16 个，所有成员提供的产品或项目一共有 1128 个[○]。由此可见，云原生技术生态已经形成一个庞大的厂商和技术的集合。

那么，到底什么是云原生架构？按照 Pivotal 的定义[○]，云原生架构是一种利用云计算优势来构建和运行应用程序的方法。它是一个技术和方法论的集合，包含 4 个要素：微服务、容器、DevOps、持续集成和持续交付（CI/CD）。其核心思想是将应用分解成简单、独立、明确的任务处理模块，独立运行在容器中，通过 RESTful API 将处理结果返回给外部；同时，应用开发的流程采用 DevOps 的方法论和工具链来实现持续集成和持续交付，使代码的发布及相关容器镜像的创建都能够自动完成，不需要软件开发人员过多干预。

云原生技术的使用是基于云平台的，基于云原生技术搭建的系统可以在不同的云平台之间迁移和发布。除了公有云平台之

○ 2020 年 5 月 CNCF 官网（https://landscape.cncf.io/）数据。

○ 云原生定义：https://pivotal.io/cloud-native。

外，我们也可以搭建自己的私有云平台，作为企业内部云原生系统承载的基础。在 2015 年以前，搭建私有云平台是个非常大的挑战，但是随着 Mesos 和 Kubernetes 等技术的成熟，对绝大部分企业来说，搭建私有云平台（或混合云平台）逐渐成为可能。

第 7 章介绍过，Mesos 作为分布式集群管理器，提供了高效、跨分布式的资源隔离和共享，以及分布式计算的管理和调度（ZooKeeper 和 Marathon）。Mesos 目前已得到业界领先公司的广泛应用，第 7 章已经介绍了 Twitter 和 Airbnb 的应用实践，下面再列举几个案例。

1）苹果公司使用 Mesos 作为智能个人助理软件 Siri 的后端服务，每天响应来自数以亿计 iPhone 和 iPad 用户的语音查询。该平台部署的集群有 5000 个主机节点，支持包括 Siri 在内的 100 多个应用，应用数据都存储在 Hadoop 的分布式文件系统中。该平台最初采用 Mesos 管理 VMware 虚拟机作为底层应用的运行环境，后采用 Mesos 直接管理硬件资源，性能提升超过 30%。

2）去哪儿网使用 Mesos+Docker 的平台处理各种后台系统产生的日志，该平台单日可处理高达 60 亿条日志（6TB 数据）。在去哪儿网技术团队的实践中，构建一个相同日志处理平台的时间由原来的两周缩短为 9 分钟，资源利用率提高了 300% 以上。

3）爱奇艺从 2013 年 7 月开始初步调研 Mesos，至今已上线 Hadoop、Spark 等框架，并自行开发上线了分布式视频转码框架。爱奇艺在上海、北京、重庆三地有近 200 台服务器，完成视频转码任务达到 1000 万个，充分展现了 Mesos 的高效和高性能。爱奇艺对 Storm、Marathon、Chronos、分布式爬虫等框架测试并陆续上线。

4）中国联通软件研究院深度定制化开发和改造、打造自有的联通天宫平台，基于 Mesos 的多租户资源管理改造，满足了面向全集团多主体、多应用的资源隔离和灵活调度的需求。目前，天宫平台已经集成100多个开源核心组件，支持图形化在线资源申请调度和组件秒级一键部署，助力中国联通打造交易密集应用的核心承载平台。

Kubernetes（常简称为K8s）是一个基于容器技术的分布式架构方案，在Docker的基础上，为容器化的应用提供部署运行、资源调度、服务发现和动态伸缩等完整功能，提高了大规模容器集群管理的便捷性。Kubernetes是一个完备的分布式系统支撑平台，具有完备的集群管理能力、多层次的安全防护和准入机制、多租户应用支撑能力、透明的服务注册和发现机制、内建的智能负载均衡器、强大的故障发现和自我修复能力、服务滚动升级和在线扩容能力、可扩展的资源自动调度机制以及多粒度的资源配额管理能力。同时，Kubernetes提供完善的管理工具，涵盖包括开发、部署、测试、运维、监控在内的各个环节。以下为一些典型的使用Kubernetes的企业和应用场景。

1）全球房屋租赁平台Airbnb（爱彼迎）以前采用单体应用架构，全年的部署次数接近12.5万次。为了快速应对大规模的应用发布，Airbnb改用以Kubernetes为基础的微服务架构。目前Airbnb已经用Kubernetes部署了超过7000个节点，共计36个集群，有超过250个关键的服务已经运行在Kubernetes平台上，平台支持1000名工程师每天进行500次应用部署。

2）著名体育用品制造商Adidas在其Kubernetes平台上线6个月后，将电商平台全部迁移到Kubernetes平台上，效果显著：平均页面加载时间减少一半，新功能的发布由原来的每4~6周一次变为一天三四次。目前，Adidas将最重要系统中的40%运行在云原生平台上，在200个节点上运行了4000个pod，每月的镜像创建次数超过8万次。

3）华为作为世界上最大的电信设备制造商，其内部 IT 部门有 8 个数据中心，这些数据中心运行了 800 多个应用程序，服务于 18 万内部用户。随着新应用程序的快速增长，基于虚拟机的应用程序管理和部署流程成为业务快速发展的瓶颈。到 2016 年年底，华为的内部 IT 部门使用 Kubernetes 部署了 4000 多个节点和数万个容器。端到端的部署周期从一周缩短到几分钟，应用程序交付效率提高了 10 倍。

4）蚂蚁金服的 Kubernetes 开发团队在短短一年内，将老的调度系统功能升级并发布到 Kubernetes 集群上，部署的 Kubernetes 集群总节点数达到数十万个，这是世界上最大规模的 Kubernetes 集群之一。2019 年的天猫 618 大促活动，蚂蚁金服首次在调度系统和技术栈全量使用 Kubernetes，并平稳度过大促。

5）京东早期使用 OpenStack 作为基础架构，后来迁移到 Kubernetes。原来的 OpenStack 方案整体运营成本较高，故障的排查和定位难度很大，而 Kubernetes 方案的组件较少，功能清晰。京东的单个 Kubernetes 集群能够达到 8000～10 000 台，支撑了京东万亿的电商交易。京东还根据自身的情况，围绕 Kubernetes 重构了很多组件，如 DNS、负载均衡、文件系统、镜像中心等。

Mesos 和 Kubernetes 都来源于 Google 的数据中心管理系统 Borg，而且在很多场景下可以在同一个系统中并存，但是二者在发展的过程中侧重点有些不一样：Mesos 侧重于分布式大数据系统的运行（Spark、Kafka、Cassandra 都原生支持 Mesos），而 Kubernetes 侧重于无状态微服务应用的编排。

8.2　PaaS 平台的主要功能

搭建或使用云平台的一个主要目的是在企业内部提供 PaaS

功能，由 PaaS 平台来支撑应用从开发、发布到运维的过程（应用全生命周期）中需要的存储、负载均衡、容错等通用功能，而不是由各个数据应用自行管理。值得注意的是，虽然有很多 PaaS 平台是基于 Mesos 和 Kubernetes 这样的分布式平台搭建的，但并不是所有的 PaaS 平台的搭建都是云原生的，实际上，在 Mesos 和 Kubernetes 出现之前就已经有很多 PaaS 平台了（如专门针对 Java 应用的 PaaS 平台）。

下面通过表 8-1，看看以 Mesos 和 Kubernetes 为基础的云原生 PaaS 平台相比传统 IT 架构的优势。

表 8-1　云原生 PaaS 平台 vs. 传统 IT 架构

	云原生 PaaS 平台提供的功能	传统 IT 架构解决方案
资源管理	无须事先分配资源，共享资源池，粒度小，资源利用高	每个应用必须事先分配所需资源，粒度大，无法共享
应用发布	提供统一的发布管理界面，可查看发布历史	应用自主管理发布或回滚流程
应用调度	无须事先指定运行主机，可根据资源使用率情况自动分配	应用只能运行在事先指定的主机上
中间件集成	系统提供大量常用中间件的集成，一键安装，并且为系统中间件自动提供高可用及监控功能	应用必须自行安装所需中间件，额外配置高可用及监控等必需功能
弹性扩容	应用可弹性扩容和缩容，无须额外配置	应用扩容和缩容必须更改配置，费时费力
系统容错	从系统层面解决负载迁移，失效自动重启，确保无单点失效	各应用必须自主处理容错和高可用机制
应用监控报警	应用有统一监控接口，提供默认的健康检查	很多企业没有必要的监控措施，即便有，也需要复杂的人工配置
日志管理	提供统一日志管理，自动日志采集，通过图形界面查看日志	日志采集须单独配置，查看日志通常须通过命令行登录多台主机

（续）

	云原生 PaaS 平台提供的功能	传统 IT 架构解决方案
安全管理	提供安全组及权限管理，灵活控制不同部门、机构、人员对应用的访问	依赖于操作系统提供的权限管理，配置复杂，无法灵活进行全局变化
负载均衡	自动提供高可用负载均衡，无须自行配置，不同应用间的调用在负载迁移的情况下无须重新配置	各应用自己配置负载均衡，在系统迁移时经常需要更改配置或重新启动

因为大数据组件、数据应用和数据服务归根到底都是应用，所以我们认为所有应用的运行和管理最终必须由 PaaS 平台支撑，而不应由各个应用自行解决。随着云原生技术的成熟，绝大部分大数据应用会以云原生的方式在平台上运行，而不会像传统 Hadoop 集群那样要自己提供容器管理和资源管理。下面简单介绍一下 PaaS 层提供的一些主要功能。

8.2.1　资源管理

PaaS 平台的一个核心功能是分布式集群管理系统（也可以将其理解为一种分布式系统的内核），负责管理和分配集群资源，包括 CPU 资源、内存资源、存储资源、网络资源等。例如，在 Mesos 集群上可以运行 Marathon、Kubernetes、Hadoop、Spark、Kafka、Hive 等多种框架，如图 8-1 所示。Mesos 本身只提供资源的分配，并不涉及存储、任务调度等功能，所以要将其与其他软件或系统搭配使用才能构成完整的分布式系统。Mesos、Docker、Marathon/Chronos、ZooKeeper、HDFS/Ceph 构成了一个完整的分布式系统，分别负责资源分配、进程管理、任务调度、进程间通信和文件管理。

集成平台

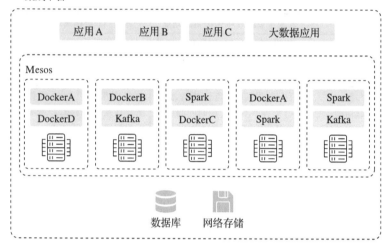

图 8-1　Mesos 管理的平台

Mesos 的资源分配是通过两级调度来实现的。Mesos 主节点（Mesos master）首先从 Mesos 从节点（Mesos agent）收集空闲可用资源信息（CPU、内存、存储），然后将主机上的资源封装成资源 offer，并根据资源分配算法选择 offer 发送到应用框架，这称为第一级调度。应用框架收到资源 offer 后，根据自己的调度策略决定如何使用这些资源，并将运行任务的决策发回给 Mesos 主节点，Mesos 主节点收到调度任务信息后，将任务发送给指定目标节点上的 Mesos 从节点，Mesos 从节点完成任务的执行，这称为第二级调度。

在 Kubernetes 中，Pod 是最小的调度单位，资源管理和调度是围绕 Pod 展开的。Kubernetes 管理的基本资源有四类：CPU、内存、临时存储、扩展资源（如 GPU）。在向集群提交 Pod 时，Pod 会以两种方式为 Pod 中的每一个容器申请资源：一种方式是 Requests，即需要的保底的资源；另一种方式是 Limits，即使用资源的上限。根据 Requests 和 Limits 组合的不同，对资源的使用方式也是不同的。Kubernetes 收到提交的 Pod 的资源配置后，通过调度算法，选出一个合适的节点，并把该节点的名称绑定在这个 Pod 的声明中，从而完成一次 Pod 的调度。

8.2.2　应用全生命周期管理

应用发布模块负责为运行的应用提供标准化的分发流程，用户可以按照标准化的发布方式自助进行应用发布。应用发布模块功能包括：

- 所有应用可以一键安装，用户可通过 Docker image 方式自主安装和发布应用；
- 应用配置全部通过 Web UI 方式实现；
- 应用实例由集群动态分配资源，无须绑定服务器；
- 应用负载均衡由系统自动实现，无须配置；
- 应用的运维由系统自动实现，包括自动弹性扩容、迁移和重启。

微服务和容器技术显示出它们在敏捷性、可移植性等方面的巨大优势，同时也为交付和运维带来了新的挑战：单体式的架构被拆分成越来越多细小的服务，运行在各自的容器中，必须解决它们之间的依赖管理、服务发现、资源管理、高可用等问题。

云原生系统在应用管理方面提供应用编排及调度管理，可以管理由数十乃至数百个松散结合的容器式组件构成的应用，而这些组件遵照统一的发布规范，可以完成各组件相互间的协同合作，使既定的应用按照设计运作，按顺序在网络级别进行组织，能够按照计划运行。一般来说，应用编排及调度管理可以提供以下常用系统功能。

- 快速部署：实现应用的创建、发布、部署、启动、停止等功能。

- 弹性伸缩：在预计应用流量达到高峰前，只需要在页面上调整应用的实例数，就可以在后台自动复制并启动多个实例。
- 策略约束：如果应用对机器有特殊要求，不能在集群中随时任意地迁移，平台也支持添加机器约束，比如只允许应用运行在某些机器上，或者不允许运行在部分机器上。
- 健康检查：应用在发布的时候，TCP/HTTP 服务可以自动检测端口或者 HTTP 服务是否可用。如果在指定时间内服务没有响应，调度平台可以自动启动新的实例，判断新的实例正常运行后，剔除非正常的实例。

8.2.3　高可用和容错

云原生架构下，系统是没有单点失效的。首先，集群管理软件本身提供高可用模式，遭遇软件或硬件故障时，依然可以进行正常的集群管理工作。其次，应用系统遭遇软件失效时，应用可以被自动重启；遭遇硬件故障时，应用可自动迁移到其他服务器（见图 8-2），容器化保证应用之间不会出现资源冲突（端口、存储、第三方库）。

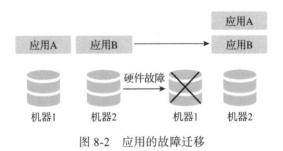

图 8-2　应用的故障迁移

PaaS 平台的容错机制包括主节点的高可用、应用框架和从节点的容错、故障应用迁移，下面以 Mesos 为例进行说明。

- 主节点的高可用：为了保证高可用，Mesos 采用了一个主节点作为 Leader，多个备用主节点。当 Leader 主节点失效以后，多个备用主节点会选举出新的 Leader 主节点。而这个选举过程是依赖高可用的 ZooKeeper 集群（3 个以上节点）来完成的。Mesos 从节点及 Mesos 应用框架都是通过 ZooKeeper 来决定谁是新的 Leader 主节点。

- 应用框架和从节点的容错：Mesos 实现了两个特性来保证应用框架和从节点的容错，一个是断点检查（checkpointing），另一个是从节点恢复（slave recovery）。断点检查可以定时将应用框架和集群的状态信息保存到本地硬盘，这些信息包括任务（task）、执行者（executor）以及一些状态的更新信息。节点恢复则是在从节点失败或重启的时候，从断点检查保存的信息中读取状态信息，并重新与运行中的任务或执行者连接。

- 故障应用迁移：当应用程序的健康检查失败的时候，Mesos 会将当前运行的应用程序杀死，并重启。如果运行应用的节点出现硬件故障，Mesos 则会将应用迁移到新节点。

Kubernetes 同样提供集群的高可用模式，并实现了微服务的容错机制。Kubernetes 对工作节点故障的处理比较简单，它会把失效节点上运行的 Pod（容器的集合）重新编排到其他可用的工作节点上。对于集群的高可用（主要是主节点上组件的高可用），Kubernetes 的处理如下。

- 运行至少 3 个主节点来保证主节点的高可用。

- 分布式存储组件 etcd 保存了所有集群数据，它需要运行多个（奇数个）节点，一般是 3 个、5 个或 7 个。etcd 的集群构建方式一般有静态集群、基于另一个 etcd 构建集群、基于 DNS 构建集群三种方式。

- API 服务器是无状态的，它的高可用可以通过运行多个副本来实现，当然这些副本都运行在一个高可用的负载均衡服务后面。
- 控制管理器运行多个副本，通过自带的 Leader 选举功能选出一个 Leader，其他副本备用。
- 调度器也运行多个副本，通过自带的 Leader 选举功能选出一个 Leader，其他副本备用。

8.2.4 运维平台

在云原生架构下，运维平台可以实现所有系统组件和应用状态的自动监控和告警，支持主机级及容器级资源监控，有统一监控面板查看系统和应用状态，并支持监控 API 扩展应用级指标。云原生系统一般对应用任务和程序进行主动式状态监控，分布式地获取执行任务或程序的资源占用和运行状态，这种对运维的支持称为"可观察性"（Observability）。可观察性涉及的对象包括基础资源（主机）、容器编排工具和应用系统。一般来说，基础资源和容器编排工具的健康检查都是集群管理软件自带的，而应用系统的可观察性则是由应用系统及其周边生态产品提供的。

对应用系统来说，可观察性包括日志、监控指标和追踪信息三项内容。其中日志系统一般采用类似于 ELK（Elasticsearch+Logstash+Kibana）的日志采集和分析工具来实现。监控指标的收集则一般通过类似于 Prometheus 的指标监控工具集成来完成。Prometheus 可以通过分布式的收集方式收集不同应用的监控指标数据，并提供基于时间维度的查询功能。追踪信息则是在分布式的环境下，追踪某一个 API 调用在不同应用之间产生的连锁调用的应用链路，或者不同程序及数据库之间因为生产消费某一个数据所产生的数据链路。分布式追踪常用的开源软件有 Apache Zipkin 和 Apache SkyWalking。提到应用系统的追踪就不得不提一下服务网格（Service Mesh）。服务网格是一个服务间通信的基础设施层，它负责微服务间的调用、限流、熔断和监控，因此采用了服务网格技术的微服务架构就自带了应用系统调用的追踪功能。

在云原生架构下，一般要提供专门告警管理的工具，例如 Prometheus 自带的 AlertManager。它可以管理监控信息和触发告警规则。Prometheus 监控进程在触发预设条件后将检测到的异常情况发送给 AlertManager，再进行异常事件的决策判断，及时进行多触点通知，比如电子邮件、短信等。

8.3　传统方式下搭建数据中台的难点

在第 1 章中，我们比较了大数据平台和数据中台，明确了数据中台的定义，并给出了一些数据中台的技术要求。这里我们回顾一下这些技术要求。

- 易用：提供大数据应用开发的低代码平台。
- 快速：数据应用的开发及新的大数据技术可以快速落地、快速迭代。
- 安全：数据安全是第一考虑。
- 可衡量：所有工具的使用都有统计数据。
- 可审计：所有工具和数据的使用情况都可审计。
- 协作：所有工具都有协同工作的属性。
- 健壮：完善的多租户管理，确保资源隔离、数据隔离。

- 自助：业务人员经简单培训，可自助完成绝大部分功能。
- 性能：数据分析及数据服务的性能有保证。

在传统方式下建设数据中台，想要达到以上技术要求有不少难点。我们可以从以下几个方面来分析这个问题。

1）单体架构的应用开发模式很难做到数据应用的快速落地、快速迭代，也很难保证数据应用能力的快速复用。

在前面介绍微服务架构的时候已经提到了这个问题，把所有功能模块都放到一个应用中的开发模式会使系统越来越复杂，升级迭代的成本越来越高。把一个单体应用的某些能力复用到其他系统也很困难，因为要想从一个庞大而复杂的应用中分离出某些功能模块并进行重构几乎是不可能的。

2）新的大数据技术的快速落地是非常困难的。

传统方式下，我们部署一个 Hadoop 生态圈的新组件，对其进行 POC 验证（证明该组件能够完成我们要做的工作），经常碰到的问题是新组件与安装节点上的某些软件发生冲突，需要调整原来安装好的软件才能解决这些冲突。一般这样一个 POC 工作需要花上几天时间，而部署到生产系统中则是一个更费时的过程，往往需要几周时间。

3）多租户的环境导致数据安全及性能问题。

传统方式下，各业务部门开发的应用都运行在一个统一的平台上，经常会出现这样一个问题：某一个部门开发的应用占据过多的资源，导致同一台服务器上的其他应用得不到应有的资源而性能下降，从而影响了其他部门的业务。产生这些问题的根本原因是没有对这些应用进行资源隔离。另一个问题是没有对这些应用的内存空间和本地数据存储空间进行数据隔离，因而存在潜在的安全漏洞，如果有应用处理的是敏感数据，则可能会造成敏感数据泄露。

4）业务人员很难自助完成新的数据分析及探索工作。

传统方式下，业务人员基本都需要大数据工程师团队为他们建设好数据分析和探索工具，他们经过培训后使用这些工具。如果业务人员想要试用数据平台上没有的新数据分析工具，那他们就要向大数据工程师团队申请硬件资源，提出安装要求。运气好的话，等上几天就可以试用这个新工具；运气不好的话，可能要等上几个月。因此，在传统方式下，业务人员几乎不可能自助试用新的数据分析工具。

5）数据中台经常使用分布式计算框架和存储框架以保证大数据分析工作的高性能，但在传统方式下，这些分布式框架面临如下挑战。

第一，运维工作困难，运维人员仍需要使用 Ansible 或 Puppet 这些工具，手动进行节点间的配置同步、服务暂停、服务重启等日常维护工作。

第二，升级风险很大，整个升级工作涉及的工作复杂，持续的时间很长，经常会影响业务的正常运行。

第三，不同分布式系统的日志信息分散、故障排除困难、故障恢复代价很高，经常要手动地重新搭建故障节点或模块，重新同步配置文件和数据。

综上所述，在传统的 IT 架构下建设数据中台是非常困难的。如何解决这些难点呢？我们给出的答案是云原生架构。云原生架构不仅可以解决传统方式下应用软件开发、测试和部署的难题，还可以解决传统方式下建设数据中台的难点。

8.4 云原生架构对于数据中台建设的 5 大意义

云原生架构改变了软件的开发模式，加速了软件的开发、迭代、测试和部署，节省了软件开发人员和 IT 运维人员的时间和精力，让他们得以专注于解决业务层面的问题。同样，采用云原生架构的应用能力基础平台对于数据中台的建设也有着重大的意义。

1. 数据中台的快速迭代需要云原生架构

数据中台的核心目的是快速洞察市场变化并响应变化。要快速响应市场的变化，就需要能够快速地开发、测试、迭代和上线大数据应用。云原生架构下的软件开发模式正好能满足这样的需求。在云原生架构下构建数据中台，要以容器化的方式来部署大数据的基础组件，如 Hadoop、Kafka、Spark 等。除了大数据基础组件以外，其他大数据应用也应该在微服务架构下进行开发，并以容器的方式在数据中台中运行。DevOps 和 CI/CD 流程也可以使开发团队快速、频繁地迭代和更新大数据应用。

2. 数据中台的数据共享和复用需要云原生架构

我们知道，数据中台的核心是要实现数据的共享、抽象和复用。而数据的共享和复用一般都是通过把公共数据能力发布成数据服务来实现的。数据服务应该以微服务的架构来开发，每个单独的服务功能都可以是一个微服务，而以容器方式发布数据服务可以实现数据服务的高可用。

此外，我们可以轻松地增加容器的数目来进行横向扩展，支撑日益增长的数据服务访问。云原生架构数据和资源的隔离的另一个优势是，在这一架构下，各个业务部门可以放心地开发自己的数据应用，将敏感数据交由容器隔离来进行保护，同时资源的隔离保证其他业务部门的应用不会影响自己部门的应用。这样，业务部门就更有意愿在数据中台中进行数据应用开发，并把数据能力共享出来，供其他部门复用。

3. 云原生架构可以实现数据中台组件的标准化配置和管理

数据中台组件的发布不只是发布一个容器应用，还涉及其他的方面。一个新组件发布到数据中台中，它一定要是能被监控的。一般来说，数据中台有一个统一的监控体系，例如用Prometheus 和 Grafana 框架实现的监控系统。一个新组件要能够被这样的监控系统监控，首先它要内置一个类似 Java 程序里JMX 工具的 exporter 程序，通过一个端口持续对外发布监控指标，其次它需要配置一个 Grafana 监控面板，这样我们就能够在Grafana 的界面上使用这个监控面板来浏览该应用的监控指标。此外，新组件还应该有出错报警配置，这样当它的监控指标达到某个阈值时，我们会收到报警邮件或短信。除了监控之外，这个新组件所产生的日志还应该接入数据中台统一的日志系统，这样当它产生故障的时候，应用开发人员很容易诊断，这也是前面提到的 DevOps 流程必须提供的功能。

总结一下，要将一个新组件发布到数据中台，需要将它通过自动化的方式接入其应用基础能力平台的监控、报警和日志系统当中。在容器方式下发布一个新组件，我们可以很容易地将这些监控、报警、日志系统等配置信息标准化，以配置文件的方式随着容器一起提交给发布系统，发布系统根据这些配置文件进行监控、报警、日志系统的对接。

4. 云原生架构可以轻松集成新的开发工具

为了快速应对市场的变化，我们经常需要在数据中台上尝试和使用新的功能组件，比如 H2O、KNIME、SimpleCV 等机器学习框架。运行这些新组件是应用基础能力平台的任务，而云原生架构可以帮助我们轻松实现这个目标。目前 GitHub 上的主流开源软件基本都提供了容器化部署的支持，我们几乎不需要做太多额外工作就可以将这些软件发布到数据中台、接入已有系统当中，进而快速验证这些软件能否满足我们对业务的需求。

5. 云原生架构可以轻松实现分布式架构

数据中台的一些重要组件是以分布式架构运行的，比如 Hadoop、Spark 和 Kafka 等基础架构，Redis 和 Elasticsearch 等存储架构，以及 PMLS 和 TensorFlow 等分布式机器学习系统。在云原生架构下，Kubernetes 和 Mesos 等工具为云原生应用提供了强有力的编排和调度能力，它们使在云平台上部署和运行分布式系统变得更快捷、方便和稳定。

例如计算框架 Spark，其原生的编排环境就是在 Mesos 上开发的。另外，容器化运行组件使计算和存储资源得到有效隔离，我们可以实现对不同类型的程序的支持，而不会发生某一类程序占据系统所有资源的情况。同时，云原生架构可以让我们轻松实现计算和存储资源的分离，从而提高资源的使用率，例如，我们可以用 Kubernetes 作为资源管理器来管理计算资源，使用分布式文件系统 HDFS 来管理存储资源。对多云和混合云架构而言，首先要解决的是弹性伸缩和异构的问题，而云原生架构对弹性伸缩的敏捷支持以及标准化的容器应用可移植性，大大简化了多云和混合云的部署。

8.5 数据中台的 IaaS 层选择

在前文中已经谈到，数据中台的顺利实施依赖于云原生技术的应用基础能力平台。具体到基础设施层面，数据中台必须依靠云基础架构，因此 IaaS 对于数据中台来说不可或缺。

IaaS（Infrastructure as a Service，基础设施即服务）是指把 IT 基础设施作为一种服务通过网络对外提供。在这种服务模型中，用户不用自己构建一个数据中心，而是通过租用的方式来使用基础设施服务，包括服务器、存储和网络等。在使用模式上，IaaS 与传统的主机托管有相似之处，但是在服务的灵活性、扩展性和成本等方面 IaaS 具有很大的优势。IaaS 是最简单的云计算交付模式，它通过虚拟化操作系统、工作负载管理软件、硬件、网络和存储服务的形式交付计算资源，也可以包括操作系统和虚拟化技术、管理资源的交付。IaaS 能够按需提供计算能力和存储服务，用户不是在传统的数据中心中购买和安装所需的资源，而是根据公司需要租用资源。这种租赁模式可以部署在公司的防火墙之后或通过第三方服务提供商实现。

对于数据中台来说，IaaS 层提供了计算和存储资源，既可以使用公有云也可以使用私有云。公有云的好处在于可以快速起步、弹性伸缩，弊端在于数据必须传送到云端，这在有些场景下是比较难实现的。私有云的好处在于数据安全自主可控，性能较容易得到保证，弊端是启动的开销比较大。

我们建议尽可能考虑混合云及多云的架构。所谓混合云，一般是将本地基础设施（通常是私有云）与公有云结合在一起的云计算环境。混合云包括内部系统（或私有云）和第三方公有云服务，两个平台之间有编排。混合云基本建立在虚拟化层或管理程序之上，虚拟化层或管理程序将承载虚拟机（VM）或容器。然后，IT 团队将在管理程序之上插入私有云软件层，为所提供的服务提供自动化和编排、自助服务、弹性、计费和退费等云功能。

混合云由集成网络组成，是一个安全扩展网络，可以创建分段但单一的整体网络基础设施。混合云还具有一个跨多个环境应用的集中身份识别基础设施。可以保持企业和云环境之间持久安全的高速连接。混合云还提供了将主机托管、专用服务与云资源连接起来的能力，同时具有统一的监控和资源管理。混合云基础设施为组织提供了显著的灵活性。用户可以安全地访问本地资源，同时还能拥有公有云的快速规模和弹性。

而多云是一种云方法，由多个云供应商提供的多个云服务组成，包括公有云服务提供商（如 AWS 和 Microsoft Azure）和私有云服务提供商（如 VMware 和 Oracle）。多云是混合云的一种形式，但它是一个特定的术语，用于表示使用多个公有云服务，而混合云是强调同一组服务的多个部署模式（公有、私有或遗留）。

多云部署是一种通常用来避免供应商与单个云服务提供商锁定的策略。多云通常具有多个身份识别基础设施，适用于多个环境，能够混合来自 SaaS、IaaS 和 PaaS 的交付机制。多云还有一个可扩展的数据工作流引擎，可以有效支持完整的数据生命周期管理功能。混合云一般是将私有云和公有云（如 OpenStack 私有云和 AWS）结合在一起，而多云总是涉及两个或两个以上公有云（如 Azure、AWS 和 Google）。因此，对于企业来说，如果想同时得到私有云和公有云的好处，或者想在多个公有云上部署数据中台，避免其业务与单个云供应商绑定，那么就可以考虑采用混合云或多云的架构。

8.6 本章小结

云原生架构是一种利用云计算优势来构建和运行应用程序的方法。它是一个技术和方法论的集合，包含 4 个要素：微服务、容器、DevOps、持续集成和持续发布（CI/CD）。云原生架构为数据中台的应用基础能力平台提供了应用的全生命周期管理，使

得每个应用无须自己管理多租户、分布式存储、负载均衡、容错
等功能。云原生架构不仅可以解决传统方式下软件开发、测试和
部署的难题，也是数据中台建设的必经之路。从根本上说，数据
应用也是应用，一般软件应用生命周期中出现的问题都会在数据
应用的生命周期中出现，而且由于大量数据的加入、协同协作要
求的提高，数据中台对底层应用基础能力平台的要求只会更高，
因此支持云原生的 PaaS 平台应该是数据中台建设的必要基座。

第三部分

数据中台技术选型与核心内容

　　数据中台建设实际上就是建设符合规范的大数据平台、数据仓库以及其上的数据应用和数据服务。例如，数据仓库的建设必须符合 OneID、OneModel 的规范，业务应用对数据的访问必须使用 OneService 的服务，数据和应用资产由能提供 TotalInsight 的统一运营体系来管理，等等。这里除了数据仓库建模、ETL、数据开发工作之外，还必须通过工具来确保这些规范在整个建设过程中得到贯彻执行，比如第 14 章将会介绍的数据门户。

　　本部分在介绍数据湖、数据仓库、数据流水线、数据应用等内容时，会着重强调在数据中台的背景下，这些组件的建设过程与传统建设方式有何异同，如何通过这种建设方式来体现我们所说的规范和架构。同时，因为数据中台强调的是对业务赋能，在数据中台成为业务不可或缺的一部分之后，如何快速应对业务、市场、机构的变化是数据中台必须考虑的问题。为此，我们将在第 15 章中着重介绍如何管理数据中台的演进。

| 第 9 章 |

数据中台建设与开源软件

　　数据中台方法论中很重要的一点是避免重复造轮子，尽量复用已有的数据工具和能力。在建设的过程中，我们需要使用大量工具来实现数据中台的技术需求，其中大部分工具可以直接用开源软件或者开源软件的改造版替代，如果找不到可替代的开源软件，就要根据公司的业务情况和所在行业的特性进行开发。

　　在建设数据中台以及其下的大数据平台时，对于具体的工具是自己开发还是选择开源软件，这是很重要的决定。如何选择开源软件，如何使用开源软件，都是无法逃避的问题。本章主要介绍在建设数据中台过程中涉及的常用开源软件，并探讨选择和使用开源软件的基本原则及注意事项。

　　按照第 7 章描述的基本架构，我们将分以下三部分来介绍在每个子系统中常用的开源软件：

- 应用基础能力平台
- 数据基础能力平台
- 数据集成开发平台

在数据资产运营平台方面，目前成熟的开源软件较少。第 14 章会介绍硅谷高科技公司在这方面的工作，以及为什么这方面的成熟开源软件还比较少。

9.1　开源软件的起源和建设过程

在 IT 系统建设中选择开源软件主要是基于以下考虑：
- 重复造轮子风险大、投入多、见效慢；
- 自己造的轮子没有社区，原始开发人员离职后难以招人替代；
- 开发人员更愿意使用现有开源工具，闭源软件很难招到顶尖人才；
- 闭源开发的软件迭代一般比开源软件要慢很多，如果赶不上开源软件，后续差距会越来越大；
- 涉及的软件越来越复杂，一个公司很难自己开发所有软件。

但是，开源软件并不是"万应灵药"，也有很多问题和陷阱，我们经常会看到"（开源）×××实战蹚坑"之类的文章。硅谷的很多大数据公司，如 Confluent（Kafka）、Cloudera（Hadoop）、Databricks（Spark），都是建立在为用户解决此类问题的商业模式上的。

开源软件从出现到成熟的一般流程是这样的。

1）一个大公司内部有个痛点或需求，而市面上没有相应的产品。

- Yahoo! 要做分布式索引。
- Twitter 要管理越来越大的集群。

- Twitter 的数据存储开销很大。
- Twitter 的 MapReduce 任务效率很低。
- Twitter 的实时处理重要性增加。
- LinkedIn 现有的消息队列系统不能处理内部的流式日志数据。

2）如果有人在做这个工具，就把团队招过来；如果没有，就自己内部开发。

- Yahoo!：看到 Google 的 Bigtable 和 MapReduce 论文，自己开发 Hadoop。
- Twitter：加州大学伯克利分校的一位博士在根据 Google Borg 系统开发 Mesos，可以试试。
- Twitter：自己开发一个叫 Parquet 的列式存储格式。
- Twitter：加州大学伯克利分校的一个博士团队开发了一个叫 Spark 的基于内存的工具。
- Twitter：市面上的 Storm 看起来不错，把团队招过来。
- LinkedIn：自己开发分布式日志系统 Kafka。

3）这个系统在一个大公司内实际使用并得到锤炼。

- Yahoo!：很快 Hadoop 集群就扩展到几千台。
- Twitter：使用 Mesos 管理几千台机器的集群，应用发布时间从几周缩短到几分钟。
- Twitter：在内部使用 Parquet 节约了大量存储空间，提高了查询速度。
- Twitter：Spark 极大提高了机器学习程序的运行效率。
- Twitter：Storm 在生产环境下太难使用和运维了，我们自己写一个 Heron 来代替。
- LinkedIn：Kafka 解决了流数据处理问题。

4）系统开源，其他有需求的公司也开始使用这些开源系统解决自己的问题。

- Facebook、Twitter、LinkedIn 都开始使用 Hadoop。
- Airbnb、Pinterest、Uber、Lyft 都使用 Mesos。
- Cloudera 和 Twitter 合作一起推广 Parquet。
- 越来越多公司使用 Spark。
- 很多人使用 Storm，在数据规模小的时候 Storm 还是可以的，但问题也不少。
- Kafka 被很多公司用来处理流数据问题。

5）在生产系统中，在企业级环境的要求下（安全、多租户、容错、审计、图形化界面），开源软件功能的限制开始显现，越来越多在生产中出现的问题需要更专业的团队来解决。这个时候，原始开发团队或开源社区里的团队就成立公司来支持企业客户使用和开发开源软件。

- Cloudera：Hadoop 商业发行版。
- Mesosphere：Mesos 及其上的容器调度系统的商业化。
- Dremio：类似于 Parquet 的高速查询引擎。
- Databricks：Spark 的开发和商业发行版。
- Streamio：类似于 Storm 的 Apache Pulsar 和 Apache Heron 的商业化。
- Confluent：Kafka 的商业化。

6）绝大部分公司可以使用开源版本的工具搭建一个可以工作的系统，在这个过程中也顺便帮助这个工具找到 bug，提高可用性，提出新的功能需求。规模较大的公司可以向这些开源软件公司购买付费服务：

- 购买带企业级特性（安全、多租户、容错、审计、图形界面）的完整产品，一般叫作企业版，以与开源版本区别；
- 在系统设计阶段购买咨询服务，确保设计没问题；
- 系统出问题时有人兜底处理；

- 有不能满足的需求时可以向这些公司提出，实现定制化的功能；
- 继续购买这些公司开发的新功能和升级版；
- 现在也有开源软件提供 SaaS 服务。

因此，很多开源软件的模式是让不付费的用户使用，在这个过程中由社区不断完善软件，付费用户向开源软件公司购买高质量和高保证的服务，实现三赢。但是，开源软件不等于免费软件，不付费用户实际上也付出了一定的成本。

- 决策风险：必须自己承担决策失误的风险。
- 机会成本：选择一个开源软件就要投入人力和时间去实施，而这些时间原本可以投入到更有效率的工作上。
- 人力成本：让一个开源软件在生产系统中用起来需要不少人力，特别是生产级别的数据中台涉及的开源组件很多，把这些开源组件统一管理起来是有一定门槛的。
- 管理风险：如果不考虑安全、多租户、容错、审计，成熟的开源软件处理比较简单的工作是可以的，但是对于正规的企业管理而言，数据安全、效率、审计等方面都很重要，而开源软件在这些方面有一定的风险。
- 运行风险：在生产运营中系统肯定会出问题，使用开源软件的系统如果出了问题怎么办？谁来负责查错？解决问题的时间是否能保证？

在一个企业刚刚起步的时候，以上大部分问题不是特别重要，只要能快速搭起一个系统，呈现一定的效果就行，长期稳定的运行并不是企业在这个阶段的目标。因此，开源软件对初创企业来说是很好的助推器，直接使用开源软件是不错的选择。但是，当企业发展到一定程度，需要建设大数据平台或者数据中台的时候，如何选择和使用开源软件就是一个很重要的问题了。

9.2　开源软件的合理使用

面对众多与云计算、大数据相关的开源软件，特别是一些层出不穷的新软件，技术选型以及后续的运营实践非常重要。结合我们近 20 年在云计算与大数据领域的工作经验，以及对当前云原生架构开源软件发展趋势的判断，我们认为选择开源软件的基本思路是：基础架构方面的产品，最好是选择成熟开源体系，因为这些体系已经过很多企业的千锤百炼，而且自己从头开始做，未知因素太多；而在基础架构之上与用户打交道的交互产品，由于各个企业使用习惯不同，底层技术栈也不一样，最好选择定制服务或者自主开发。

基于这个基本思路，下面列出了选择开源软件的一些基本原则，供大家参考。

（1）选择成熟的、经过社区和生产验证的开源软件

像 Hadoop、Spark、Kafka、Mesos 和 Kubernetes 这些核心的分布式软件，它们的开源产品一般都比较稳定，有强大的社区支持，并在大型企业中得到了生产级别的验证，是值得信赖的。这些开源产品都有对应的企业版，也就是收费版，企业版一般是在开源版本的基础上增加了一些易用性及高阶管理功能，再加上 7×24 小时全天候的专业技术服务。

对于这些核心软件，是选择开源版还是企业版，取决于企业的项目预算以及对系统稳定性的要求。大型企业一般预算比较充裕，同时对系统稳定性的要求非常高，系统异常会严重影响企业的生产，因此可以考虑购买企业版软件以及附带的技术服务。中小企业一般项目预算有限，而且数据中台的建设还处于逐步迭代的过程中，对系统稳定性要求也不是非常高，因此建议尽量采用开源版本的软件。

（2）最好采用开源软件的社区版本

对于开源软件的改造，我们的观点是，绝大部分公司没有必要自己去直接改源代码。

首先，这些修改很可能不会被提交到开源版本中，因为开源软件的修改需要由特定的代码提交者来提交，申请成为代码提交者以及提交代码修改的流程比较长。

其次，如果修改针对的是常见问题，那么很有可能其他使用者已经碰到过类似问题，且相应的改动已经在开源社区完成，只是还没有提交并融入新的版本。

因此，我们建议，对于不是导致生产系统完全不能使用的代码问题，尽量在开源社区上寻找已有的解决方案或者等待开源社区的版本升级，而不是自行修改源代码。

对于严重影响生产系统的问题，则可以自行修改源代码。但要注意的是，如果开源版本的升级版并没有修复相关问题，则需要手动将修改添加到新版本中，这会是一个比较烦琐的过程。

（3）修改代码仅限于早期的开源软件

如果公司的业务场景需要早期的开源软件，而且没有替代品，那么花时间贡献代码是值得考虑的。

首先，早期的开源项目中问题比较多。其次，在早期，代码提交者不多。因此这种开源软件需要社区支持，而且申请成为代码提交者或者提交代码修改的过程是比较快的。

而对于比较成熟的大型开源软件，其改进一般由少数几家大公司和机构主导，而且一般不会有紧急改动，开源社区的主要功能是测试、拓展使用场景以及反馈使用中的错误。

总的来说，我们认为，使用开源软件的正确方式如下。

- 实施完整的报警监控、日志、备份及故障恢复机制，确保开源软件失效后能正常恢复。首先，开源软件无论如何稳定，在不同的生产环境下都有可能出故障，所以报警监控及故障恢复机制是非常必要的。其次，在系统出现问题时，重启系统其实是最快、最合理的解决方案。即便技术人员对源代码非常熟悉，修改代码、提交代码、将代码集成到系统中并重新发布，也要耗时数周甚至数月。

- 最好采用从源代码构建的方式安装开源软件。这种安装方式可以提供一定的自由度，比如，我们可以在安装前加入一些代码，输出我们需要而系统没有提供的日志以监控某些特定的功能，方便在这些功能出错时进行错误排查。

- 对于开源软件中重复出现的问题，可以以开 Ticket（工单）的方式向该软件的项目管理委员会（PMC）提供完整的运行日志及错误信息，并协助相应的代码提交者早日修复这些问题。如果该软件的 PMC 发出邀请，希望企业能够帮助修复这些问题，那么企业可以投入一些人力和物力来解决这些问题。

- 选择开源软件一般不要使用该软件的最新版本，而应使用社区公认的稳定版本，因为最新的版本往往不是最稳定的版本。在使用过程中，应该定期跟踪开源社区的发展状况，在合适的时候合并必要的补丁以修复一些常出现的问题。

- 除了关心功能列表，还需要弄清楚一些问题，比如该软件如何运维，如何处理迭代升级，如何保障性能和系统使用效率，如何保证数据的完整性和正确性，如何保障系统和数据的安全等。

9.3 集成开源软件的 5 个注意事项

在开源软件的使用上，很多公司都有过长时间的探索，在效率和成本上找到一个很好的结合点是一项很有挑战的工作。在企业级数据中台中使用开源软件的方式有两种：第一种方式是直接购买相应公司的企业版以及技术服务，比如 Confluent 公司提供的 Kafka 套件、Databricks 公司提供的 Spark 套件、Cloudera 公司提供的 Hadoop 套件等；第二种方式是企业自己集成开源版本。

前面提到过，对于有一定技术能力的公司，只要遵循一些基本原则，是可以选择这条路径的。不过，在集成的过程中，我们应当注意以下几个方面的事项。

（1）单点登录

应该使用一个集成的登录系统，用户验证信息都统一保存在一个地方，否则每个子系统都建立自己的用户系统，对用户或用户组的增、删、改、查需要在多个系统中完成，很难维护。

（2）安全系统集成

我们必须考虑安全系统的集成。例如，Hadoop 生态圈里的绝大部分开源软件不提供对 Kerberos 的直接集成，但是在数据中台中这些软件必须统一支持 Kerberos。还有一个问题是，所有子系统的权限控制应该有一个集中管理的地方。

（3）日志处理

对于所有子系统的日志，我们必须统一收集、统一处理、统一存储和分析，而不是每个子系统都使用一套自己的日志处理。统一日志管理，从而让技术人员在使用各种工具时有一致的查看、追踪、调试体验。

（4）监控报警

所有子系统的性能监控和报警设置，包括在子系统上开发的数据应用和数据服务的报警监控，都必须统一由一个报警监控系统来管理。这样才能对系统的整体运行状况有个全局了解，即便数据中台变得越来越复杂，也始终能保证系统的正常运行。

（5）审计

所有子系统的运行和使用都必须有一个完善的审计机制。数据中台的运行是一个非常复杂的流程，涉及大量与业务相关的核心或敏感数据，为了避免安全隐患，必须通过审计系统对这些数据的使用情况进行审查。另外，很多行业（如金融和政务）有审计功能相关的行业合规要求。

9.4　应用基础能力平台的开源选择

表 9-1 列出了在应用基础能力平台里常用的开源软件，这些软件涵盖了第 7 章提到的 PaaS 层需要满足的主要功能。

表 9-1　常用 PaaS 平台开源组件

组件 / 应用名称	类　别	开源时间	主要支持 / 使用厂家
Mesos（Marathon）	数据中心资源调度管理	2012 年	Twitter、苹果、爱奇艺、中国移动、去哪儿网
Kubernetes	容器调度编排	2015 年	SAP、Airbnb、华为、蚂蚁集团、京东
ZooKeeper	分布式调度协调	2008 年	Uber、Pinterest、eBay、美团、饿了么
Prometheus 和 Grafana	性能监控 / 报警	2012 年	Slack、星巴克、沃尔玛、京东、今日头条
HAProxy	负载均衡（高可用）	2001 年	Instagram、Twitter、Reddit、微软
Nginx	负载均衡（高并发）	2004 年	Airbnb、Uber、LinkedIn、携程、京东
Elasticsearch、Logstash、Kibana	日志查看套件	2010 年	Netflix、LinkedIn、饿了么、华为、携程

（续）

组件 / 应用名称	类　别	开源时间	主要支持 / 使用厂家
Keycloak	针对 Web 应用和 RESTful Web API 提供单点登录	2014 年	惠普、日立、Okta、Quest Software
Kong	API 网关服务	2018 年	VMware、AWS、Azure、Google
Redis	键值内存数据库	2009 年	Twitter、Pinterest、Snapchat、新浪微博、阿里巴巴、百度

下面来进一步阐述这些软件（Mesos 和 Kubernetes 在第 8 章已详细介绍）。

（1）ZooKeeper

ZooKeeper 是一个用于分布式协同工作的软件，主要在分布式环境下提供配置服务、域名服务、同步服务、组服务等。配置服务的常用场景是数据的发布和订阅，例如，在分布式环境下多个节点可以订阅 ZooKeeper 中的某一个配置项，当一个节点修改了该配置项后，其他所有节点都会收到配置修改的通知。分布式锁也是 ZooKeeper 的常用场景，用来控制分布式系统之间同步访问共享资源。ZooKeeper 的应用非常广泛，基本成为大数据环境下不可或缺的组件，但需要注意的是，不要对 ZooKeeper 进行大规模的读写操作或者使用 ZooKeeper 来协调超大规模集群。

（2）Prometheus 和 Grafana

Prometheus 是一个用于监控和报警的开源软件，它通过服务发现和静态目标配置，实现对监控目标对象的监控指标的收集（Pull），这种收集行为是定期发生的，所以 Prometheus 收集的监控指标都是时序数据。Prometheus 提供一个支持时序数据的多维数据模型，每个数据模型包含一个监控指标名称和一组键值对（作为监控指标的标签）。Prometheus 还提供了一个灵活的查询语言来查询多维数据。Grafana 是一个对时序数据进行查询和可视化分析的开源软件，它经常与 Prometheus 一起使用，把 Prometheus 收集到的监控数据以直观漂亮的图形展示。这套监控软件的组合使用非常广泛，深受开源社区的喜爱，绝大部分开源软件会提供针对 Prometheus 的监控指标输出接口。

（3）HAProxy 和 Nginx

负载均衡是 PaaS 层必不可少的组件，这一领域的开源软件很多，HAProxy 和 Nginx 是其中使用最为广泛的两个。HAProxy 提供的是 TCP 和 HTTP 负载均衡的快速和高可用服务，Nginx 则是支持高性能、高并发的 Web 服务和代理服务软件。总体来说，HAProxy 在负载均衡性能上更强，而 Nginx 更方便进行二次开发。

（4）ELK 组件

ELK 组件最初由三个组件组成，Elasticsearch、Logstash 和 Kibana。其中，Elasticsearch 是一个分布式的文档数据库，通过对文档进行索引，可以实现对文档的快速检索；Logstash 是一个开源的数据收集引擎，可以将不同数据源的数据动态统一起来，以标准化的方式送到目的地，比如送到 Elasticsearch 中；Kibana 则是开源的数据分析和可视化平台，用于对 Elasticsearch 中的数据进行搜索、查询和交互操作。这三个组件都属于同一家公司 Elastic，它们与 Elastic 公司轻量级的单一功能采集器 Beats 统称为 Elastic Stack。因为背后有 Elastic 公司的技术支撑，再加上软件本身的易用性以及火热的社区，Elastic Stack 成为目前使用最广泛的日志收集及分析工具。

（5）Keycloak

Keycloak 是一个开源的身份认证和访问控制软件，它通过对各种单点登录协议的支持来完成对不同系统的单点登录。作为

Red Hat 旗下的项目，Keycloak 有着坚实的技术支撑，虽然目前普及率不是很高，但如果能得到足够的推广和社区支持，一定会有很大的发展。

（6）API 网关服务 Kong

Kong 是一个云原生的轻量级 API 网关软件，它可以水平扩展，以低延迟的方式保证大规模的微服务访问。在数据服务的架构中，Kong 可以作为数据中台所有数据服务的统一管理工具。Kong 可以以模块化的方式加入很多新功能，比如对 API 访问进行安全控制的 JWT 安全组件、分析监控插件 Datadog 等。Kong 开源版的主要缺陷是没有管理员界面来进行各种配置，对开源社区的支持也比较弱。

（7）内存数据库 Redis

Redis 是一个存储键值对的内存数据库，支持多种数据类型并提供灵活的查询语句。Redis 可以以集群方式运行以保证高可用，同时支持将内存数据存入本地磁盘来进行容错恢复处理。可以将 Redis 当作数据库、应用程序缓存以及消息的转发者来使用。Redis 的主要缺陷是在集群模式下，从节点不能读，只能作为备份，数据在主从之间异步复制，不能保证数据的强一致性。

9.5 数据基础能力平台的开源选择

数据基础能力平台的组件是指位于数据中台基础层的流处理和批处理数据采集框架、分布式存储框架、分布式计算框架，以及贯穿整个基础层的安全认证及权限控制框架等。

1. 大数据基础开源组件

表 9-2 所列为数据基础能力平台中的几个重要的基础组件。

表 9-2　常用大数据基础开源组件

组件名称	开源时间	类　别	主要支持厂家
Hadoop	2006 年	分布式系统	被广泛使用
HBase	2008 年	分布式数据库	被广泛使用
Hive	2010 年	分布式数据仓库	被广泛使用
Kafka	2011 年	实时消息队列	被广泛使用
MySQL	1995 年	关系型数据库	被广泛使用
Sqoop	2009 年	数据采集	Target、摩根大通、滴滴、今日头条
Flume	2012 年	日志采集	三星、爱立信、有赞、美团、饿了么
Kerberos	1987 年	身份认证协议	被广泛使用
Ranger	2015 年	开源统一授权管理框架	ING、Sprint、美图、魅族

（1）分布式系统 Hadoop

Hadoop 包括分布式文件系统 HDFS、分布式计算框架 Map-Reduce 和分布式调度框架 YARN。分布式文件系统 HDFS 是一个可以运行在普通硬件上的文件系统，它通过将文件分块保存到不同的节点并且每个块保存多个副本的方式来实现高容错性。分布式计算框架 MapReduce 包含两个计算阶段 mapper 和 reducer：待处理的目标文件被切割成若干块后，首先，每一块都会交给一个 mapper 任务来处理，mapper 任务会分布在不同的节点上运行，每个 mapper 任务都将输入数据转换成输出数据；然后，运行在不同节点上的 reducer 将各个 mapper 输出的数据进行组合和排序，进一步生成最后的计算结果。分布式调度框架 YARN 负责将 Hadoop 集群的资源分配给需要使用的应用程序并调度执行应用程序在各个节点上的任务。YARN 调度框架既可以执行 MapReduce 任务，也可以执行 Spark 任务。

（2）分布式数据库 HBase

HBase 是构建在 HDFS 之上的一个高可用、基于列存储、进行快速随机查询的分布式数据库。因为 HBase 提供对数据的索引，所以它的随机查询速度很快。HBase 的缺陷是不适合大规模数据的查询，也不支持 SQL 语句。

（3）分布式数据仓库 Hive

Hive 是构建在 Hadoop 之上进行数据查询和分析的数据仓库工具。Hive 的元数据管理将 HDFS 上存储的结构化文件定义成数据库中的表，同时，Hive 提供类似 SQL 的数据库查询语言来查询存储在 HDFS 上的结构化文件，这些查询作业将会转化成 MapReduce 作业在 Hadoop 上运行。Hive 适合做大规模的离线数据分析，但不适合做随机数据查询。

（4）实时消息队列 Kafka

Kafka 是一个分布式的流处理平台，具备高吞吐量、高可用、无延误等特点。Kafka 最初是在 LinkedIn 内部被开发和使用，后来很快成为流处理领域的佼佼者，被各个公司广泛采用。Kafka 的主要缺陷是缺乏完整的管理和监控工具，当数据量大且要进行压缩的时候性能会下降。

（5）关系型数据库 MySQL

MySQL 是一个使用非常广泛的开源数据库，几乎每家公司都在使用。MySQL 支持大型的数据库，可以处理上千万条表记录。它将不同的数据库保存在不同的文件中，提高了存储和访问效率。MySQL 支持高可用的集群模式。MySQL 的主要缺陷是对超大规模数据库的支持不是很好，稳定性也有些小问题，高可用的集群模式配置比较麻烦。

（6）数据采集工具 Sqoop

Sqoop 是一个在 Hadoop 和传统数据库之间进行大量数据传输的工具。Sqoop 可以以 MapReduce 作业的方式在 Hadoop 上运行，所以它具有高容错性和高并发性。Sqoop 的主要缺陷是与数据的连接需要通过 JDBC 协议，这在数据量比较大的时候会引起性能问题，另外，从源数据库抽取大量数据也会对源数据库本身的性能造成影响。

（7）日志采集系统 Flume

Flume 是一个分布式、高可靠、高可用的海量日志采集、聚合和传输的系统。Flume 采用了一个简单灵活的基于数据流的架构，支持对采集的数据先进行处理然后再传输，它具有多种容错和恢复机制。Flume 的主要缺陷是拓扑结构比较复杂，不容易维护，还有可能会传递重复数据。

（8）身份认证协议 Kerberos

Kerberos 是一个网络认证协议，它提供一种可信任的第三方认证服务，通过对称加密的方式为服务器 / 客户端应用提供验证服务。Kerberos 协议在大数据系统中被广泛用来保证数据和服务的安全性。

（9）授权管理框架 Ranger

Ranger 是一个对 Hadoop 平台资源的使用权限进行集中式配置、管理和监控的框架。它以统一的方式和细颗粒管理 HDFS、Hive、HBase、Kafka 等组件的权限访问控制。

2. 分布式存储及计算开源组件

接下来，我们介绍数据基础能力平台中一些常用的存储和计算基础能力组件（见表 9-3）。

表 9-3　常用分布式存储及计算开源组件

组件名称	类　别	开源时间	主要支持厂家
Spark	大规模数据处理计算引擎	2014 年	被广泛使用
Flink	分布式流式数据引擎	2011 年	Uber、Yelp、阿里巴巴、腾讯、美团

（续）

组件名称	类 别	开源时间	主要支持厂家
Neo4j	图形数据库	2007 年	eBay、思科、沃尔玛、携程、饿了么
MongoDB	基于分布式文件存储的数据库	2009 年	Uber、Lyft、360、美团、今日头条
Presto	分布式 SQL 查询引擎	2013 年	Airbnb、Facebook、Netflix、美团、滴滴
Kylin	分布式的分析型数据仓库	2015 年	eBay、思科、小米、滴滴、今日头条
Impala	实时分析查询引擎	2013 年	Stripe、Expedia、阿里巴巴、百度
ClickHouse	分布式列式数据库	2016 年	今日头条、携程、快手、腾讯
Druid	实时统计分析数据存储	2012 年	Airbnb、Instacart、滴滴、有赞
InfluxDB	时序数据库	2013 年	Comcast、Verisign、携程、饿了么

（1）大规模数据处理计算引擎 Spark

Spark 是一个支持批处理和流处理的分布式计算引擎，它可以运行在 YARN、Mesos 和 Kubernetes 这些调度机制之上，可以处理 HDFS、S3 等多种文件系统上的数据。Spark 是基于内存的计算，所以它的计算速度比一般的 MapReduce 作业要快。Spark 的主要缺陷是不支持真正意义上的实时处理，处理小文件性能较差，内存开销很大。

（2）分布式流式数据引擎 Flink

与 Spark 一样，Flink 也是一个支持批处理和流处理的分布式计算引擎，它可以运行在 YARN、Mesos 和 Kubernetes 这些调度机制之上，也是基于内存的计算。不同之处在于，Flink 的流处理是把输入流当作无边界的输入来处理，而批处理则是特殊的流处理，它处理的是一段有边界的流数据。Flink 的流处理具有高吞吐、低延迟、高性能的特性。

（3）图形数据库 Neo4j

Neo4j 是一个可扩展、高性能的图形数据库，它将数据以及数据之间的关系存储在图的数据结构中，并提供高性能的图计算引擎来进行基于图论的数据分析工作。常用的场景包括社交网络、电子商务欺诈等。Neo4j 的主要缺陷是当使用的数据集多于可分配的内存的时候性能下降很快，以及不支持复杂的索引机制。

（4）分布式文件数据库 MongoDB

MongoDB 是一个文件数据库，将数据保存为 JSON 格式的文档。它支持文件索引并提供丰富的查询语言。MongoDB 通过数据分区来支持大数据量的存储，通过主从备份模式支持高可用。MongoDB 的主要缺陷是对不同数据集的 join 操作支持不是很好，以及在大量读写操作的时候会出现主从节点数据短暂不一致的情况。

（5）分布式 SQL 查询引擎 Presto

Presto 是一个分布式的交互式查询工具，可以对各种数据源（主要是 Hive 以及一些关系型数据库）进行快速查询，查询的数据量可以是 PB 级别的。根据一个公司的使用经验，Presto 查询比 Hive 要至少快一个数量级。它最早是在 Facebook 内部被广泛使用，然后逐渐被其他公司所采用。Presto 的主要缺陷是在多表进行关联查询时速度会变慢。

（6）分布式的分析型数据仓库 Kylin

Kylin 作为一个分布式的分析型数据仓库，主要用来进行在线分析（OLAP），其基本工作原理是基于 Hadoop 和 Spark 预先计算好一个多维的数据立方体（cube），然后使用标准 SQL 语言对数据立方体进行快速查询。Kylin 是 eBay 开源的一个内部项目，开源后逐渐被开源社区所接受。Kylin 的主要缺陷是，用 HBase 保存预计算的一些结果会导致查询速度减慢。目前有用 Druid 取代 HBase 的方案，但这个构建过程有些复杂。

（7）实时分析查询引擎 Impala

Impala 与 Presto 类似，是一个基于 Hadoop 的实时分析查询引擎。区别在于，Impala 支持的源数据类型没有 Presto 那么多，不像 Presto 那样可以使用各种连接器去查询其他数据库。业界普遍认为，Impala 基于 Hadoop 的查询比 Presto 性能更好。Impala 的主要缺陷是不支持某些二进制文件（如 Avro 和 RCFile）的写入数据库操作。

（8）分布式列式数据库 ClickHouse

ClickHouse 是一个基于列存储、采用 SQL 语言查询的实时分析数据库，它与 Hadoop 的架构基本没有什么关系。ClickHouse 的官网宣称它的性能比市面上其他基于列存储的数据库要更好，处理几百万到几十亿条记录只需要几秒钟。ClickHouse 是由有"俄罗斯 Google"之称的 Yandex 公司开源的，因为效率非常高，它一出现就受到开源社区的关注。ClickHouse 的主要缺陷是缺少完整的数据更新和删除操作，目前只支持有限的操作系统，并且开源社区刚刚启动，需要有更多的参与者。

（9）实时统计分析数据存储 Druid

Druid 是一个分布式、高性能、实时在线分析（OLAP）数据库，它支持实时或批处理数据导入、基于列的存储格式、高并发操作、自动恢复和自动迁移数据以保持节点数据量平衡。Druid 的主要缺陷是对表连接（join）操作的支持不是很好，对 SQL 语言的支持也很弱。

（10）时序数据库 InfluxDB

InfluxDB 是一个开源的时序数据库，支持每秒百万级的数据写入，支持通过类似 SQL 的查询语言进行大量时序数据的查询。InfluxDB 常用的场景是存储和查询监控数据和物联网数据。InfluxDB 的主要缺陷是只在商业版中提供高可用的集群模式。

9.6 数据集成开发平台的开源选择

在数据集成开发平台中，开源工具其实并不太普遍，需要的开源软件主要用来开发实际的数据应用。与本章前面描述的一样，越是偏向于底层的基础架构，越容易出现高质量的开源软件。数据应用开发平台因为与数据科学家、数据工程师的日常工作紧密相关，企业往往会基于开源组件开发适合自己的工作流程。表 9-4 列出了经常使用的数据应用开发的开源软件。

表 9-4　常用数据开发开源组件

组件/应用名称	类　别	开源时间	主要支持/使用厂家
Airflow	工作流开发调度	2015 年	Airbnb、Slack、Square、沃尔玛
Atlas	数据治理服务	2015 年	IBM、ING、SAS、SAP
Griffin	数据质量管理	2016 年	eBay、巴克莱银行、TD Bank
Zeppelin	交互式数据开发工具	2015 年	甲骨文、苹果、EA、网易云音乐、美团
Jupyter Notebook	交互式数据开发工具	2015 年	Intuit、Yelp、GitBook、美团
Superset	交互式图表开发工具	2015 年	Airbnb、Twitter、Lyft、快手

（1）工作流开发调度工具 Airflow

Airflow 是 Airbnb 开源的编程式工作流创建、调度和监控平台。Airflow 将工作流表示成有向无环图（DAG），图中每个节点就是一个任务，而节点的边则表示任务与任务之间的依赖关系。Airflow 提供丰富的编程命令来创建复杂的工作流，并提供图形化界面对运行的工作流进行监控和故障排查。Airflow 的主要缺陷是学习成本高，虽然是用 Python 语言来编写工作流，但这对一般的业务人员来说还是有一定难度的。

（2）数据治理服务软件 Atlas

Atlas 是一个开源、可扩展、基于 Hadoop 的数据治理和元数据管理软件，它提供元数据管理工具，帮助企业创建数据资产的元数据并捕捉这些数据资产的相关性；帮助数据分析人员对企业数据资产进行分类并进行数据治理的协同；通过与 Hadoop、Hive 等系统的集成，自动捕捉动态的数据关联关系；提供一个类似 SQL 的查询语言对数据资产元素进行查询；通过与 Ranger 的集成来实现对数据资产的动态权限控制。Atlas 的主要缺陷是部分设计不符合实际业务场景，但这并不是 Atlas 本身的问题，因为不同企业的业务场景不同，对数据治理的需求也是不同的，理论上很难用一个通用的数据治理工具服务所有企业。

（3）数据质量管理软件 Griffin

Griffin 是一个开源的大数据质量管理框架，支持批处理和流处理模式。首先，数据分析人员可以通过预先定义好的数据质量的域模型来定义自己对数据质量的要求，例如数据源表与目的表的正确性、完备性、时效性等；然后，数据源表和目的表的数据会被导入 Griffin 的计算集群，计算集群根据定义好的数据质量需求进行数据质量评估计算；Griffin 会持续这个计算过程，对数据质量持续监控并以时序指标的方式输出数据质量报告。此外，Griffin 还提供一个接口让数据分析人员添加新的数据质量监控需求。Griffin 的最大优势是有一个可扩展的数据质量要求定义语言 DSL（Domain Specific Language）以及与之对应的计算引擎，但对于数据分析人员而言，掌握这个 DSL 并对其进一步扩展是需要一定的时间的。

（4）Zeppelin

Zeppelin 是一个基于 Web 的交互式数据分析工具，支持多种语言，如 Scala、Python、Shell 脚本等。Zeppelin 通过与 Hadoop、Hive 和 Spark 等基础组件集成，不仅能够将用户编写的代码发布到基础组件中运行，并把计算作业的完成状态返回到工具中，还可以将一些小的结果数据集以图表的形式展示在工具中，方便数据分析人员进行编程、调试、迭代，并与其他同事协同工作。Zeppelin 的主要缺陷是不能进行精细化的安全管理，比如与 Kerberos 安全认证机制的对接不是很完善。

（5）Jupyter Notebook

Jupyter Notebook 也是一个基于 Web 的交互式数据分析工具。它与 Zeppelin 的区别是，社区更活跃，支持的编程语言更丰富，安装更简单。Jupyter Notebook 的主要缺陷是缺乏对多用户的直接支持和安全管理配置。

（6）交互式图表开发工具 Superset

Superset 是一个开源的数据分析与可视化平台，支持数据分析人员自助进行数据分析，自定义各种图表，将图表组合成数据面板，以及分享数据面板分析。Superset 支持多种数据库，包括 MySQL、PostgreSQL、Oracle、Druid 等，还支持自定义图表类型。Superset 支持多用户并提供细粒度的安全访问控制。Superset 的主要缺陷是当图表加载大量数据时界面的流畅度会显著下降。

9.7　本章小结

本章介绍了开发数据中台所需的常见开源组件及其主要功能，以及正确选择和使用它们的一些建议。虽然并没有开源组件宣称自己的目标是打造数据中台，但是建设数据中台的确离不开很多开源组件。不正确的技术选型或不正确的开源组件使用方式往往是大数据项目或数据中台项目失败的重要原因。因此，分辨一个产品是否适合企业数据中台的建设，不仅要看初始的功能演示，还要看这个系统如何运维，如何处理迭代升级，如何保障性能和系统使用效率，如何保证数据的完整性和正确性，以及如何保障系统和数据的安全性。

第 10 章

数据湖与数据仓库

在数据中台的建设过程中，我们经常会听到数据湖、数据仓库（简称数仓）、数据集市、贴源数据层等多个概念。这些传统大数据平台中涉及的技术是数据中台建设的基础和必经之路。如果不能理解它们出现的背景和所要解决的问题，则很难理解数据中台在整个数字化运营体系中的作用。本章将介绍这些技术之间的关系以及它们在数据中台中所起到的作用。

10.1 数据湖

作为全局数据汇总及处理的核心功能，数据湖在数据中台建设中必不可少。那么它与数据仓库、数据中台是什么关系？

图 10-1 显示了一个典型的从数据采集到数据湖、数据仓库

及数据集市，最后为数据应用提供服务的流程。可以看到，除了为数据仓库提供原始数据之外，数据湖也可以直接为上层的数据应用提供服务。与数据湖不同，数据仓库是针对 OLAP 需求建设的数据库，可以分析来自交易系统或不同业务部门的结构化数据。数据仓库中的数据由原始数据经过清理、填充和转换后按照核心业务逻辑组织生成。数据仓库一般必须预先定义好数据库 Schema，重点是实现更快的 SQL 驱动的深度报告和分析。

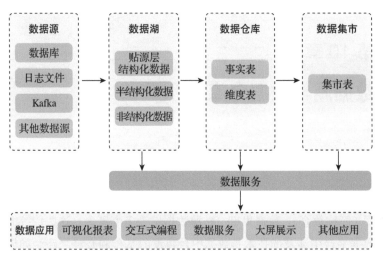

图 10-1　从数据采集到提供数据服务的流程

10.1.1　数据湖的起源与作用

数据湖的出现主要是为了解决存储全域原始数据的问题。在捕获来自业务应用程序、移动应用程序、IoT 设备和互联网的结构化和非结构化数据时，实际上并没有预先定义好数据结构，这意味着可以先存储数据而无须进行精心设计，也无须明确要进行什么分析，由数据科学家和数据工程师在后续工作中探索和尝试。这个改动极大推动了大数据的发展，早期大数据系统的一大吸引力是能够存储大量日志数据供后期探索，很多大数据应用就是在大数据系统将数据采集上来之后才出现的。

为什么一定要单独建立数据湖呢？要回答这个问题，我们先来了解数据湖的一个重要组成部分——ODS（Operating Data Store，运营数据存储）。在 20 世纪 90 年代数据仓库刚出来的时候，就已经有 ODS 了。可以说 ODS 是数据湖的先行者，因为 ODS 和数据湖有两个共同的重要特征：不加转换的原始数据，可以进行不预先设置的分析。ODS 一般用来存储业务运营数据，也就是 OLTP（联机事务处理）数据的快照和历史，而数据仓库一般用来存储分析数据，对应 OLAP（联机分析处理）需求。表 10-1 列出了 OLTP 和 OLAP 的一些区别。

表 10-1　OLTP 和 OLAP 的区别

	OLTP	OLAP
场景	一般为高并发、低时延	一般为低并发、大吞吐量
用户	操作人员、一线管理人员	分析决策人员、高级管理人员
功能	用于存储和管理日常操作的数据，如当前应用的最新日常操作数据	用于分析日常操作的数据，如历史的、聚集的、多维的、集成统一的数据
DB 设计	面向事务，主要处理大量用户下的大量事务，一般不存储历史数据（MB、GB 级别）	面向主题，用于分析日常操作的多维数据库，存储的数据包括历史数据（GB、TB、PB 级别）
数据模型	一般使用实体对象模型，必须满足数据库第三范式（3NF）或更高	一般使用维度模型，如星型模型、雪花模型，一般不需要满足 3NF
查询	查询语句一般非常简单直接，以增、删、改、查（CRUD）为主，返回少量数据	查询语句一般非常复杂，以多维度钻取、汇聚为主，返回大量数据

绝大多数情况下，业务数据库的 SQL 库表的结构与数据仓库的结构是不一样的：业务数据库是为 OLTP 设计的，是系统实

时状态的数据；而数据仓库的数据是为 OLAP 的需求建设的，是为了深度的多维度分析。这个差异造成基于数据仓库的数据分析受到以下限制：

- 数据仓库的架构设计是事先定好的，很难做到全面覆盖，因此基于数据仓库的分析是受到事先定义的分析目标及数据库 Schema 限制的；
- 从 OLTP 的实时状态到 OLAP 的分析数据的转换中会有不少信息损失，例如某个账户在某个具体时间点的余额，在 OLTP 系统里一般只存储最新的值，在 OLAP 系统里只会存储对账户操作的交易，一般不会专门存储历史余额，这就使得进行基于历史余额的分析非常困难。

因此，在建立数据仓库的时候，我们必须先将 OLTP 数据导入 ODS，然后在 ODS 上进行 ETL 操作，生成便于分析的数据，最后将其导入数据仓库。这也是为什么 ODS 有时也被称为数据准备区（staging area）。

随着 Hadoop 的逐渐普及，大家发现数据仓库底层的技术（关系型数据库）无法处理一些非结构化数据，最典型的就是服务器日志包含的数据。除了这些分析上的功能缺陷之外，传统数据仓库底层使用的关系型数据库在处理能力上有很大局限，这也是数据湖，直至整个大数据生态出现的一个主要原因。在 Hadoop 出现之前，就有 Teradata 和 Vertica 等公司试图使用 MPP（Massively Parallel Processing，大规模并行处理）数据库技术来解决数据仓库的性能问题。在 Hadoop 出现之后，Hive 成为一个比较廉价的数据仓库实现方式，也出现了 Presto、Impala 这些 SQL-on-Hadoop 的开源 MPP 系统。从 2010 年开始，业界逐渐将 ODS、采集的日志以及其他存放在 Hadoop 上的非结构或半结构化数据统称为数据湖⊖。

⊖ "Pentaho, Hadoop, and Data Lakes"，https://jamesdixon.wordpress.com/2010/10/14/pentaho-hadoop-and-data-lakes/。

有时，数据湖中直接存储源数据副本的部分（包括 ODS 和日志存储）被称为贴源数据层，意思是原始数据的最直接副本。

从根本上来讲，数据湖的最主要目标是尽可能保持业务的可还原度。例如，在处理业务交易的时候，数据湖不仅会把 OLTP 业务数据库的交易记录采集到数据湖中的 ODS，也会把产生这笔交易的相关服务器日志采集到数据湖的 HDFS 文件系统中，有时还会把发回给客户的交易凭证作为文档数据存放。这样，在分析与这笔交易相关的信息时，系统能够知道这笔交易产生的渠道（从服务器分析出来的访问路径），给客户的凭证是否有不合理的数据格式（因为凭证的格式很多时候是可以动态变化的）。

10.1.2　数据湖建设的 4 个目标

数据湖的建设方式有很多种，有的企业使用以 Hadoop 为核心的数据湖实现，有的企业以 MPP 为核心加上一些对象存储来实现。虽然建设方式不同，但是它们建设数据湖的目标是一致的，主要有以下 4 点。

1）高效采集和存储尽可能多的数据。将尽可能多的有用数据存放在数据湖中，为后续的数据分析和业务迭代做准备。一般来说，这里的"有用数据"就是指能够提高业务还原度的数据。

2）对数据仓库的支持。数据湖可以看作数据仓库的主要数据来源。业务用户需要高性能的数据湖来对 PB 级数据运行复杂的 SQL 查询，以返回复杂的分析输出。

3）数据探索、发现和共享。允许高效、自由、基于数据湖的数据探索、发现和共享。在很多情况下，数据工程师和数据分析师需要运行 SQL 查询来分析海量数据湖数据。诸如 Hive、Presto、Impala 之类的工具使用数据目录来构建友好的 SQL 逻辑架构，以查询存储在选定格式文件中的基础数据。这允许直接在数据文件中查询结构化和非结构化数据。

4）机器学习。数据科学家通常需要对庞大的数据集运行机器学习算法以进行预测。数据湖提供对企业范围数据的访问，以便于用户通过探索和挖掘数据来获取业务洞见。

基于这几个目标，数据湖必须支持以下特性。

- **数据源的全面性**：数据湖应该能够从任何来源高速、高效地收集数据，帮助执行完整而深入的数据分析。
- **数据可访问性**：以安全授权的方式支持组织/部门范围内的数据访问，包括数据专业人员和企业等的访问，而不受 IT 部门的束缚。
- **数据及时性和正确性**：数据很重要，但前提是及时接收正确的数据。所有用户都有一个有效的时间窗口，在此期间正确的信息会影响他们的决策。
- **工具的多样性**：借助组织范围的数据，数据湖应使用户能够使用所需的工具集构建其报告和模型。

10.1.3 数据湖数据的采集和存储

数据采集系统负责将原始数据从源头采集到数据湖中。数据湖中主要采集如下数据。

1）ODS：存储来自各业务系统（生产系统）的原始数据，一般以定时快照的方式从生产数据库中采集，或者采用变化数据捕获（Change Data Capture，CDC）的方式从数据库日志中采集。后者稍微复杂一些，但是可以减少数据库服务器的负载，达到更好的实时性。在从生产数据库中采集的时候，建议设置主从集群并从从库中采集，以避免造成对生产数据库的性能影响。

2）服务器日志：系统中各个服务器产生的各种事件日志。典型例子是互联网服务器的日志，其中包含页面请求的历史记录，如客户端 IP 地址、请求日期 / 时间、请求的网页、HTTP 代码、提供的字节数、用户代理、引用地址等。这些数据可能都在一个文件中，也可能分隔成不同的日志，如访问日志、错误日志、引荐者日志等。我们通常会将各个业务应用的日志不加改动地采集到数据湖中。

3）动态数据：有些动态产生的数据不在业务系统中，例如为客户动态产生的推荐产品、客户行为的埋点数据等。这些数据有时在服务器日志中，但更多的时候要以独立的数据表或 Web Service 的方式进行采集。埋点是数据采集领域（尤其是用户行为数据采集领域）的术语，指的是对特定用户行为或事件进行捕获、处理和发送的相关技术及其实施过程，比如用户点击某个图标的次数、观看某个视频的时长等。埋点是用户行为分析中非常重要的环节，决定了数据的广度、深度、质量，能影响后续所有的环节。因此，这部分埋点数据应该采集到数据湖中。

4）第三方数据：从第三方获得的数据，例如用户的征信数据、广告投放的用户行为数据、应用商店的下载数据等。

采集这些原始数据的常见方式如下。

- 传统数据库数据采集：数据库采集是通过 Sqoop 或 DataX 等采集工具，将数据库中的数据上传到 Hadoop 的分布式文件系统中，并创建对应的 Hive 表的过程。数据库采集分为全量采集和增量采集，全量采集是一次性将某个源表中的数据全部采集过来，增量采集是定时从源表中采集新数据。

- Kafka 实时数据采集：Web 服务的数据常常会写入 Kafka，通过 Kafka 快速高效地传输到 Hadoop 中。由 Confluent 开源的 Kafka Connect 架构能很方便地支持将 Kafka 中的数据传输到 Hive 表中。

- 日志文件采集：对于日志文件，通常会采用 Flume 或 Logstash 来采集。

- 爬虫程序采集：很多网页数据需要编写爬虫程序模拟登录并进行页面分析来获取。

- Web Service 数据采集：有的数据提供商会提供基于 HTTP 的数据接口，用户需要编写程序来访问这些接口以持续获取数据。

数据湖需要支持海量异构数据的存储。下面是一些常见的存储系统及其适用的数据类型。

- HDFS：一般用来存储日志数据和作为通用文件系统。

- Hive：一般用来存储 ODS 和导入的关系型数据。

- 键-值存储（Key-value Store）：例如 Cassandra、HBase、ClickHouse 等，适合对性能和可扩展性有要求的加载和查询场景，如物联网、用户推荐和个性化引擎等。

- 文档数据库（Document Store）：例如 MongoDB、Couchbase 等，适合对数据存储有扩展性要求的场景，如处理游戏账号、票务及实时天气警报等。

- 图数据库（Graph Store）：例如 Neo4j、JanusGraph 等，用于在处理大型数据集时建立数据关系并提供快速查询，如进行相关商品的推荐和促销，建立社交图谱以增强内容个性化等。

- 对象存储（Object Store）：例如 Ceph、Amazon S3 等，适合更新变动较少的对象文件数据、没有目录结构的文件和不能直接打开或修改的文件，如图片存储、视频存储等。

一般来讲，数据湖的存储应该支持以下特性。

1）可扩展性。企业数据湖充当整个组织或部门数据的集中数据存储，它必须能够弹性扩展。注意，虽然云原生架构比较容易支持弹性扩展，但是数据中心都会有空间和电力限制，准备建设大规模数据湖的企业需要考虑多数据中心或混合云的架构，否则就会陷入几年就要"搬家"的窘境。

2）数据高可用性。数据的及时性和持续可用性是辅助决策制定的关键，因此必须使用 HDFS、Ceph、GlusterFS 等支持多备份、分布式高可用的架构。

3）高效的存储效率。数据湖的数据量是以 PB 计的，而且因为需要多备份（3 份或更多），其存储效率就非常重要。例如，使用 LZO 压缩存储 HDFS 文件可以达到 1∶6 甚至 1∶7 的压缩比例，而且可以通过系统支持实现透明访问，也就是说，程序可以直接使用数据而无须先展开到临时空间。另外，列式存储也是一种常用的利于压缩的存储方式。存储效率越高，意味着需要的服务器越少，使用的电量越少，扩容的时间间隔越长，因此存储效率对数据湖的运营非常重要。

4）数据持久性。数据一旦存储，就不能因为磁盘、设备、灾难或任何其他因素而丢失。除了使用分布式架构，一般还需要考虑多数据中心和混合云架构支持的异地备份。

5）安全性。对于本地和基于云的企业数据湖来说，安全都是至关重要的，应将其放在首位。例如，数据必须经过加密，必须不可变（在任何需要的地方），并且必须符合行业标准；数据系统的访问必须支持端到端的授权和鉴权集成等。应该从刚开始建设数据湖时就进行安全性的设计，并将其纳入基本的体系结构和设计中。只有在企业整体安全基础架构和控件的框架内部署和管理，数据湖的安全性才有保障。

6）治理和审计。要能够应用治理规则及数据不变性，识别用户隐私数据以及提供完整的数据使用审计日志的能力，这对于满足法规和法定要求至关重要。

7）可以存储任何内容。数据湖在设计之初，有一个主要考虑的因素：存储任何格式（结构化和非结构化）的数据并提供快速检索。当然，这里的"快速"并不是说要像面向用户的系统一样提供实时响应，在数据湖上运行的应用对交互的要求会低一些。即便如此，Presto、Impala 等 SQL-on-Hadoop 的解决方案正在逐步提高数据湖的交互体验。

8）可以支持不同存储文件的大小和格式。在很多场景中，系统需要存储很多小文件，这些文件的尺寸远小于 Hadoop 文件系统（HDFS）的默认块大小 128MB。在基于 Hadoop 的框架中，每个文件在集群的名称节点的内存中均表示为一个对象，每个对象通常占用 150B。这意味着大量文件将消耗大量内存。因此，大多数基于 Hadoop 的框架无法有效使用小文件。另一个重要方面是文件的格式，例如使用列存储（ORC 和 Parquet）可以加大文件的压缩比例，在读取时仅解压缩和处理当前查询所需的值，这样可以大大减少磁盘 I/O 和查询时间。

10.1.4 数据湖中的数据治理

很多人认为数据湖中存储的是原始数据，不需要治理，这其实是个误区。确切地说，数据湖存储的是未经转换的数据，任何需要支持分析的数据都是需要治理的。数据治理是指对企业中数据的可用性、完整性和安全性的全面管理，具体内容主要取决于企业的业务策略和技术实践。

比如，我们可以要求写入数据湖的 ODS 数据经过 Schema 的检查，确保业务系统 Schema 的改变不会未经协调就进入数据湖，造成现有数据湖应用的失效。再比如合规的要求，数据湖负责全域数据采集，其中往往包括消费者的个人可识别信息。这些敏感数据必须经过合规处理，以确保系统遵守隐私法律和法规。因此，从最开始就应将数据治理纳入数据湖的设计中，至少应采用最低的治理标准。

数据湖中的数据治理主要涵盖以下领域。

- 数据目录。由于数据湖中存储的数据量非常大，因此很难跟踪有哪些数据可用，而且数据容易被淹没。解决方案是维护数据目录。数据目录是元数据的集合，结合了数据管理和搜索工具，可帮助分析师和其他用户查找数据。数据目录充当可用数据的清单，并提供信息以评估适用数据的预期用途。最有效的方法是维护中央数据目录，并在各种处理框架（如 Hadoop、Spark 以及其他可用工具）中使用，这样可以应用简单的数据治理规则来确保元数据的完整性。

- 数据质量。数据质量系统应该确保数据的完整性、准确性、一致性以及标准化，否则基于数据得出的结果是不可靠的，所谓的"垃圾进，垃圾出"（Garbage In, Garbage Out）就是这个意思。现在并没有一个通用的数据质量管理系统适用于数据湖，但是类似于 Delta Lake[⊖]这样的项目已经在探索如何解决这些问题。

- 数据合规。根据所运营的业务领域，数据湖必须满足一些合规要求，例如 GDPR（《通用数据保护条例》）、HIPAA（《健康保险便利和责任法案》）和 ISO 等标准和规范。对于很多企业而言，数据合规是很重要的工作，

⊖ "Cube Planner-Build an Apache Kylin OLAP Cube Efficiently and Intelligently"：https://tech.ebayinc.com/engineering/cube-planner-build-an-apache-kylin-olap-cube-efficiently-and-intelligently/。

数据合规一旦出问题，可能导致巨额罚款或者数据泄露，损害企业的信誉。

10.2　数据仓库

数据仓库是一个面向主题的、集成的、随时间变化但信息本身相对稳定的数据集合，用于支持管理决策过程。数据仓库的主要功能如下：

- 建立公司业务数据模型；
- 整合公司数据源，计清洗和治理之后的数据成为业务数据的唯一事实；
- 支持进行细粒度的、多维的分析，帮助高层管理者或者业务分析人员做出商业战略决策；
- 为更高一层的数据服务、机器学习应用提供主要的历史数据来源。

数据仓库的发展已有近40年的历史，但是它在大数据平台出现之前主要处理的是关系型数据库中的数据（这里称之为传统数据仓库）。在大数据出现之后，数据仓库承担的任务并没有变，但是其建设方式、建设内容和技术架构都发生了很大的变化。本节将对此做个简单介绍。

与ODS一般保存支持业务运营的当前数据不同，数据仓库记录的是业务数据的历史及汇总数据。在很多系统中，ODS对应的持久性数据存储也叫作贴源数据层，其意义都是一样的：从业务系统中采集的不作修改的OLTP操作数据集。ODS除了作为OLTP数据的导入区之外，也可以处理一些分析需求。表10-2对二者进行了简单对比。

表 10-2 ODS 和数据仓库的对比

	目 标	功 能	性 能
运营数据存储（ODS）	支持企业处理业务应用和存储面向主题的、临时性的集成数据，为企业决策者提供当前细节性的数据，提供业务系统与数据仓库之间的隔离地带，为数据仓库提供平整、可靠的数据源	细节、细粒度的数据查询，支持多维分析等查询功能，满足对细节性的交易数据或细粒度的数据进行查询的要求 数据共享功能，对所有业务系统的数据进行集成，组成全局的业务数据视图共享，为产品部门和运营部门提供重要参考 数据交互功能，在固定周期内实现决策分析与其他业务系统之间的交互	数据访问多，响应及时，需要的存储容量较小
数据仓库（DW）	通过对面向主题的、集成的、相对稳定并反映历史变化的数据进行快速有效的分析，将数据转化成信息、知识，进而辅助企业高层进行决策分析	海量数据查询功能，满足不断增长数据的复杂数据关系查询 决策分析功能，汇集系统的全部数据，包括生产系统的综合信息，集宏观信息理解和微观信息探查于一体，为科学决策分析提供重要依据 全局数据共享，在同一平台对全局数据进行分析、挖掘、探索与共享	海量高并发数据查询，支持以 3NF 为主的逻辑数据模型的设计方法，要求数据的存储容量大

10.2.1 数据建模方式

关于数据仓库中的建模，已经有很多介绍传统数据仓库的书详细介绍过，因此这里只做简单介绍。

数据仓库的模型分为三层：概念模型、逻辑模型和物理模型。概念模型将业务抽象出来，实现对实际业务的数字化描述。逻辑模型将概念模型进行结构化的设计，使其能够用于后续的分析和管理。物理模型将逻辑模型映射到实际的物理存储上，例如数据库、表的设计。一般数据仓库中的建模工作主要在于逻辑模型层，常见的有实体关系（ER）建模和维度（dimensional）建模两种方式。

实体关系建模使用实体加关系的 3NF 模型来描述企业业务架构。值得注意的是，业务系统（OLTP）里的 3NF 模型一般针对某个具体的业务流程，而数据仓库（OLAP）里的 3NF 模型一般针对企业全局的实体和关系抽象，强调数据的汇聚整合和一致性治理。被誉为"数据仓库之父"的 Bill Inmon 比较倡导实体关系建模。例如，Teradata 为金融业设计的 FS-LDM（Financial Services Logical Data Model）就是一个典型的实体关系模型（见图 10-2），它将常见的金融活动抽象和总结为 10 个主题以及它们之间的关系，这 10 个主题是当事人、产品、协议、事件、资产、财务、机构、地域、营销和渠道。

业务模型

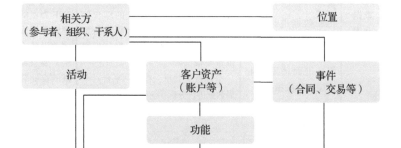

图 10-2　Teradata FS-LDM

实体关系建模的好处是符合 3NF，数据冗余少，容易进行数据整合和治理。但是不推荐将这种方式用于基于大数据的数据仓库建模，因为其建设周期长，设计者必须深刻了解企业的全局业务之后才能设计和实施，且其不能很好地支持业务的快速变化。

维度建模由数据仓库和商务智能领域的权威专家 Ralph Kimball 提出，其核心思想是从业务分析决策的需求出发构建模型。具体来讲，就是将需要分析的业务流程的基本信息（如一次交易的交易 ID、客户 ID、门店 ID、货物 ID、交易时间、交易金额）记录在事实表中，而将与此业务流程相关的通用信息（如客户信息、门店信息、货物信息）记录在维度表中。与实体关系建模不同，维度建模一般使用星型模型或者雪花模型，会有一定的数据冗余（例如在同一次交易中的多个货物记录中，交易 ID、客户 ID、门店 ID 等可能会重复），也不符合 3NF，但它是我们在为数据中台建设数据仓库时更推荐的建模方式，因为相比实体关系建模，它具有以下优势：

- 比较直观和便于理解，一条事实表中的记录就可以还原一个业务流程的大部分信息；
- 处理复杂的查询效率较高，无须做大量会占用很多计算资源的 join 操作；
- 能够快速支持业务的变化和扩展，可以方便地添加新的业务模型及维度，而无须考虑复杂的依赖关系；
- 可以快速实施和见效，可以有针对性地选择业务场景落地然后再逐渐扩展。

10.2.2　数据仓库建设的层次

理论上，基于 Hadoop 的数据仓库建设有多种分层方法：有的体系中没有专门的数据湖，而把 ODS 归为数据仓库的一部分，有的体系中把数据集市也归为数据仓库的一部分，还有的体系中把维度数据单独算作一层。虽然分层方法不一，但是一般的数据仓库建设过程和思路在原理上都是类似的。在本书中，我们将数据仓库的建设简单分为数据湖、数据仓库和数据集市三层，其中，数据仓库层可以进一步分为明细数据层（DWD，也称基础数据层）和数据汇总层（DWS，也称通用数据层）。此外，我们使用统一的维度数据表和元数据 / 主数据管理系统，如图 10-3 所示。

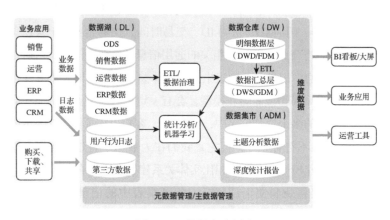

图 10-3　数据仓库层次

本章前面解释了数据湖的功能，下面介绍一下数据仓库里各个层次的主要功能、数据模型以及主要数据处理方式。值得注意的是，很多数据仓库系统都可以根据自己的实际情况来组织这些层次的功能，比如，由于使用专门的原始明细数据层会多占用很多空间，很多实际项目就将数据湖中的 ODS 稍微扩展一下，而不专门设置原始明细数据层；也有系统干脆就把 ODS 规划到数据仓库的范畴。还有，虽然数据集市通常是与数据仓库区分开的，以显示其面向具体业务、直接使用的特征（所以一般称之为应用数据集市），但是数据仓库的建设一般都会包括数据集市。其实这个名称是什么并不重要，关键是要理解每一层承担的工作和设计原则。

1. 原始数据

一般按照业务域组织业务数据的原始明细历史记录。有时这

一层直接由 ODS 承担，如单独设置了这一层，其数据模型基本
与 ODS 一致，再加上一些数据处理需要的统一扩展字段，例如
入库时间、更新时间、处理批次等。有时会在这一层进行名称、
代码的标准化，例如表名的统一规范、表名的去重处理，以及一
些简单的维度表合并和代码转换等。这些数据既可以按增量组
织，根据年、月、日进行分区，也可以进行全量组织，每天存储
一个最新的全量快照。

2. 明细数据

将原始明细数据根据业务规则进行各种数据清洗处理，包括
ID 转换、字段合并、脏数据处理、维度数据标准化、脱敏处理、
数据质量检测等。这一层的数据模型需要将主数据和维度数据模
型确定下来，例如用户、产品、交易等主数据及其标准维度，并
将原始数据通过 ETL 执行前期处理，将结果数据存储到相应的
清洗明细表里。一般这一层还负责将一些非结构化数据（日志、
埋点数据）解析和治理转换成结构化的明细表，例如将服务器日
志解析成用户访问明细表等。绝大部分的数据治理工作都发生在
这一层，这一层的工作量也是最大的。这一层的数据的 ID、维
度数据值已经标准化和经过验证，将被作为数据分析的主要基
础，其清洗和处理的逻辑比较复杂，在处理中出现错误时往往需
要重新计算。因此，血缘、版本、变更管理对这一层数据的有效
管理是很关键的。

3. 汇总数据

汇总数据是在清洗的明细数据基础上生成的细粒度的汇总
聚合结果。这一层的数据模型一般就是根据业务需求按照星型
模型或者雪花模型建设的最细粒度的汇总，所以基本上就把数

据仓库的分析功能确定了。例如，如果要按渠道（channel）、用户性别（gender）、年龄（age）、收入水平（income）、产品品类（category）、广告引流（referer）来查询产品的销售情况，那么就要有一个专门的汇总事实表来处理这个查询，其命名类似于sales_by_channel_gender_age_income_category_referer。这个表名中包含了涉及的每个维度的每一个可能的取值组合，且细化到每天或每小时的销售额。每一个字段里的维度值都是标准的 ID，对应到相应维度表中的取值。

数据仓库的建模就主要发生在这一阶段，数据仓库分析的限制就是这里建立的数据模型的能力。例如，在上面的模型里，我们可以使用细粒度数据的聚合来回答 sales_by_channel（上月在淘宝上的销售额）+sales_by_referer（昨天百度广告带来的销售额）这样的聚合查询（roll up），也可以回答"昨天 35 岁以上高收入男性通过百度广告在淘宝上购买 3C 产品的销售额"这种下钻查询（drill down）。但是，如果我们再加一个维度，例如地区（region），这个模型就不能支持了。这时我们需要修改模型，重新计算。

对于这种情况，有一种思路是，可不可以事先把所有的维度都加进去？这种思路的主要问题在于数据条目会随维度组合数目的增加而迅速增长。如果有 50 个维度，每个维度有 100 个可能的取值，那么一条销售记录就可能产生 5000 条汇总记录，在实际工作场景中可能会更多。除了数据量巨大、ETL 任务耗时长之外，这样的方案在做聚合查询的时候效率也很低。这种高维组合数据一般称为数据立方体（Data Cube），其生成和计算问题有两个传统的解决办法。其一，根据业务需求人工确定最常用的组合，例如，上面的表可以分为 sales_by_channel_gender_age_income_referer_region 和 sales_by_channel_category_referer_ region，如果业务部门有其他组合，可以使用即席计算来算一下，但无法做到实时交互了。其二，使用 Kylin 这样的预计算和动态规划的 Cube Planner[⊖]。

4. 数据集市

这一层一般包含业务部门按照业务域建立的特定主题的汇总表，反映了业务运行的状况。数据集市中的数据主要来源于汇总数据事实表，但是近年来也有不少人通过数据分析或机器学习应用直接从数据湖生成数据集市报表，毕竟汇总明细表受限于事先的设计。

与汇总数据事实表不同，数据集市的数据表包含直接体现业务属性的字段，比如数据集市中的客户订单统计表包含地区名称和商品名称（但不一定包含地区编码和商品编码）。这是因为数据集市中的数据表往往会被直接输入可视化的 BI 工具中进行进一步的分析，地区和商品这些维度字段都会直接采用名称来直观表示其业务属性，以省去查询时的 join 操作。例如前面的销售汇总表可能会生成一个名为 sales_by_channel_referer_region 的数据集市报告，供市场部门监测广告在各个渠道和市场中的表现。

数据集市中的数据一般都是数据应用的数据来源，比如我们前面提到的可视化 BI 工具可以以图表的方式呈现数据集市中的数据，或者以数据立方体（多维数据）的方式对数据集市中的数据进行多维度分析（比如上卷、钻取、切片、切块等操作）。

10.2.3　数据仓库中的数据治理

数据仓库中的数据治理以解决实际业务问题为导向，以提升

⊖　"Cube Planner-Build an Apache Kylin OLAP Cube Efficiently and Intelligently"：https://tech.ebayinc.com/engineering/cube-planner-build-an-apache-kylin-olap-cube-efficiently-and-intelligently/。

数据资产的管理水平和使用效率为目标，并以元数据为驱动，连接数据标准管理、数据质量管理、数据安全管理各个阶段，形成统一、完善、覆盖数据全生命周期的数据治理体系。数据仓库中的数据治理主要针对以下问题。

第一，数据分散、杂乱，无法理解。很多企业业务线众多，数据源分散，且各系统间无法打通，成为信息孤岛；数据收集标准不相同，数据零散地存储在各个业务系统中，难以形成全局数据联动。

第二，数据收集渠道单一，模式落后，效率低，成本高。业务增长带来数据增长，传统数据管理模式难以应对大数据增长。从渠道上来说，传统数据收集渠道单一、落后、偏线下化；从方式上来说，很多企业收集信息的手段仍停留在手工收集阶段，效率低、成本高且造成数据不匹配。

第三，数据标准不统一，缺乏分析工具，数据难运用。一方面，数据标准不统一导致整合困难，难以进行全局联动；另一方面，缺乏数据分析工具，仅靠数据专业人才难以满足企业需求，且难以看到数据的实时变化及价值。这两方面的因素导致难以真正实现数据驱动业务发展，提升运营管理水平。

第四，系统落后，难以满足数据管理需求，存在数据风险隐患。在数据井喷式增长的当下，众多企业未能跟上随数据增长而变化的需求，难以满足监管要求，同时存在数据隐患及风险问题。

为了解决以上问题，数据治理一般需要提供以下功能组件。

- 元数据管理：通过统一的元数据管理满足各类用户的数据资源使用需求，实现数据资产的可视化管理。

- 数据质量管理：通过数据质量控制方法，使得数据的采集、存储和使用符合相关的质量要求。

- 数据安全管理：保证数据不因偶然或恶意的原因而遭到破坏、更改或泄露，还包括数据访问权限控制、数据安全服务、数据访问审计等。

- 数据标准管理：为数据标准提供系统工具支撑，包括标准管理、标准展示、标准监控等功能。

- 元数据管理接口：提供元数据查询、数据加解密、数据资产注册接口和 SSO 接口。

- 数据管理门户：包括数据资产查询以及数据质量、数据安全、元数据和数据标准集成门户等。

在数据治理的过程中，我们一般需要解决数据采集、数据标准、数据组织和转换、数据使用等问题。第 12 章将详细介绍数据流水线的建立以及它是如何处理数据采集和数据转换中的问题的，这里我们主要介绍数据标准和数据质量的有关工作。

数据标准是指保障数据内外部使用和交换的一致性和准确性的规范性约束。数据标准一般包括三个要素：标准分类、标准信息项（标准内容）和相关公共代码（如国别代码、邮政编码）。数据标准通常可分为基础类数据标准和指标类数据标准。基础类数据标准一般包括数据维度标准、主数据标准、逻辑数据模型标准、物理数据模型标准、元数据标准、公共代码标准等。指标类数据标准一般分为基础指标标准和计算指标（又称组合指标）标准。基础指标一般不含维度信息，且具有特定业务和经济含义，计算指标通常由两个以上基础指标计算得出。

数据标准管理是指制定和实施数据标准的一系列活动，其中的关键活动有：

- 理解数据标准化需求；

- 构建数据标准体系和规范；

- 规划制定数据标准化的实施路线和方案；

- 制定数据标准管理办法和实施流程要求；
- 建设数据标准管理工具，推动数据标准的执行落地；
- 评估数据标准化工作的开展情况。

数据标准管理的目标是通过制定和发布统一的数据标准，结合制度约束、系统控制等手段，确保企业大数据平台数据的完整性、有效性、一致性、规范性和开放性，为数据资产管理活动提供参考依据。

很多行业监管机构都会组织发布行业数据标准。例如，中国银保监会于 2018 年 5 月发布了《银行业金融机构数据治理指引》，绝大部分银行在建设大数据平台或数据中台的时候，必须了解这个数据标准中的内容，并将其融入数据中台的建设中。

那么，怎样才算将数据标准融入数据中台的建设中了呢？一般来说，就是将数据标准中所描述的数据必须遵守的规则，比如数据取值范围、数据项之间的关系和局限，都用代码表现出来，然后系统持续对需要管理的数据集运行这些检查代码（也有直接修补的代码），如果出问题就报错。这样就保证了数据系统中的数据符合规范。很多时候，达到这些标准的要求并不需要直接编写代码，而可以使用专门的数据治理工具的 DSL 来配置数据质量规则。

实际场景：数据质量管理的演变阶段

在企业数据中台建设的早期（没有行业标准的情况下），一般不会有对数据标准的系统管理。一般情况下，有以下三个阶段。

1）直接将数据必须符合的要求用查询语句表现出来，运行后如果发现问题就报错。

2）有一定经验之后，开始编写数据质量控制系统。在这个系统中，每个需要监控的数据集都有一个数据质量配置文件（很多是 XML 或 YAML 格式，也就是前面所说的 DSL）。这个配置文件描述了这个数据集中的数据应该满足的规则，这些规则一般局限于 DSL 提供的模板，例如，某个字段的值必须属于某个范围；在同一张表中某个特定字段的某个值不能出现超过多少次；如果两个记录有某个相同的字段值，那么它们的其他字段必须满足一个特定关系。然后，这个数据质量监控系统就将这些 DSL 转换成对数据集的查询，并在数据集上运行这些查询，如果发现问题就报错。

3）当这个数据质量控制系统发展到一定程度，就需要有专门的管理系统及 UI，方便各个部门及业务人员增加或删除数据规则的 DSL，配置出错的阈值，修改报警的级别，自动生成数据质量报告。这就是一个比较完整的数据质量控制系统了。

因为数据标准的编写与行业结合紧密，而且通常有专门的数据治理工具来实施这些数据质量的工作，这里就不展开了。

10.2.4　数据清洗

数据治理工作中有一个很重要的步骤是数据清洗。数据清洗有两个目的：一是解决数据质量问题，二是让数据更适合做挖掘。数据清洗的结果是对各种脏数据进行相应的处理，得到标准、干净、连续的数据，供数据统计、数据挖掘等使用。数据的质量问题一般包括下面几种情况。

- 数据不完整，例如患者的属性中缺少性别、籍贯、年龄等。
- 数据不唯一，例如不同来源的数据出现重复的现象。
- 数据不权威，例如同一个指标出现多个来源的数据，且数值不一样。

- 数据不合法，例如获取的数据与常识不符，如年龄大于 150 岁。
- 数据不一致，例如不同来源的不同指标实际内涵是一样的。

处理数据质量问题一般有以下方法。

- 数据完整性：直接补齐数据。没有办法直接补齐的，通过其他信息补全，例如使用身份证件号码推算性别、籍贯、出生日期、年龄等。还可以通过前后数据补全，例如时间序列缺数据，可以使用前后的均值；如果缺的数据较多，可以使用平滑等处理。
- 数据唯一性：去除重复记录，只保留一条。可以按数据库主键去重，也可以按规则去重。编写一系列规则，对重复情况复杂的数据进行去重，例如对于不同渠道来的客户数据，可以通过相同的关键信息进行匹配，合并去重。
- 数据的权威性：对不同渠道设定权威级别，用最权威的那个渠道的数据。
- 数据的合法性：设定强制合法规则，凡是不在此规则范围内的，强制设为最大值，或者判为无效并剔除。例如，字段类型合法规则中，日期字段格式为 year-month-day；字段内容合法规则中，性别属于男、女或未知。
- 数据的一致性：建立数据体系，包含但不限于指标体系（度量）、维度（分组、统计口径）、单位、频度、数据。

让数据更适合做数据挖掘的方法一般有如下几种。

- 降低高维度数据的维度：一般采用主成分分析法和随机森林法。
- 处理低维度数据：通过汇总、平均、加总、取最大值、取最小值、离散化、聚类、自定义分组等方法来抽象。

- 处理无关和冗余信息：剔除无关的和冗余的字段。
- 处理多指标数值：对多指标数值进行归一化，例如取最大 / 最小值、取均值等。

10.3　数据中台中的数据仓库和数据湖建设

既然数据湖和数据仓库都已是大数据平台建设的内容，为什么我们还要单独建设数据中台呢？正如第 1 章讲到的，数据中台的建设是为了解决数据孤岛、数据重复建设的问题。如果我们的数据湖和数据仓库建设不存在数据孤岛和数据重复建设的问题，是没有必要单独建设数据中台的，或者说数据中台的功能已经整合到数据湖和数据仓库里了，就像硅谷的绝大部分高科技公司一样。

那么如何在数据湖和数据仓库建设时实现类似阿里巴巴数据中台所要求的 OneModel、OneID 的功能呢？这里要分两种情况：一种是从头设计的情况，一种是已经存在多个独立数据仓库、大数据平台，需要整合的情况。

在新设计的系统中，一般来说，我们在数据仓库中以维度建模为基础，以业务过程为导向，明确定义业务域、数据域、主数据、维度数据，并在此之上建立指标体系和指标规范，用于指导具体业务。这些与传统的数据仓库建设并无区别，主要差异是在流程上：

- 要求企业内部使用统一平台、统一建模和管理工具；
- 企业内部需要有一个类似于 CDO（首席数据官）的角色，由其负责数据标准的建设和落地；
- 系统要能支持各个业务部门的独立建模和全局统一模型的协调；

- 系统要能高效支持多租户、数据隔离、资源隔离；
- 必须提供全局的数据应用资产管理，可以发现和报告重复和冲突的工作。

在具体执行上，OneModel 需要提供可以体现全局业务逻辑的模型，包括汇总数据和数据集市里的模型，这里体现了可重用的数据能力，例如统一的销售数据分析能力；OneID 主要控制全局的主数据模型和维度模型，确保全局统一的基础数据，例如每个部门的 OLTP 系统必须使用相同的主数据 ID 和维度 ID 映射。值得注意的是，各个业务部门会独立迭代它们的 OLTP 模型和业务逻辑（如果这些也要统一迭代，效率会比较低）。在这个过程中，要确保其数据记录和规范能与现有的 OneID 和 OneModel 对接。如果需要 OneModel 进行相应的改动，那么这个改动需要在业务系统变动之前进行，以确保业务系统改动后产生的数据能够满足 OneID 的要求，然后通过 OneModel 正确地输出其相应的数据能力。

上述流程在硅谷高科技公司的大数据平台里基本是标准操作，所以关键是平台能够实现数据中台的功能，不要纠结于平台是不是叫"数据中台"。

如果企业内很多部门已有独立的数据仓库系统和大数据平台，那么建立数据中台是必要的，上述流程和工具体系在建立数据中台之后也需要，相比从头设计的情况，这里多出来的工作主要是对现有数据仓库和大数据平台的整合。这与建设一个新数据仓库的流程类似，额外工作量主要在于以下方面。

- 数据源有时是直接从业务系统中采集的，跨部门的业务数据采集比较困难，有时需要同时从现有数据仓库和大数据平台中采集。
- 一般都需要做迁移工作，在过渡期需要保持现有数据仓

库系统和大数据系统同时运行。迁移的流程越快，额外
的运行开销就越小。

- 改造现有各个子系统的模型及报表，将它们迁移到新模型上，可能还要迁移并验证相关的历史数据。

- 需要有一个高效的办法将各个子系统的维度数据 ID 和主数据 ID 进行全局映射。这个映射关系有时难以确认，例如一个系统里使用身份证号码作为唯一 ID，而另一个系统里使用电话号码作为唯一 ID，这两个系统的用户系统可能完全对应不上，也有可能通过一些跨系统的行为关联上，比如一个用户使用同一个 token 访问过这两个系统。要打通 ID 系统有时需要升级系统，这是个大工程，但必须做。

- 在子系统数据缺失的情况下，可能需要对子系统进行升级改造。例如，有的子系统的日志中没有记录用户 ID，这通常需要流程的约束和改造。

- 因为新的 OneID 和 OneModel 要映射整个企业的全域业务流程，并且很多时候需要覆盖所有的现有模型和数据功能，并从中进行提炼和标准化，所以需要一个能够从全局理解业务、跨部门协调沟通的团队来推动和执行数据中台的实施和现有功能的迁移。

值得强调的一点是，在打通现有数据、建立统一的数据标准和数据模型、解决数据孤岛问题之后，数据中台的日常运营和迭代还需要上述流程和管理机制。

10.4　本章小结

本章主要介绍了数据湖和数据仓库的概念以及它们在数据中

台中所起的作用，数据湖的建设目标及在此建设目标下的数据湖中的数据治理，以及数据仓库的建设层次、数据仓库中数据治理面临的难题和本应实现的功能。数据质量和数据治理在任何阶段都很重要，在数据湖和数据仓库的建设过程中更是如此。随着数据量的增加，数据来源和数据结构各异，数据质量和数据治理所面临的困难与挑战越来越多。因此，在数据中台建设过程中，如何把数据治理贯穿全域数据的数据生命周期始终，是值得我们思考的问题。

第 11 章

数据资产管理

　　并不是只有建设数据中台才需要数据资产管理，在传统的数据仓库建设中，数据资产管理就是一项核心内容。本章将首先简单介绍数据资产管理的基本概念和要素，然后讲解数据中台中的数据资产管理。

11.1　数据资产管理的难题

　　随着业务的多元化发展，企业内部往往信息部门和数据中心林立，大量系统功能和应用重复建设，存在巨大的数据资源和人力资源浪费，同时组织壁垒导致数据孤岛，使得难以对内外部数据进行全局规划。数据中台需要对数据进行整合和完善，提供适用、适配、成熟、完善的一站式大数据平台工具，在简便有效的基础上，实现数据采集、交换等任务配置以及监控管理。

数据中台必须具备数据集成与运营能力，能够接入、转换、写入或缓存来自企业内外部多种渠道的数据，协助不同部门和团队的数据使用者更好地定位数据，理解数据，消除数据孤岛、应用孤岛。同时，数据安全、灵活可用非常重要，这能帮助企业提升数据可用性和易用性。另外，系统部署也要能支持多种模式。而数据中台必须且能够解决的数据资产管理问题，正是大数据平台面临的问题。

实际上，在数据资产管理中一般需要解决的是数据不可知、不可控、不可取的问题。

1）数据不可知：用户不知道系统中有何数据，也不知道如何将自己的业务问题对应到可用的数据上，甚至不知道系统中是否有自己需要的数据。例如，市场营销部门想知道在主页上显示过的促销广告中，哪些没有被用户点击。这个需求需要前端系统记录所有显示过的促销，而很多前端系统只会记录用户点击过的促销，因此无法回答这样的问题。

2）数据不可控：如果没有全局的数据标准，各个业务部门自己制定数据记录的格式和编码，就会造成数据难以汇聚和利用。阿里巴巴提出的 OneData 和 OneModel 主要就是为了解决这个问题。而且，如果不对这个问题加以控制，数据的后续迭代会造成语义变化，甚至会导致错误的统计结果。

3）数据不可取：用户获取自己所需数据的流程长，无法快速自主地开发业务需要的数据应用，且缺乏完善的开发工具和流程管理，从数据实验到生产化的周期长，外部依赖多。在以关系型数据库为主的数据仓库时代，数据读取和开发以 SQL 为主，复杂度相对较低；而在大数据和数据中台时代，获取和开发数据都需要更完善的工具链支持。

在解决上述问题时，都会涉及一个很重要的功能——数据资产管理。大数据平台建设过程中的数据资产管理，其主要目的是回答下面 5 个问题。

- What：系统中有什么数据？如何理解这些数据？
- Who：这些数据的创建者、使用者、维护者分别是谁？
- When：这些数据在什么时候可以使用？
- Where：这些数据在哪里？
- How：如何读取和使用这些数据？

在传统的数据仓库中，数据资产管理系统一般都这样做：

1）从数据库管理系统中抽取元数据来获取数据库表结构、Schema、字段说明；

2）分析 SQL 语句结构来查找表间、字段间的"血缘"关系；

3）分析 SQL 语句日志来进行用户使用管理和审计。

那么，与传统大数据平台和数据仓库相比，数据中台中的数据资产管理有什么不一样呢？

第一，很显然，数据中台需要处理的数据形态更多（流处理、实时处理等），处理范围更广（经常需要管理跨部门的数据），所以上面的 5 个问题更难以回答。

第二，数据中台的目标是提升数据能力的共享和复用，加快数据应用开发的流程，很多时候我们还需要回答以下 4 个问题。

- How much：这些数据的使用要花多少钱？它们能创造多少价值？
- How fast：我们能以多快的速度访问这些数据？我们的工作成果多快能发布到生产环境？
- How large：系统的边界是什么？我们最多能处理多少数据？
- How many：我们能以哪些方式使用这些数据？有哪些可以复用的工具？

第三，上面这些问题，如果将"数据"替换成"数据以及使用这些数据的应用"，其实就是数据中台要回答的问题。

因此，我们认为，数据中台中的数据资产管理可以扩充为数据及应用资产管理，应该回答以下 9 个问题。

- What：系统中有什么数据和应用？如何理解这些数据和应用？
- Who：这些数据和应用的创建者、使用者和维护者分别是谁？
- When：这些数据和应用在什么时候可以使用？
- Where：这些数据和应用在哪里？
- How：我们如何使用这些数据和应用？这些数据和应用是如何关联的？
- How much：这些数据和应用的建设和使用要花多少钱？它们能创造多少价值？
- How fast：我们能以多快的速度访问这些数据和应用？我们的工作成果多快能发布到生产环境？
- How large：系统的边界是什么？对于每一种应用，我们最多能处理多少数据，最多能支持多少用户？
- How many：系统能支持多少种应用？我们能以什么方式使用这些数据？有哪些可以复用的工具？

11.2 数据资产管理定义

中国信息通信研究院大数据技术标准推进委员会在《数据资产实践管理白皮书》里对数据资产和数据资产管理是这样定义的：

数据资产（Data Asset）是指由企业拥有或者控制的，能够为企业带来未来经济利益的，以物理或电子的方式记录的数据资源，如文件资料、电子数据等。在企业中，并非所有的数据都构成数据资产，数据资产是能够为企业产生价值的数据资源。

数据资产管理（Data Asset Management）是指规划、控制和提供数据及信息资产的一组业务职能，包括开发、执行和监督有关数据的计划、政策、方案、项目、流程、方法和程序，从而控制、保护、交付和提高数据资产的价值。数据资产管理需要充分融合业务、技术和管理，来确保数据资产保值增值。

以上定义的核心是"能够为企业产生价值的数据资源"以及"控制、保护、交付和提高数据资产的价值"。因此，将数据变成有价值的资产是数据资产管理的核心任务。

在该白皮书中，数据资产管理职能被定义为：

- 数据标准管理
- 数据模型管理
- 元数据管理
- 主数据管理
- 数据质量管理
- 数据安全管理
- 数据价值管理
- 数据共享管理

第 10 章介绍了如何实现统一的数据标准和数据模型来作为数据中台的基础，也简单介绍了数据质量管理。本章将详细介绍其中比较传统的主数据管理和元数据管理。

11.3 主数据管理

主数据对应企业的核心业务实体（entity），一般是企业信息化建设中首先数字化的对象。企业的经营都是围绕着核心业务实体进行的。例如，在 Facebook、Twitter 等社交平台中，主数据可能包括以下元素。

- 用户：主要属性包括用户名、用户 ID、注册邮箱、电话、年龄、性别等。
- 产品：主要属性包括名称、类别、网页 / 应用标志等。
- 用户行为：比如点击、收藏、点赞、打分，主要属性包括发生时间、发生地点、行为参数等。
- 用户标签：比如年龄、性别、收入、地区、兴趣爱好等。
- 广告：主要属性包括活动 ID、渠道、文案、广告商信息、目标用户标签等。

这些主数据之间的关系就是业务部门的主要工作内容，经过信息化便形成业务系统的其他数据集。

- 用户—行为—产品：用户在什么产品上产生了什么行为。
- 用户—行为—广告：用户在什么广告上产生了什么行为。
- 用户—用户标签：每个用户对应哪些用户标签。
- 广告—用户标签：每个广告针对哪些用户标签。

主数据管理的工作就是创建企业的主数据模型，并将系统中的所有数据与主数据关联起来。一般来说，系统中的数据会与某个主数据相关联，否则该数据就没有意义。值得注意的是，如果两个企业的业务模式不一样，其主数据的设计方式也会不一样。例如，用户标签在很多企业里不是主数据，而是"用户"这个主数据的一个属性，但对于需要使用用户标签来驱动业务的企业来讲，用户标签就是主数据的一部分。

在数据中台中，一般利用主数据管理功能，即企业级主数据建模、整合、管理、共享及分析五大功能，来进行主数据的管理，并保证主数据在各个系统间的准确性、一致性、完整性。

1）建模：根据业务逻辑对主数据建模。值得注意的是，虽然主数据实体不会发生太多变化，但是主数据的维度和属性可能会经常变化，因此在建模时可以逐步推进，在每个阶段应该以准确表达目标业务逻辑为主，而不要贪大求全。建模工具应该提供管理变化和变更发布的功能。例如，对于"用户"这个主数据，其属性可能来自不同部门："是否机器人"属性来自反欺诈部门，"是否活跃用户"属性来自用户增长部门，"是否测试用户"属性来自 IT 研发部门等。因此主数据的建模需要由数据部门集中管控，由各个业务部门分布式迭代。

2）整合：实现主数据整合、清洗、校验、合并等功能，根据企业主数据标准、业务规则和主数据质量标准对收集到的主数据进行加工和处理，用于将分散在各个支撑系统中的主数据提取到主数据存储库，合并并维护唯一、完整、准确的主数据信息。例如，对于上面的用户主数据的例子，每次主数据的更新都需要从几个不同部门的数据集中提取主数据。

3）管理：支持对企业主数据的操作维护，包括主数据申请与校验、审批、变更、冻结/解冻、发布、归档等全生命周期管理。例如，对用户主数据的每个修改都必须通过一定的审查过程。

4）共享：实现主数据对外查询和共享服务，有时可以以数据服务的方式对外提供主数据查询服务。

5）分析：实现对主数据的变更情况监控，为主数据系统管理员提供主数据分析、优化、统计、比较等功能。

实际场景：主数据使用

很多公司中有一个十分受欢迎的服务：针对主数据的数据探索和查询功能。例如，通过这个功能，产品经理很容易知道某一个收入层次的用户有多少，用户能在网站上进行什么操作，采集了哪些用户信息，哪些信息可以在新产品中使用，这些用户信息在现有产品中是如何使用的。因为主数据实际上是公司业务实体的数据描述，从主数据开始，很容易顺藤摸瓜掌据整个业务的全局场景。其实主数据最让人感兴趣的是它的属性集，原因有两条。其一，主数据的属性集基本上是所有分析的出发点，例如，一个新来公司做用户行为精准广告的数据科学家，首先就想知道公司是否记录了用户的收入级别。其二，通过主数据的属性集可以避免很多重复劳动，例如，如果已经有部门使用机器学习算法推导了所有用户的收入层次，那么其他部门就不需要再去自己分析了。

11.4　元数据管理

所谓元数据（metadata），就是描述数据的数据。例如，对于一个数据表，表的含义是什么，由谁管理，每个字段的意思是什么，都属于这个数据表的元数据。一般来说，数据中台不仅需要管理传统的元数据，也需要管理数据应用的元数据。图 11-1 展示了一个数据应用元数据管理系统管理的内容。

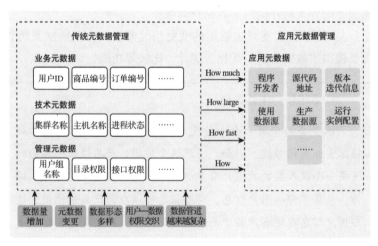

图 11-1　数据应用元数据管理

11.4.1 元数据的分类

按照主要用途来划分，元数据可以分成以下几类。

- 业务元数据：与业务相关的数据信息，如数据项的语义、语法限制、与其他数据的关系。这类元数据可以帮助业务人员和应用使用数据，确认数据使用的正确性。

- 技术元数据：主要提供数据或应用的一些运维信息，例如数据量、数据记录数、数据集的物理位置、数据访问记录、数据装载日志、数据计算时间、质量稽核记录等。这类元数据是系统高效运维和审计所必需的信息。

- 管理元数据：用于机构管理的元数据，例如组织架构、人员权限等。这类元数据一般用来控制数据的访问权限及数据用途审计和统计。

- 应用元数据：一般不属于传统元数据管理的范畴，包括数据中台中运行的数据应用的信息，例如应用的开发部门、使用的数据源、产生的数据源、代码的版本、运行的配置等。这类元数据可以用来回答数据如何产生、如何使用、使用多少资源等问题，可以提高数据能力共享和复用的效率。

在这几类元数据中，业务元数据包括的内容与业务直接相关，是一般数据中台使用人员能直接体验到的元数据功能。业务元数据一般包括以下内容。

- 数据定义：一般就是数据库表的 DDL，或者说是数据表的 Schema。采集数据定义的目的是统一管理数据字段名称、类型、说明，便于全局查询及数据发现。

- 数据字典：一般是业务系统中所涉及概念的定义列表，例如日活用户的定义、高净值客户的定义、渠道 ROI 的定义等。它约定了主要指标的明确定义和计算方式以及数据的来源。数据字典的建设过程一般涉及业务系统的调研和从业务流程到实际数据映射关系的梳理，是元数据管理和数据中台建设中很关键的一步。

- 数据血缘：数据之间的血缘依赖关系，对于一个指定的数据表、字段、记录、域值，包括上游血缘（它们是如何计算出来的）和下游血缘（它们被用来计算哪些其他的数据表、字段、记录、域值）。数据血缘在数据关系理解、数据验证、运维排错中都有很广泛的应用，一般是元数据管理的必备功能之一。注意，支持不同级别的血缘带来的额外管理负担是逐渐增加的。目前大部分系统支持到表级血缘。

- 质量控制：数据必须满足的一些质量规则，例如，每个字段必须满足的条件、字段之间的关系、维度表中维度的限制。这些元数据一般属于数据治理流程的一部分，在制定了质量规则之后，数据治理应用可以对指定对象检查这些规则，并在需要的时候报错。

- 统计数据：对于一些重要字段的统计数据，如最大值、最小值、中值、平均值、最常出现值等。有些统计数据的计算很耗资源，一般按需处理。例如，有的字段需要列出最常出现的前 10 个值，我们可以为每个表提供一些基本的统计数据，然后提供可配置的统计数据计算功能。

- 数仓模型数据：对于数仓模型中的事实表、维度表，标注它们所属的业务域（例如属于销售还是生产）和数仓模型层级（例如属于贴源层还是汇聚层）。标记这些元数据可以让用户更方便地浏览数据资产。

- 聚合语义数据：一般是一些描述性数据，用来描述不同的数据表汇聚时必须满足的条件，例如，用户表和销售表合并的时候应该过滤掉内部测试用户和机器人账号。
这种语义元数据难以人工维护，可以采用与源代码结合
的方式来展示聚合的方式。

元数据和主数据属于不同层级的概念，主数据承载的是业务
实体数据，而元数据是用于管理实体数据的（见图 11-2）。有些
系统中会提到参考数据或引用数据，它的功能其实类似于传统的
数据字典，在数据仓库里它对应的一般是维度表。

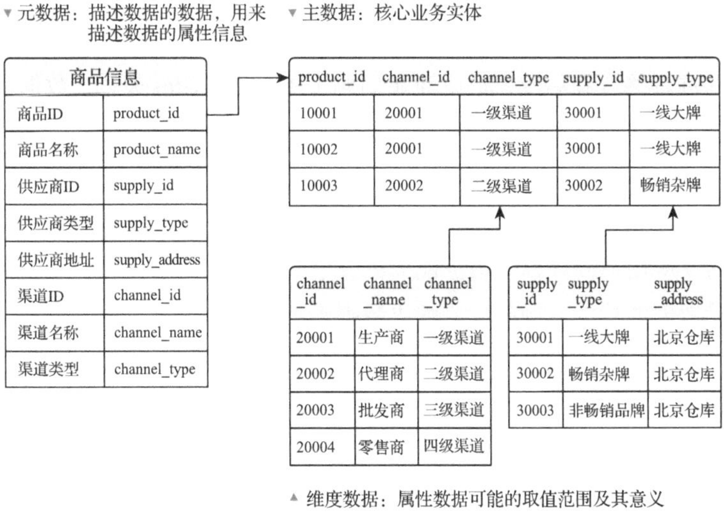

▼ 元数据：描述数据的数据，用来　▼ 主数据：核心业务实体
　描述数据的属性信息

商品信息	
商品ID	product_id
商品名称	product_name
供应商ID	supply_id
供应商类型	supply_type
供应商地址	supply_address
渠道ID	channel_id
渠道名称	channel_name
渠道类型	channel_type

product_id	channel_id	channel_type	supply_id	supply_type
10001	20001	一级渠道	30001	一线大牌
10002	20001	一级渠道	30001	一线大牌
10003	20002	二级渠道	30002	畅销杂牌

channel_id	channel_name	channel_type
20001	生产商	一级渠道
20002	代理商	二级渠道
20003	批发商	三级渠道
20004	零售商	四级渠道

supply_id	supply_type	supply_address
30001	一线大牌	北京仓库
30002	畅销杂牌	北京仓库
30003	非畅销品牌	北京仓库

▲ 维度数据：属性数据可能的取值范围及其意义

图 11-2　元数据、主数据和维度数据

11.4.2　元数据管理系统的功能

为了高效管理和使用元数据，元数据管理系统主要支持以下
功能。

（1）元数据的采集与存储

在数据处理的每一步中，我们必须获取相应的元数据，并将
这些元数据集中存储在关系型数据库中，便于后续查询和管理。

元数据是理解和使用数据的根据，它的完整性和正确性是整个大数据分析系统的基本条件。元数据采集必须能够适应异构环境，支持从传统关系型数据库和大数据平台中采集数据产生系统、数据加工处理系统和数据应用报表系统的全量元数据，包括过程中的数据实体（系统、库、表、字段的描述）以及数据实体加工处理过程中的逻辑。同时，元数据管理系统必须支持人工输入，允许人工的增、删、改、查及发布。

（2）元数据的集成

在采集的元数据的基础上，元数据管理系统需要对原始元数据进行整合和集成，形成商业词典（Business Glossary）、数据血缘（Data Lineage）等可以被业务人员使用的元数据功能。

（3）元数据的应用

元数据的应用贯穿整个数据中台的历程，因为解决数据孤岛、应用孤岛并提升数据能力的共享和复用往往直接对应了相关元数据的功能。例如，要解决数据孤岛的问题，首先就要梳理出主数据及其元数据，然后将系统中所有的数据与之对接，确保数据的互联互通。这里我们列出应用元数据的几种常见形式。

1）可视化查询、浏览、搜索：能够根据类别、类型等信息展示各个数据实体的信息及其分布情况，展示数据实体间的组合、依赖关系以及数据实体加工处理上下游的逻辑关系，也可以根据数据源库、类型等搜索元数据信息。

2）基于元数据的数据质量控制：在定义好数据质量元数据之后，由系统自动按照数据质量规则检查数据，形成数据质量报告，并在数据质量出现问题时报警。

3）影响分析：在一个数据源或数据应用出现问题后，定位该问题的影响范围，并根据管理元数据通知相关部门或人员。

4）指标溯源分析：对于一些关键指标，可以查看该指标的计算流程，并回溯到相关的数据源。这个方法在数据治理和数据质量管理中经常用到。

5）元数据服务：将元数据作为服务提供给其他应用，例如将应用元数据和数据血缘作为数据服务提供给运维系统，可以支持应用的自动恢复和批量运行。

（4）元数据的治理

负责元数据本身的治理和访问控制，提供元数据分类和标记功能，实现元数据的版本管理，确保元数据的完整性和正确性，方便数据的跟踪和回溯。

11.5　开源的元数据管理系统

Apache Atlas 是 Hadoop 社区为解决 Hadoop 生态系统的元数据治理问题而推出的一个开源项目，为 Hadoop 集群提供了包括数据分类、集中策略引擎、数据血缘、安全和生命周期管理在内的元数据治理核心能力。它为组织提供开放的元数据管理和治理能力，使其能够建立数据资产的目录，对这些资产进行分类和管理，并为数据科学家、数据分析师和数据治理团队提供围绕这些数据资产的协作能力。

Atlas 的核心组件如下。

1）Type System：Atlas 允许用户为想要管理的元数据对象定义一个模型。

2）Ingest/Export：Ingest 组件允许将元数据添加到 Atlas。类似地，Export 组件暴露由 Atlas 检测到的元数据更改，以作为事件引发，消费者可以使用这些更改事件来实时响应元数据更改。

3）Graph Engine：在内部，Atlas 使用图形模型来管理元数据对象，以实现元数据对象之间极强的灵活性和丰富的关系。图形引擎是负责在类型系统的类型和实体之间进行转换的组件及基础图形模型。除了管理图形对象之外，图形引擎还为元数据对象创建适当的索引，以便有效地搜索。

4）Integration。用户可以使用两种方法管理 Atlas 中的元数据。

- API：Atlas 的所有功能通过 RESTful API 提供给最终用户，允许创建、更新、删除类型和实体。它也是查询和发现通过 Atlas 管理的类型和实体的主要方法。

- Messaging：除了 API 之外，用户还可以选择使用基于 Kafka 的消息接口与 Atlas 集成，这对于将元数据对象传输到 Atlas 以及从 Atlas 使用可以构建应用程序的元数据更改事件都非常有用。如果希望与 Atlas 的集成的耦合性更低，使用基于消息的 API 可以支持更好的可扩展性、可靠性等。Atlas 以 Kafka 为通知服务器，用于进行钩子与元数据通知事件的下游消费者之间的通信。事件由钩子和 Atlas 写入不同的 Kafka 主题。

5）元数据源：Atlas 支持与许多元数据源的集成，将来还会添加更多集成。目前，Atlas 支持从多个来源获取和管理元数据，包括 Hive、Sqoop、Falcon、Storm 等。与其他元数据源集成意味着，对于一些元数据模型，Atlas 定义本机来表示这些组件的对象，同时，Atlas 提供从这些组件中通过实时或批处理模式获取元数据对象的组件。

6）Apps：由 Atlas 管理的各种应用程序可以调用其元数据，满足多种数据治理用例。

总而言之，Atlas 解决了大数据治理中最为核心的元数据管理问题，并致力于定义统一的元数据标准，建立高效的元数据交互体系，获取主流大数据组件的元数据信息，并提供血缘查询可视化展示和数据审计功能。

在 Atlas 不能满足企业深入的元数据及数据资产管理需求的情况下，企业可以购买一些商用的数据资产管理产品，并将其与自己的大数据平台对接。如果需要自主开发，Atlas 的这些功能组件可以作为比较好的借鉴。

11.6 数据资产的 ROI

数据资产管理的目标是将数据从被动的存储变成可以产生价值的资产。数据中台建设的一个核心目标是解决数据孤岛问题，将数据从不可直接使用的格式变成可使用的数据格式（OneData），然后转换成可直接分析的（从而产生价值的）数据模型（OneModel）。而产生价值的过程离不开使用这些数据的应用，如数据服务、分析报表、可视化大屏、A/B 测试等。在这个过程中，数据资产管理会逐渐演变成"数据＋应用"资产管理。第 14 章将会介绍"数据＋应用"资产管理以及数据价值管理和数据共享管理。

在单纯的数据（一般属于成本中心）变成资产（一般属于利润中心）的过程中，一个很重要的问题是 ROI 的考量。数据中台的建设让我们对数据的库存有了更明晰的洞察，也为如何让这些库存产生价值提供了思路，例如提供全局可复用的数据服务和数据分析能力。但是，对于如何量化我们对数据资产的投入，如何量化数据资产的产出，现有的系统还都做得不够。我们经常听见客户说："我们去年在大数据平台上投入了×××，集群规模扩大了×××，但是感觉这些投入好像没有什么特别明显的效果。"

因此，只谈数据资产管理而不提 ROI 的思路是存在一定局限性的。全局统一的主数据管理、元数据管理为数据资产管理奠定了基础，也是数据中台建设的必经之路。那么，为什么把这些数据变成可量化的资产这么困难呢？有以下几个原因。

- 大数据系统组件很多是开源系统，其度量、审计功能是天然缺失的。如果要涉及多部门、多租户的度量和审计，难度更大。
- 大数据系统都是大规模的分布式集群，而且绝大部分子系统是以分布式系统的方式运行的，如果没有深入理解这些系统的能力，就很难精确量化这些系统的开销。
- 数据资产的变现链条很长，从数据采集到最后数据能力产生，整个流程涉及十几甚至几十个组件，没有全局的管控是无法实现真正的数据资产管理的。
- 目前的大数据平台建设一般还处于粗放式阶段，数据中台从某种意义上来说是在还技术债。这个数据资产化的过程还处于早期阶段，其本身的重要性还没有得到充分理解。

除了量化 ROI 之外，提供更多的数据变现方式也是提高 ROI 必须解决的问题。在建立了系统的主数据、元数据、数据中台之后，数据交易中心、数据服务门户、自助报表系统、A/B 测试框架、标签系统服务等都是数据变现的常见途径。

11.7 本章小结

本章主要介绍了数据资产管理的定义以及主数据和元数据的管理工作。这些基本上属于传统数据仓库建设的范畴。原始数据必须经过数据治理并配以正确的元数据和主数据，才有可能被正确使用。如果没有对数据质量的控制，就会发生所谓的"垃圾进，垃圾出"，那么，我们的数据分析结果就是不可用的了。

第 12 章

数据流水线管理

　　在绝大部分企业的数据中台建设中，数据流水线的建设都是核心工作之一。数据流水线系统承担着将数据从原始形态转换到用户与业务应用可以直接使用的形态的整个过程。在绝大多数时候，这些工作必须是自动且高度可靠的，并能够实时确保数据的正确性。数据流水线是数据驱动的重要环节，也是数据中台建设的重要过程。

　　本章主要介绍数据流水线的具体任务以及建设数据流水线的注意事项。

12.1　数据流水线的定义与模型

　　简单来讲，数据流水线就是从原始数据到最终数据能力（如报表、大屏、数据服务）的整个转换流程的管理系统，就像工厂里从原材料到成品的流水线管理一样。数据流水线管理的是这个转换流程中的程序和数据。这些程序的输入/输出数据是什么，两个相关联的程序如何协调运行，如何保证程序和数据的质量，如何在出现问题时报警，都是数据流水线的工作。图 12-1 所示为一个典型的数据流水线模型。

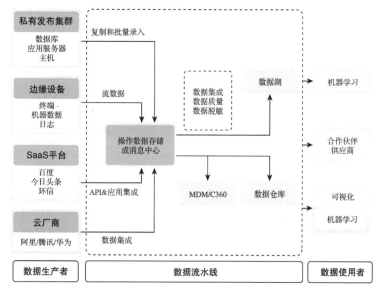

图 12-1　常见数据流水线模型

数据流水线输入的数据是各种形式的原始数据，例如业务系统的 OLTP 数据库、服务器的日志、第三方合作伙伴的数据接口、用户上传的文件、ERP/CRM 系统的数据、从互联网上下载的媒体文件等。它们必须经过数据流水线的清洗、转换、分析，才能最终产生数据价值。

数据流水线中的应用，运行平台和处理的数据是多种多样的，例如用 Python 编写的采集互联网数据的爬虫，用 Java 编写的接受第三方数据的 API 服务，采集关系型数据库数据的 Sqoop（运行在 Hadoop 上），DataX（运行在命令行上），进行数据转换的 SQL 程序（运行在 Hive 上）等。如果需要处理实时数据，可能还有 Kafka/Flink 流处理应用。这些程序之间一般都有依赖关系，而且有不同的调度周期，有的是持续运行的，有的是按小时 / 天定时运行，还有的是按照数据到达的时间运行。

为了管理这些数据处理应用以及它们处理的数据，我们需要一个完善的数据流水线系统。这里我们对数据流水线下一个定义：

数据流水线是一个数据处理应用管理系统，它负责发布、调度、运行、管理所有自动的数据处理应用，将数据从各种数据来源进行提取、转换、分析、存储，最后形成可被直接使用的形式。

数据流水线与传统的 ETL 有何不同呢？数据流水线是一个更为广泛的术语，其中包含 ETL。ETL（Extract-Transform-Load）及其变形 ELT（Extract-Load-Transform），是指数据的萃取、转换、治理过程，一般由一系列 SQL 语句完成，在 Hadoop 生态中也可以由一些 MapReduce 任务来完成。而数据流水线需要管理系统中所有数据流动的全流程。在流动的过程中，数据可以转换，也可以不转换，可以使用机器学习算法生成新数据，并且可以以实时或流式处理的方式来进行，而不只是批量处理。

谁会需要数据流水线呢？企业不分大小，只要业务增长依赖数据驱动，就可以开始搭建数据流水线。如果有以下几个特征，那么企业就可以计划铺设数据流水线了：

- 依赖批处理 ETL 的流程已经难以承载由业务的持续增长带来的分析压力；
- 不能很好地对非结构、结构化数据进行分析；
- 无法进行全局的数据汇聚和治理；

- 无法利用机器学习的手段对数据进行深度分析；
- 数据驱动的应用从设计到实际实施的时间太久；
- 在传统报表之外需要更多类型的数据能力的支持。

12.2　数据流水线中的应用类别

数据流水线中的应用承担了将数据从原始形态转换到最终数据能力各个阶段的工作，它们可以按照转换的功能分为以下几类：数据采集、数据转换、数据分析和数据传输。

数据采集应用负责从各种数据源采集原始数据，采集后可以将数据存放到数据湖中，也可以输入 Kafka 之类的流处理系统中供后续处理。常用的数据采集应用可以采集以下数据。

1）数据库数据。Sqoop、DataX、Canal、Kettle 等工具都能从数据库中采集数据，选择哪种工具一般看吞吐量要求、实时要求、兼容性要求，例如 Sqoop 比较适合将关系型数据库中的数据采集到 HDFS 或 Hive 中，而 Canal 比较适合采集 MySQL 的实时更新数据。

2）服务器日志。Flume、Logstash 等工具可用于采集服务器日志，一般将采集的日志上传到 HDFS 供后续处理。选择工具时考虑的性能指标有延迟、CPU/ 内存占用量、是否支持断点续传、容错性等。

3）API 数据。访问内部或外部 API 以获取数据并将其存放到数据库或 HDFS 中，一般需要编写定制的数据采集程序来完成这种需求。这种采集程序有无状态和有状态两种。无状态程序一般按固定时间间隔去访问固定 API 以获取数据。有状态程序需要使用一定的参数序列去访问 API，这类程序的主要需求是能记录之前访问的状态，这样重启后可以从上次访问的地方继续，而不需要完全重来。

4）用户上传数据。允许用户上传数据文件。最简单的方式是让用户通过 FTP 服务器上传文件，然后使用监控程序扫描整个 FTP 目录，发现新上传的文件并将其传送到 HDFS 上。还有一种可能的方式是编写一个可以接受用户上传文件的 Web Service，通过 POST 请求上传文件。

5）互联网数据。使用爬虫程序读取互联网上公开的数据，例如网页、在线数据库、公开的数据服务等，并将其结果存放到 HDFS。如果采集的需求比较复杂，那么对爬虫程序的要求就比较类似于搜索引擎的爬虫程序，要求对并发度、网页模式、自动跳转、表格填充有很好的管理。如果需求比较简单，借助 Scrapy 这样的框架，我们就可以快速编写出简单的爬虫，而数据流水线的主要任务则是高效和稳定地运行这些爬虫程序。

数据转换应用主要负责将采集上来的数据转换成可以分析的形式，这有两种转换形式。一种转换是将非结构化数据转换成结构化或半结构化数据。例如，将采集回来的网页数据从 HTML 格式转换成可用文本，将其中的表格变成 Hive 中的表，或者将服务器日志中的关键字段提取出来，形成半结构化的 JSON 数据结构。另一种转换是将多个关系型数据表进行合并和过滤，使得结果表更容易被后续程序处理。ETL 中的转换主要就是这种转换。除了形式上的转换之外，语义上的转换也很常见，例如数据清洗应用负责转换后数据语义上的正确性和一致性。上面列出的数据采集应用的输出一般都需要经过数据转换才能使用。

在数据转换完成后，数据分析应用负责从数据中产生各种统计数据以及商业洞见，例如使用 SQL 产生报表或者使用机器学习算法生成模型。我们常说的数据应用主要是指这些数据分析应用。第 15 章将会详细介绍数据应用的开发。

数据传输应用的功能比较简单，就是将数据在各个系统中传输，例如将 Hive SQL 产生的报表装载到 MySQL 中供 BI 报表使用，放到 Redis 中供数据服务使用。另一种常见的数据传输场景是数据复制，例如将数据从一个 Hadoop 集群复制到另一个 Hadoop 集群，有时是为了备份，有时是为了提供测试数据。这些数据传输应用有的有现成的工具，例如 HDFS 复制常用的distcp，但很多时候需要编写专门的工具。

12.3 数据流水线的运行方式

上节提到各种功能的应用按照运行方式可以分为批处理应用（batch）、流处理应用（streaming）及服务应用（service）。

批处理应用一般是按照固定的时间粒度（如小时、天）来运行。图 12-2 所示为一个典型的批处理应用流程，其中，每小时使用 Sqoop 从业务数据库里采集数据存放到 HDFS 上，然后在采集完毕后运行用 Spark 编写的 ETL 程序将数据导入 Hive 数据仓库中，最后将 Hive 数据导入 Impala 用以支持 BI 工具查询。这种数据流水线的主要优点是吞吐率高（单位时间内处理的数据量大），但缺点也很明显：数据延迟大，用户通过查询系统只能查到指定时间之前的分析数据。

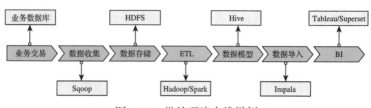

图 12-2 批处理流水线样例

流处理应用对每一个到达系统的数据项进行即时处理，数据就像流经的水流一样被连续处理，而不是被人为地分批处理。流处理的好处在于能够在数据产生的很短时间内就对数据进行捕捉和处理，并将处理后的数据快速输出到数据应用中，整个过程的延迟一般在秒级或以下。流数据处理的一个常用场景是实时大屏，比如电商部门可以在实时大屏中显示实时的销售数据。常用的开源流数据处理框架有 Kafka、Spark Streaming 和 Flink。

根据流式计算引擎的数据组织特点，可将其分为两类：基于行处理（Row Based）和基于小批量处理（Micro-batch Based）。二者的区别见表 12-1。

表 12-1　基于行处理和基于小批量处理的区别

处理类型	特　点	优　点	缺　点	典型代表
基于行处理	以行为单位处理数据	单条数据的处理延迟低	系统吞吐率一般较低	Storm、Flink
基于小批量处理	将流式处理转化为批处理，即以批为单位组织数据，以时间为单位将流式数据切割成连续的批数据	系统吞吐率高	单条数据处理延迟较高	Spark Streaming

服务应用又称为"长时间运行服务"（long running service），采集第三方 API 数据的应用服务，接受用户上传数据的 FTP 或类似的 Web Service，持续采集服务器日志的 Flume，读取数据库修改记录的 Canal，都是需要持续运行的服务应用。传统关系型数据库中的数据流水线一般不考虑这些应用，但是数据中台中的流水线因为要处理多源异构的数据，这些服务必不可少，而且必须纳入数据流水线的管理。

12.4　数据流水线示例

图 12-3 展示了一个比较复杂的数据流水线架构，它包含移

动应用的用户行为埋点数据的采集，实时处理，机器学习分析产生产品推荐服务，以及提供用户行为分析报表的整个流程。

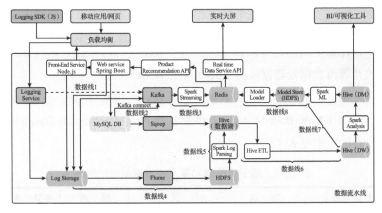

图 12-3　复杂数据流水线架构图

图 12-3 中的蓝色组件为数据流水线体系需要管理的组件。

- 数据线 1：客户端的 Logging SDK 与 Logging Service 进行通信，将用户行为数据以 JSON 格式上传到服务端，这个服务将这些数据同时写到 Log Storage 和 Kafka 中。

- 数据线 2：业务数据库 MySQL 中的数据被 Sqoop 采集到 Hive 数据湖中，这里包括各种产品的信息以及用户购买产品等业务交易相关的数据。

- 数据线 3：Kafka 中的数据经过与实时采集的业务数据的流式分析，可以生成一些用户行为的实时数据，这些数据通过 Spark Streaming 的程序处理，可以实时更新用户数据画像和产品推荐模型。

- 数据线 4：Flume 负责将 Log Storage 中的行为数据传输到 HDFS 中的数据湖。

- 数据线 5：一个 Spark Log Parsing 程序负责分析用户行为

的 JSON 数据，并将其写到 Hive 数据湖相应的数据表中。

- 数据线 6：Hive 数据湖中的产品数据、交易数据、用户行为数据，经过一系列 Hive ETL 程序被写入 Hive 数据仓库中，形成各种用户、产品、销售基础数据。
- 数据线 7：在全局数据仓库明细和汇总事实表的基础上，经过一些统计分析形成各种主题的数据集市数据，这些数据都可以被上层的 BI 工具使用。
- 数据线 8：Hive 数据仓库中的数据经过 Spark 机器学习程序的计算，生成用户画像和产品推荐模型，存储在 HDFS 中。然后，一个数据加载程序负责将用户画像和产品推荐模型装载进 Redis 中，以数据服务的方式为其他应用服务。

在打造这样一个数据流水线之后，每个用户在使用移动应用或网页的时候都可以根据用户画像得到实时的产品推荐，业务人员可以通过看板查看各种实时的运营情况报表。这样的数据流水线已经超出了传统数据仓库的能力范畴。

更重要的是，这种数据流水线可以处理各种数据，将数据处理集成到同一系统中，并将处理后的数据以可复用的数据能力（用户画像的数据服务，用户、产品、销售的主题数据集市，实时行为分析）呈现给上层的业务部门和产品。这种将底层数据处理和上层数据应用隔离的方式，正是数据中台需要的数据应用模式。

12.5　数据流水线管理系统面临的挑战

上面介绍了数据流水线中运行的应用类型和调度方式，数据流水线管理系统就是负责运行和管理这些应用的数据中台组件。

作为数据中台中负责管理数据处理的核心组件，数据流水线是数据驱动整个架构当中不可或缺的环节。有一种更加激进的说法是，数据流水线是企业数字化运营的关键因素，因为它控制了数据从源头到价值的高效流转，这个流转速率有多高效，数据驱动的齿轮就会转动得有多快。

数据中台需要解决数据孤岛、重复开发的问题，因此其中的数据流水线必须能从机制和工具上来防止这些问题。数据中台需要提供可共享和复用的数据能力，因此其中的数据流水线必须提供相应的机制和工具来支持这样的数据能力。

需要注意的是，数据流水线的建设不可能一蹴而就，在其实施的过程中，会面临非常多的挑战。

（1）复杂且繁多的数据源适配

通过简单的统计实验就可以列出数据源，但如何适配这些数据源并确保对这些数据源的语义的正确理解一般需要大量的沟通工作。那么由谁来管理这些数据源信息？管理数据源信息的人如果离开了怎么办？

（2）数据流水线中数据的真正含义

数据的意义是难以了解的，特别是在企业范围内，因为部门与部门之间（特别是在没有统一数据驱动架构的情况下）一般不会共享 IT 架构和应用程序，数据的管理者几乎不可能了解全局。

（3）独立的数据使用者

企业中几乎人人都是独立的数据使用者。不同部门的人员，甚至同一个小组内的不同人，出于不同目的以不同方式使用数据时，都会面临缺乏标准和规范流程的问题。他们经常创建点对点的连接以获取所需的数据，并在数据集上一次又一次地执行相同的转换以便于自己使用。可以想象，个人、团队和部门都重复执行此操作会造成多少计算资源浪费。

（4）数据使用权限和敏感信息

处理数据的使用权限和敏感信息也是个挑战。企业中的数据消费者都应该有对应的数据访问权限，并非所有信息（字段）都是可以公开查看的。数据的所有者应该有能力对数据流水线中可能会被使用的数据进行权限限制和分享操控，以及在某些情况下对数据进行脱敏操作，可以作为一个脱敏应用来单独维护。

（5）数据质量和异常检测

数据流水线的过程和结果是在两个或两个以上系统中对数据进行汇聚、计算和转移。数据是一种新能源，如何保证这种能源得到准确和高质量的处理是企业面临的一大难题。这个过程不仅要满足数据的治理、监管等要求，还要能够自动捕捉经常出现的异常状况并及时发送告警。

（6）数据模型的转换

将数据模型转换为可执行代码的过程可能缓慢且效率低下，这一般发生在实操层面。企业捕获数据是为了使用，使用方式是将所捕获的数据定义为数据模型，然后提供给利益相关者。这个过程会涉及这几个利益相关者：开发团队、数据所有者（负责数据模型的业务分析师）和构建运行时流程的团队。他们之间的关系可能很微妙，各团队通常是临时组建的，各团队的处理流程也缺乏透明度。这个过程通常要求开发人员或团队手动创建可执行代码以在生产中运行，而数据分析师需要依赖这种"不确定的关系"来保障自己的分析成果。事实上，如果数据分析师需要保证数据模型在生产系统中输出正确的最终结果，数据流水线必须对数据的来源和消费有清晰的定义，提供清晰可查的整个处理过程，明确数据源之间的依赖关系，并能够提供各个处理点的控制和治理。

（7）数据流水线的管理

管理一条数据流水线比较容易，手动就可以完成，但是企业用户要面对成千上万条数据流水线，无法手动管理。企业用户需要自动化流水线生命周期管理，利用算法来匹配数据处理中的异常状态，通过环境的切分来分开管理用于实验的数据流水线和用于生产的数据流水线，分开管理使用脱敏数据的流水线和使用敏感数据的流水线，并使已经完成实验的数据模型自动一键投放到生产环节中以缩短数据研发周期。

12.6 数据流水线管理系统的功能需求

为应对 12.5 节列出的挑战，需要搭建一个满足以下功能需求的数据流水线管理系统：自动化流水线、数据管理和性能要求。

12.6.1 自动化流水线

数据中台的应用运营和调度，离不开一个高度可靠和自动化的数据流水线管理系统。用开源组件搭建的数据流水线可以完成很多工作，但在生产环境中，我们需要将软件工程的严谨性应用于数据管道的开发和执行中，加速数据处理和分析应用的交付，同时提高质量，降低成本。这样数据团队才能通过提供"更快、更好、更便宜"的数据来提高数据的商业价值和客户满意度。所以，像拼接积木一样将组件拼凑在一起是远远不够的。

这里举一个 Uber 的例子。Uber 在早期快速发展阶段，使用了众多的数据工作流，因为缺乏一个良好的数据流管理工具，员工必须为每个用例从几个功能重叠的工具中进行选择。这个大工具箱虽然允许快速扩展，但要求工程师学习重复的数据工作流系统以应对不同的项目，被证明是难以管理和维护的。

因此，我们需要一个可以创建、管理、调度和部署数据工作流的中心工具，来实现数据管理自动化。在数据管理自化的阶段，通过拼接组件，企业已经拥有一个基本的大数据平台，接下来可能有以下需求：

- 一些定期运行的 Hive 查询，比如每小时或每天一次，以生成商业智能报告；
- 使用 Spark 程序运行机器学习程序，生成一些用户分析模型，使产品系统可以提供个性化服务；
- 一些需要不时从远程站点抓取数据的爬虫程序；
- 一些流数据处理程序，用于创建实时数据仪表板并显示在大屏幕上。

要实现这些需求，需要一个作业调度引擎，一般称为工作流系统，能够根据时间或数据可用性来运行这些程序和查询（类似 Linux 机器上的 Cron 程序），常见的工作流系统包括 Oozie、Azkaban、Airflow。

不同工作流系统之间的功能差异很大。例如，一些系统提供依赖关系管理，允许指定调度逻辑，如作业 A 仅在作业 B 和作业 C 完成时运行；一些系统允许仅管理 Hadoop 程序，而另一些系统则允许更多类型的工作流程，必须决定一个最符合要求的。

除了工作流系统，还有其他需要自动化的任务。例如，如果 HDFS 上的某些数据需要在一段时间后删除，假设数据只保留一年，那么在一年后的第一天，我们需要从数据集中删除最早一天的数据，依次类推，这就是数据保留策略。需要编写一个程序，为每个数据源指定并实施数据保留策略，否则硬盘容量将很快耗尽。

12.6.2 数据管理

当数据流水线投入生产并开始正常提供报告后，真正焦灼且有挑战性的问题来了：数据管理问题。一个企业级大数据系统不仅要处理与任何标准系统操作类似的硬件和软件故障问题，还要处理与数据相关的问题。一个真正数据驱动的系统需要确保数据完整、正确、准时，并为数据进化做好准备。因此，数据流水线管理系统应该满足下列数据管理需求：

- 确保在数据流水线的任何步骤中数据都不会丢失，因此，需要监控每个程序正在处理的数据量，以便尽快检测到任何异常；
- 有对数据质量进行测试的机制，以便在数据中出现任何意外值时，接收到告警信息；
- 监控应用程序的运行时间，以使每个数据源都有一个预定义的 ETA（Estimated Time of Arrival），并且会对延迟的数据源发出警报；
- 管理数据血缘关系，以便我们了解每个数据源的生成方式，在出现问题时，知道哪些数据和结果会受到影响；
- 系统应自动处理合法的元数据变更，并应立即发现和报告非法元数据变更；
- 对应用程序进行版本控制并将其与数据相关联，以便在程序更改时，我们知道相关数据是如何被更改的。

此外，我们要为数据科学家提供单独的测试环境来测试代码，并提供各种便捷和安全的工具，使他们能够快速验证自己的想法，并将其方便地发布到生产环境。

12.6.3 性能要求

除了上面在自动化和数据管理方面的功能需求之外，数据流水线管理系统还必须满足下面的性能要求。

- 低事件延迟：数据分析师（数据科学家）应该能在数据被发送到某条管道后的几分钟或几秒钟内开始数据的查询工作。

- 可伸缩性：根据业务的规模能够扩充数据处理的节点。提高性能和可扩展性，不仅要存储此数据，还应该使完整的数据可用于查询。

- 高效查询：高性能的流水线应同时支持长期运行的批查询和较小的交互式查询，数据科学家可以从任意层级（数据湖、数据仓库、数据集市）开始探索。

- 版本控制：能够对数据应用进行版本定义，并创建数据流水线的分支，避免对正在用于生产的数据进行破坏性的操作。

- 自动监控：跟踪管道的执行情况（正常、延迟、失败或失败冻结）进行监控，自动通过邮件或短信工具生成警报。

12.7　数据流水线管理系统的组件

为了达到上面列出的管理功能，搭建一个完善的数据流水线管理系统需要如图 12-4 所示的组件。

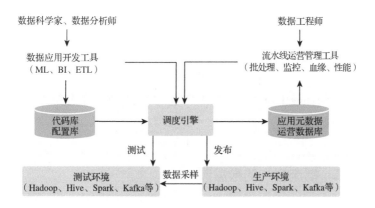

图 12-4　数据流水线组件图

- 数据应用开发工具：这里既包括常见的 BI、ETL 程序，也包括机器学习程序的开发、测试和调度界面。有很多系统使用 Eclipse、Jupyter 这些常见的开发工具，再配上调度配置工具。

- 代码库：为数据开发人员提供的一个存储代码（如 Spark 或 ETL 代码）的地方。代码库需要提供签入 / 签出和版本控制功能，并与这里所列出的大多数类型的开发工具集成。

- 配置库：用于存储所有系统的配置和设置，涵盖开发、测试和生产系统。配置库可管理软件版本并确保无错误部署。

- 调度引擎：这是整个数据流水线管理系统的核心部分，负责所有任务的发布、运行、容错，管理数据任务之间的依赖、重跑，以及收集批处理数据应用运行的元数据等。

- 应用元数据、运营数据库：由调度引擎写入数据应用的运行指标、运行状况等关键信息，用于数据流水线的运营管理。

- 运营管理工具：包括数据应用间的血缘关系追溯、批处理重跑、性能监控等，例如它会监视底层系统并查明是什么原因造成业务应用程序的性能问题和中断，然后通知管理员，并采取措施解决。

总而言之，建设一个完善的数据流水线管理系统的核心是在受控制的环境中应用一系列工具链，以支持在复杂分布式计算环境中的数据开发。

12.8　批流合一的数据流水线

12.3 节介绍过数据流水线的应用举例，其中有批处理和流处理两种核心模式。在处理的时候一般需要将批处理和流处理数据分别存储和处理，这就会造成资源的冗余和额外的协调工作。其实时下还有一种非常流行的说法叫作批流合一（也叫作批流融合）。这个概念的兴起并不意外，流式处理引擎的发展非常迅速，从 Storm 到 Spark Streaming 再到 Flink，原因有二：一是底层数据处理技术的更新迭代，二是业务的发展对流式处理框架提出了同时支持低延迟和高吞吐的要求。那么，企业在设计流水线整体架构时就需要考虑，是走批流分离路线还是走批流合一路线？

　　批流分离比较好理解，这里分析一下批流合一的底层逻辑。批流合一路线中一个比较激进的分支认定"批处理逐渐走向历史，流处理即将挑起大梁"，参考 Jay Kreps 提出的 Kappa 架构（见图 12-5）。

图 12-5　Kappa 架构图

　　正如 Jay Kreps 自述的那样：

　　Kappa 架构体系中的规范数据存储不是使用像 SQL 这样的关系型数据库或像 Cassandra 这样的键值存储，而是仅附加不可变的日志。数据从日志中流过计算系统，并注入辅助的存储中以进行应用服务。

　　Kappa 架构将 Lambda 架构化繁为简。Kappa 体系结构系统类似于 Lambda 体系结构系统，但删除了批处理系统。要代替批处理，只需简单地将数据快速输送至流式系统中。

　　在继续分析之前，先来回顾一下 Lambda 架构的基本特性。

Lambda 作为在传统数据分析平台进化的架构，其数据处理分为
Speed Layer、Batch Layer 和 Serving Layer 三个部分，其中：

- Speed Layer 负责实时处理数据；
- Batch Layer 负责批量规模化处理数据；
- Serving Layer 负责融合 Speed 和 Batch 两部分的数据能力，对外提供简单一致的数据访问视图。

通过对比可以看出，Kappa 的整体思路是在单个流式处理引擎中同时进行实时数据处理和连续再处理。这就要求传入的数据流可以全部或从特定位置进行回溯，如果有任何代码更改，则使用第二次流处理、通过最新的实时引擎重播所有先前的数据，并替换存储在服务层的数据。Kappa 专注于仅将数据作为流处理，所以除了有非常适合的实际使用场景，其本质上不能替代 Lambda 体系结构。Kappa 可以算是批流合一这个领域的突出代表，但是通过对它的分析，可以推导出一个初步结论：全面的批流合一的大一统是有一定难度的，但在用例非常确定的场景下，可以尝试。

分析完 Kappa 之后，继续来看 Lambda。Lambda 在一套平台中将批计算和流计算整合在了一起，但是经典的 Lambda 架构并不完美，随后出现的有状态流计算架构就是在其之上的不断优化：

- 在数据产生的过程中进行计算并直接产生统计结果；
- 同时满足高性能、高吞吐、低延时等众多目标。

在批流合一这个领域，在有状态流式计算架构中，基于 Flink 的解决方案是值得探讨的。Flink 支持流式计算的状态管理，即计算过程中将算子的中间结果数据保存在内存或文件系统中，等下一个事件进入算子后可以从之前的状态中获取中间结果来计算当前的结果。这在大数据的实时数据应用处理场景中有非

常好的支持，其中值得特别说明的应用场景是实时数据仓库的建设实践。在这个场景中，流式计算框架与离线数据仓库相结合，利用 SQL 灵活的加工能力，对流式数据进行实时清洗和结构化处理，同时利用有状态流式计算技术，降低在离线数据计算过程中调度逻辑的复杂度，快速产出分析及统计结果。

Flink 的 DataStream API 用于开发流式应用，而 DataSet API 则用于处理批量数据。Flink 提供丰富的转换操作以完成对数据集的批量处理，最终将数据写入外部存储介质中。原则上，Flink 倾向于将批量数据作为流式数据的子集，进而通过一套引擎同时处理批量和流式数据。目前来看，批流合一的关注重点是将批作为流的特殊情况处理。Flink 社区表示未来将会加大在批流合一这个领域的投入。

批和流是数据应用中的两种形态，有各自的应用场景。如果需要将两种状态融合，那么在容错性、数据异构性及数据一致性等方面都要进行相应的考量，并非一定要具体选择哪一种。在企业发展的不同阶段，业务的需求不尽相同，最重要的是在一个数据驱动的 IT 架构下，架构能随着企业发展的不同阶段而演化。

12.9　本章小结

数据流水线是数据驱动的重要环节，也是数据中台建设的重要过程。数据流水线中数据流转的效率决定了数据中台建设过程中的数据能力共享、复用的效率。本章介绍了数据流水线及其在建设过程中的问题，并对数据流水线的最佳实践形式进行了详细阐述。

13

数据中台应用开发

在将业务数据统一打通，以一个全局模型管理起来之后，我们可以做些什么呢？存储在硬盘上的数据本身是没有用的，必须通过相应的数据应用才能发挥作用。阿里巴巴在数据中台里提到的 OneService 是一种应用形式，常见的 BI（商业智能）工具也是一种应用形式。

第 12 章介绍了如何以流水线的方式管理数据应用，在本章中，我们将简单介绍数据应用的形态，以及如何在数据中台上开发可复用的数据应用。

13.1 数据应用的形态

在第 7 章中，我们通过图 7-1 给出了从数据到价值的整个流程。除了提供数据应用开发、测试、发布和任务调度运维这些系统功能外，数据中台还应该提供工具来让使用者完成下面列出的数据应用操作。其中很多应用也是大数据平台通常提供的功能，但在数据中台的理念和方法论中，这些应用的开发和使用都必须满足一定的数据中台规范和要求，比如符合数据中台的数据模型，纳入统一的元数据管理，数据应用资产管理，避免功能重复开发等。

下面列出的这些常见的数据应用，从功能范围上大致可以分为三个阶段或类别：集成→开发→服务。在这里，对于每种应用，我们列出其主要功能、处理的数据源、主要的产出形式、主要的开发形式、涉及的系统组件以及运行的方式，后面我们再看看这里的应用功能如何开发。

- 数据库数据导入（集成）
  - 功能：自主采集和导入业务数据库中的数据（一般是到数据湖）。
  - 数据源：业务系统数据库。
  - 产出：数据湖中的数据表。
  - 应用形式：配置、发布、调度数据导入任务。
  - 典型对应系统组件：Sqoop、DataX。
  - 运行方式：定时 / 实时任务，需要运维。
- 日志数据导入（集成）
  - 功能：采集业务服务器上日志的数据（一般是到数据湖）。
  - 数据源：业务系统服务器。
  - 产出：数据湖中的文件。
  - 应用形式：配置、发布、调度日志导入任务。
  - 典型对应系统组件：Logstash、Flume。
  - 运行方式：定时 / 实时任务，需要运维。
- 第三方数据导入（集成）

- 功能：从第三方网站或者数据服务导入数据（一般是到数据湖）。
  - 数据源：第三方网站或者数据服务。
  - 产出：数据湖中的文件。
  - 应用形式：编写、发布、调度爬虫程序或者数据服务采集程序。
  - 典型对应系统组件：微服务发布及调度系统（Kubernetes、Marathon）。
  - 运行方式：定时 / 实时任务，需要运维。
- 流式数据导入（集成）
  - 功能：将数据（数据库、日志、第三方）以流式数据的方式采集到流处理系统中（一般是 Kafka）。
  - 数据源：数据库、日志、第三方。
  - 产出：Kafka 中的 topic。
  - 应用形式：编写、发布、调度 Kafka Producer/Consumer，或者使用 Kafka Connect 这样的框架。
  - 典型对应系统组件：流数据采集配置界面或者微服务发布及调度系统（如果自己编写采集程序）。
  - 运行方式：定时 / 实时任务，需要运维。
- 数据建模（集成）
  - 功能：在需要时进行数据建模或者修改模型，并与现有的数据模型进行对接。
  - 数据源：一般需要查看现有数据和模型。
  - 产出：数据模型定义（DDL），并发布到数据仓库 / 数据集市中。
  - 应用形式：使用可视化建模工具建模并发布到数据仓库中。
  - 典型对应系统组件：建模工具。

- 运行方式：一次性，可能需要修改和迭代。
- 数据清洗和治理（集成）
  - 功能：将数据湖中的数据进行清洗和治理，进入数据仓库的明细数据。
  - 数据源：数据湖。
  - 产出：清洗过后的明细数据。
  - 应用形式如下。

  1）编写 Spark、Hive、MapReduce 程序进行数据清洗；

  2）使用专门的数据清洗和数据治理辅助工具。
  - 典型对应系统组件：ETL 工作台、专用数据清洗和治理工具。
  - 运行方式：定时 / 实时任务，需要运维。
- 数据转换（集成）
  - 功能：将新的数据进行治理和转换，进入数据仓库。
  - 数据源：清洗过后的明细数据。
  - 产出：数据仓库中的汇总数据表。
  - 应用形式：编写 SQL 程序（Hive、Teradata、Vertica）、Spark 程序并发布调度。
  - 典型对应系统组件：ETL 工作台。
  - 运行方式：定时 / 实时任务，需要运维。
- 数据探索（开发）
  - 功能：快速发现和探索现有的数据，并能最快地找到自己所需的数据。
  - 数据源：系统中的所有数据。
  - 产出：使用者需要的数据集、元数据、访问方式、使用方式。
  - 应用形式：数据搜索引擎。

- ○ 典型对应系统组件：数据门户。
- ○ 运行方式：ad-hoc（即席查询和搜索）。
- 数据分析（开发）
  - ○ 功能：对数据仓库中的数据进行进一步分析，生成数据集市中的报表。
  - ○ 数据源：数据仓库中的汇总数据表。
  - ○ 产出：数据集市里的主题报表。
  - ○ 应用形式：编写 SQL 程序（Hive、Teradata、Vertica）或者 Spark 程序并发布调度。
  - ○ 典型对应系统组件：ETL 工作台。
  - ○ 运行方式：定时 / 实时任务，需要运维。
- 即席分析（开发、服务）
  - ○ 功能：直接对数据湖 / 数据仓库中的数据进行分析，产生分析结果。
  - ○ 数据源：数据湖 / 数据仓库。
  - ○ 产出：分析结果。
  - ○ 应用形式：使用数据查询交互界面编写 SQL 或 Python 程序并运行。
  - ○ 典型对应系统组件：ETL 工作台、Hue、Spark Notebook。
  - ○ 运行方式：ad-hoc。
- 即席查询（开发、服务）
  - ○ 功能：直接查询数据集市中的报告或者使用看板查看数据仓库中的数据。
  - ○ 数据源：数据仓库 / 数据集市。
  - ○ 产出：报表看板。
  - ○ 应用形式：使用可视化查询界面查询主题报告并分享结果。

○ 典型对应系统组件：BI 工具，如 Tableau、Superset。

○ 运行方式：ad-hoc。

- 算法分析（开发）

○ 功能：直接使用机器学习、人工智能算法对数据湖 / 数据仓库中的数据进行处理，产生新的算法模型。

○ 数据源：数据湖 / 数据仓库。

○ 产出：算法模型。

○ 应用形式：使用机器学习工作台编写机器学习程序并运行、评估、迭代。

○ 典型对应系统组件：Jupyter Notebook。

○ 运行方式：ad-hoc。

- 流数据处理和分析（开发）

○ 功能：处理流数据，并将结果以流或者文件的形式输出。

○ 数据源：流数据系统（Kafka）。

○ 产出：转换结果、分析结果或者转换过的流数据。

○ 应用形式：编写 Spark Streaming、Kafka Streaming、Storm 或 Flink 程序并发布。

○ 典型对应系统组件：应用发布调度系统（Marathon、Kubernetes）。

○ 运行方式：持续运行，需要运维。

- 数据服务（服务）

○ 功能：将数据仓库、数据集市或者机器学习分析的结果以数据服务的方式提供给业务应用。

○ 数据源：数据仓库 / 数据集市 / 数据分析结果。

○ 产出：提供数据接口的微服务。

○ 应用形式：使用数据即服务（Data as a Service）的工具

发布，或者手动编写和发布微服务程序。

- ○ 典型对应系统组件：Data Service（自动）微服务发布框架、API Gateway、负载均衡（手动）。
- ○ 运行方式：持续运行，需要运维。
- 算法发布（服务）
  - ○ 功能：将算法程序发布到系统中调度运行，并将产生的模型作为服务提供。
  - ○ 数据源：数据湖 / 数据仓库。
  - ○ 产出：算法模型及服务。
  - ○ 应用形式：将算法程序发布到应用调度系统中，将产出的模型以微服务的方式发布。
  - ○ 典型对应系统组件：Jupyter Notebook。
  - ○ 运行方式：ad-hoc。
- 可视化大屏展示（服务）
  - ○ 功能：处理流式数据（Push Model）和数据仓库数据（Pull Model），将最新的数据以可视化的方式展现在大屏上。
  - ○ 数据源：Kafka/ 数据湖 / 数据仓库。
  - ○ 产出：实时大屏。
  - ○ 应用形式：编写实时处理程序，将结果以网页的形式发布，并实时更新数据。
  - ○ 典型对应系统组件：应用发布调度系统（Marathon、Kubernetes）。
  - ○ 运行方式：持续运行，需要运维。

上面列出的数据集成类应用在第 10 章中已经介绍过，下面我们来介绍其中的开发类和服务类，然后看看在数据中台中应该提供什么样的应用开发支持。

13.2 应用开发工具

数据开发的目的是使用各种工具来分析数据，从数据中产生"可指导行动的商业洞见"（Actionable Insight），是将数据转换成价值。数据分析一般有以下几种类型。

1）描述性分析：一种常规分析方式，主要分析已经发生的公司业务状况，比如过去 5 个月的销售情况、过去一年的用户留存率等。

2）诊断性分析：分析公司的业务为什么会出现某种状况，比如是什么原因导致过去一个月用户留存突然下降 5%。与描述性分析相比，诊断性分析要对数据进行更深层的分析以找出出现状况的根本原因。例如，通过对过去一个月的用户留存率按周进行划分，发现从第三周开始留存率出现下滑，而第三周的时候产品研发部门升级了一个功能，可能有很多用户对这个功能升级不满，导致用户流失。

3）预测性分析：这种分析要分析出业务的未来走势，比如公司每个季度的季报中对下一个季度乃至全年的营收预计、对用户增长的预测等。一般使用逻辑回归等拟合算法根据不同的模型进行预测并持续迭代。

4）个性化分析：最典型的就是用户画像、产品推荐等。一般要用到人工智能和机器学习算法。例如，常用的产品推荐算法有协同过滤、矩阵分解、聚类、深度学习等。

5）决策性分析：决策性分析在预测性分析的基础上更进一步，在预计到公司业务未来的发展趋势后，分析公司应采取何种经营策略和行为，使得业务的发展最终符合公司的战略目标，比如避免业务的下滑，或者趁着市场利好进一步拓展市场。决策性分析总是会用到人工智能和机器学习算法。例如，美国的医疗服务提供商 CenterLight 通过决策性分析得出针对每个病人的最合适上门看诊时间和常规检查时间，从而减轻了病人自行预约这些服务的负担，提升了病人的满意度，使公司的服务质量大幅提高。

数据中台要为数据开发提供一系列工具。企业可以根据需要采用开源工具或者商用工具。本节对目前常用的开源数据开发工具进行了分类，每个开源工具的深入介绍请参看第 9 章。

1）交互式编程开发工具。具有一定编程能力的数据分析人员可以使用这类工具来运行数据分析的代码，比如在 Hue 上运行 Hive SQL，在 Zeppelin 和 Jupyter Notebook 上运行 Spark 或者 Python 程序。这类交互式编程分析工具背后集成的是基础的大数据计算框架，比如 Hadoop 或者 Spark。

2）可视化分析工具。编程能力不是很强的数据分析人员可以使用可视化分析工具，通过拖曳的方式创建各种图表来进行数据分析，比如在 Superset 上创建一个包含多个图表的面板。可视化分析工具背后集成的一般是传统的数据仓库，如 MySQL 或者 Oracle 这样的数据库。这是因为，可视化分析工具分析的一般是统计型数据而不是大量的明细数据，对查询速度要求比较快（以秒计）。

3）低延迟海量数据开发工具。在很多场景下，数据分析人员需要对海量数据进行快速分析，性能上要像在传统的数据仓库中运行查询语句一样，在几秒钟内得到数据分析的结果。而 Hadoop 和 Spark 在这种场景下往往是不适合的，这就需要更快速的计算引擎，例如分布式的数据分析引擎 Presto、Impala、ClickHouse、Druid 等。这些计算引擎有的集成了 Hadoop，有的有自己独立的存储机制。

4）自动人工智能机器学习开发工具。当数据分析人员需要大量使用人工智能机器学习算法，创建并训练 AI 模型的时候，他们可能需要更加自动化的分析工具，比如人工智能机器学习平台 H2O。H2O 支持多种编程语言、多种算法，也支持多种数据存储机制（Hadoop、S3、各种数据库），通过对平行计算的支持，来帮助数据分析人员快速进行 AI 模型训练。

5）标签系统。标签系统是一种可直接使用的、对特定数据项（用户、产品）的标签进行开发和查询的常见组件。它允许使用者通过交互界面快速创建针对拥有特定属性的一个数据子集的查询，将其定义为一个标签（如 20～29 岁的体育爱好者），并允许其他使用者用这个标签对该子集直接操作。例如，通过用户标签系统，可以定位到业务系统中某个特定区域内有特定兴趣的人群并对其进行定向推广活动。

值得注意的是，因为数据中台提供全局统一的数据管理和数据模型，使用这些数据分析工具开发的数据应用或者分析结果，应该可以很容易地在企业内来分享和搜索。因此，在选择数据开发工具时，良好的多用户管理、共享能力、可搜索性、生产化的难易程度等，都是需要考虑的因素。

13.3　3 种典型的数据中台应用

这一节将重点介绍数据中台中三种常见的数据应用，因为它们最能体现数据中台"抽象、复用、共享"的理念，也是现有数据中台实践中比较重要的数据应用。

13.3.1　数据即服务

数据即服务（有时也简称为数据服务）允许数据开发人员无须编程，通过统一的数据服务 API，即可实现公司各业务部门对数据的访问控制。数据服务所能够访问的数据可以是存储在数据仓库的事实表和维度表，可以是流处理系统中存储的流数据，也可以是存储在文档数据库中的文档，还可以是存储在内存数据库中的键值对数据。也就是说，基本上数据中台所有的数据基础组件都可以通过数据即服务对外提供访问。数据中台中的数据即服务应具有以下几个功能。

1）快速、自助创建数据服务 API：在第 1 章中，我们提到数据中台的评判标准之一是，业务部门可以自助使用数据能力，同时可以方便共享。因此，数据即服务应该能让业务部门的数据应用开发人员自助创建、发布并取消数据服务。

2）灵活的安全访问控制策略：数据即服务是访问数据中台中所有数据的统一接口，因此其安全性非常重要。数据即服务要提供灵活的安全访问控制策略，比如访问者白名单或黑名单、固定 IP 访问、定期取消并重新授权访问权限等策略。

3）可弹性扩展的架构以支持高并发：数据即服务提供的 API 会被各种数据应用调用，有的 API 还会为生产系统提供服务，因此数据即服务一定要支持高并发以支撑大量的数据服务访问请求。在第 6 章中我们提到，以云原生架构构建数据即服务可以实现数据即服务的高可用，随着数据及服务请求量的逐步增大，我们可以轻松地增加容器的数目来进行横向扩展以支撑日益增长的数据服务访问。

4）全局的数据访问行为审计：除了在发布数据服务 API 的时候为其配置相应的安全策略，我们还需要通过全局、实时的数据访问行为审计功能来确保，安全访问策略确实得到有效执行，整个系统中没有安全漏洞。除此之外，很多时候我们还需要使用同样的功能来统计每个 API 被访问的次数、每个访问者的使用量，实现内部计费，明确资源使用的情况。

当然，与数据中台的其他子系统一样，数据即服务也应该纳入全局的数据应用资产管理体系。数据即服务应该有完备的元数据，对于每个数据服务 API，都可以查阅到其创建者是谁，有什么安全控制、流量控制策略，以及该 API 的血缘关系（访问的是哪一块数据）。同时，数据即服务也应该纳入全局的监控体系，主要的监控指标有数据即服务的访问流量、带宽性能、占用资源的情况、安全策略的执行情况等。因为篇幅关系，数据即服务的架构就不在此详细阐述了。

13.3.2　模型即服务

模型即服务，就是将人工智能和机器学习算法所生成的模型以 API 的形式发布，供外部使用。比如，互联网公司在移动应用中实现的用户推荐、精准广告推送等功能都是利用模型即服务 API 来提供服务的，用户登录移动应用后，应用会把用户 ID 等信息发送到应用的后台 API，也就是模型即服务 API，模型即服务会根据该用户 ID 进行匹配，返回相应的推荐产品或广告，并将这些匹配结果发送回移动应用。数据中台的模型即服务一般包括以下几个功能。

1）模型的创建：人工智能 / 机器学习模型的创建是个离线的过程，涉及数据的预处理（数据脱敏、清洗和规范等）、模型的训练、模型的评估和迭代等。

2）模型的发布：模型的发布是把离线过程中创建的人工智能 / 机器学习模型进行生产部署，使其成为一个在线系统，以 API 的方式供其他数据应用消费。与数据即服务一样，利用云原生架构加上 TensorFlow Serving 这类成熟的模型发布框架，我们可以轻松实现模型即服务的发布并支持服务请求的高并发。

3）模型的反馈迭代：在模型发布和部署上线后，在线系统

会产生大量的用户行为数据和系统日志等数据，这些数据通过
ET 等离线处理过程，将用户对模型的行为反馈到模型的创建程
序，为其迭代提供新的测试和验证数据集。通过对模型进行定期
迭代和更新，可以保持模型即服务的"新鲜度"。

13.3.3 用户标签系统

用户标签系统是很多企业非常熟悉的名词，它根据企业的业
务情况，对用户的静态信息及动态行为进行标注，以便企业根据
用户的标签分类来进行有针对性的市场推广及营销活动。用户的
静态信息一般包括用户的年龄、性别、受教育程度、所在地区等
基本不变的信息。而用户的动态行为则是用户在使用企业产品的
过程中所表现出的动态的行为，比如：针对电商的用户，有过去
7 天平均消费金额，过去一个月消费最多的商品大类等行为；针
对游戏的玩家，有过去 7 天平均游戏时长，过去一个月累计游戏
内消费金额等行为。

构建用户标签体系一般包括三个阶段：需求收集阶段（收集
企业各部门需要的用户标签）、整理阶段（对收集的用户标签进行
去重、抽象及分类）、实现阶段（梳理并找到用户标签的数据源，
创建标签生成、更新和发布的流程）。由于篇幅关系，这里只提
几条用户标签实现阶段的建议。

1）关于标签的创建。用户标签是业务强相关的数据，所以
标签的创建应该是可以由业务部门自助完成的，这样业务部门可
以根据业务的发展和变化，不断创建符合市场变化需求的用户标
签，并淘汰过时和无效的标签，从而保证用户标签的时效性。另
外，如果业务部门可以自助创建用户标签，那么数据团队的人力
就可以被释放出来，放在标签系统数据模型以及计算模型的优
化上。

2）关于标签的计算。随着企业的标签体系变得日益庞大，标签的计算也会变得越来越复杂。数据团队在用户标签系统的建设过程中，要不断优化数据模型和计算模型，提高标签计算的效率。例如，EA 的大数据团队在计算《FIFA 足球》的用户标签时，就采用了 CouchBase 这个分布式数据库来取代 Hive 离线计算引擎，从而可以在十几分钟内完成对千万级用户的几百个动态标签的计算，实现用户标签系统的小时级更新。

3）关于标签的使用。用户标签可以通过数据即服务 API 的方式开放给其他数据应用使用，也可以提供交互查询界面，供业务人员自己查询特定子集。为了提供用户标签的快速检索，一般都将用户标签的计算结果存储在 Elasticsearch 这类检索系统中，这些检索系统会对用户标签进行索引，以方便快速地按用户标签来筛选特定的用户群体。

13.4　数据中台应用的开发和管理

虽然可以在任何系统中进行数据应用开发，例如标签系统可以直接在数据库上实现，SuperSet 可以使用 Excel 表作为数据源，但是，在数据中台中开发和使用这些应用必须遵守中台的建设方式。

首先，每个业务部门希望以上应用可以随时自助使用，而无须额外申请人力和机器等资源，这样才能实现数据应用的快速上线和迭代，以及新功能的快速验证。这也是第 8 章中提到的，为什么数据中台一定要是云原生的架构。其次，从整体上来讲，中台中的应用必须统一在一个平台下运行，也就是我们强调的 TotalPlatform，否则，如果数据和资源的使用不在一个管理体系下，一些标准和控制就无法执行，将导致不可预知的后果。例如，对于有些数据集，我们要求对其数据的访问必须通过一个API，这样在后续迭代中如果改变表结构就不用担心影响应用。但是，如果这时另一个应用通过数据库直接连接并执行数据库查询来返回结果，下次表结构修改的时候该应用就会失效，造成不必要的宕机。更糟糕的是，如果表结构不变，字段语义变化了，那么该应用不会失效，但是会生成错误的结果。这种逻辑错误可能造成更大的影响，而且很难排错。

此外，这里的数据导入型应用一般都必须与数据中台要求的统一数据标准和数据模型对接。数据分析型应用的输入是符合标准的数据，产出是符合标准的数据模型，并纳入统一的数据资产管理。数据使用型的应用读取的是统一数据模型下的数据，这样才能将底层的数据与上层的数据能力解耦，使底层数据物理格式的变化不会影响上层数据能力的使用，在上层的业务应用可以随时直接使用标准的数据能力，真正实现数据中台的功能。

在数据中台应用开发的管理体系中，我们重点介绍应用调度系统、多租户管理及数据应用的持续集成和发布。

13.4.1　应用调度系统

因为数据集成、数据开发、数据服务的应用都需要在集群上运行，我们需要一个数据应用调度系统来对它们进行全局管理。一般来讲，应用调度系统管理的数据的流动称为"数据流水线"。

第12章详细介绍了数据流水线的设计和管理。在每个流水线中，不同的数据应用对数据进行各种操作：标识、捕获、格式化、标记、验证、分析、清理、转换、组合、聚合、保护、分类、管理、移动、查询。数据在流水线中流通时，数据的移动、处理和完善需要具有众多依赖关系的复杂任务工作流。比较有名的应用调度工具有开源项目 Airflow、DataKitchen、StreamSet 和 Microsoft Azure 的 Data Factory。传统的应用调度系统（如 Oozie）主要用于管理 Hadoop 生态下的批处理应用。

我们建议最好以云原生的方式运行数据应用，因此在理想情况下，应用调度应该支持使用容器管理软件（如 Kubernetes）来启动和调度支持这些应用的容器，支持云原生应用的自动配置和发布。

应用调度工具一般会执行以下操作：

- 提供平台功能，如数据库、存储容量、访问控制列表、性能管理工具、数据目录、日志服务器和监控工具；
- 触发提取作业、监控作业（批量或流式）、检测故障并恢复功能，例如一键重运行功能；
- 监控容量并在需要时触发系统资源自动缩放；
- 触发数据质量管理作业，分析和验证数据，检查数据血缘；
- 快速启动数据转换，当有新的数据集被采集进系统时，编排工具可能会启动转换代码以合并数据、格式化数据、聚合数据元素；
- 触发 BI 工具以将数据下载到自己的列式存储中，或者发送通知，告知已准备好进行查询和分析的新数据集；
- 监控工作流，工作流完成后，程序会向相应的人员发出提醒，并释放分配的资源。

13.4.2 多租户管理

数据中台需要多个部门的合作开发及能力共享，因此数据中台应用必须考虑一个很重要的功能：在安全管控的情况下，既能保证每个部门、每个人都有足够高的自由度使用数据，又能保证系统的安全可靠和整体性能。我们不止一次在生产系统中看到多租户没有做好导致系统问题，以及为了避开多租户问题而造成数据孤岛、应用孤岛问题。

我们经常看到，企业的多个部门为了解决业务问题，采用了不同厂商提供的大数据平台解决方案。这些大数据平台解决方案可能仅在部分组件和功能上存在差异，因此，整合看起来是可行的，而且能够避免重复建设。然而大数据平台改造完成之后，其运维、改造以及可能由此产生的不良后果由谁负责，则成为一个棘手的问题。因此，在权衡之后，很多企业最终还是选择各部门各自安装大数据平台的方法，既能解决自己的问题，也互不干扰，但后果就是慢慢造成了数据孤岛和烟囱架构。多租户能够很好地解决这些问题。与传统的多租户管理不一样，数据中台的多租户管理不仅涉及权限控制，还需要管理系统资源的隔离、租户性能的保证、资源使用的审计。而且，由于大数据平台涉及系统繁多，保证跨系统的租户管理就显得尤为重要。

13.4.3 持续集成和发布

持续集成和发布（CI/CD）是云原生架构中的方法论之一，它让软件发布行为变得高效而可靠，可以帮助企业实现快速迭代和频繁发布，以应对市场变化。在数据中台的建设过程中，持续集成和发布应该与企业整体 IT 的集成与发布框架结合在一起，以避免重复建设。相比一般的 IT 系统，数据中台的持续集成和发布有其特殊性，需要注意以下几点。

（1）集成覆盖的广度

CI/CD 的流程应该全方位覆盖数据中台的各个组件，包括数据采集、处理、分析作业的代码、数据应用的代码、人工智能 /机器学习算法的代码、数据中台各个子系统的配置文件。

（2）准生产系统的验证

由于数据中台是一个非常复杂的系统，任何一个配置文件的细小改动或者一个容器的发布，都可能对数据中台整体的功能或性能造成重大影响，所以每一项发布工作都应该先在一个准生产环境中进行验证后再发布到生产系统。

（3）生产系统的发布

在组件发布到生产系统以后，首先，数据中台要提供完备的日志系统和监控系统，帮助运维和开发人员验证发布的正确性或者快速发现和定位发布过程中出现的问题，帮助开发人员进行快速修复；其次，数据中台的持续发布要支持快速回滚的能力，在发布工作出现问题时能够快速回滚到发布前的状态。

13.5　本章小结

本章介绍了数据中台中数据应用开发的类型及需要的工具。数据必须通过应用的处理才能产生价值，因此，高效开发不同类型的应用，同时避免重复工作，提升数据能力的重用，是数据中台应用开发系统的目标。如何调度这些应用以及如何在多用户环境下协同开发是要重点考虑的问题，而数据中台的多租户管理必须解决这些问题。此外，持续集成和发布也是数据中台不可或缺的功能，有了它，数据中台才能帮助企业实现快速迭代和频繁发布，以应对瞬息万变的市场。

第 14 章

数 据 门 户

通过第 11 章和第 12 章，我们分别了解了数据资产管理和生产数据资产的数据流水线。而随着数据流水线的搭建与投产，数据资产呈指数级增长，处理数据的系统复杂度也在不断提高，因此，对数据资产的使用，对数据流水线中数据资产流转的透视管理，实现 TotalInsight，是真正掌握数据资产全生命周期的刚需。

本章将以几家硅谷公司使用数据门户管理数据资产及流水线的实践为例，总结数据门户在数据中台中的定位及实现原理，并阐述数据门户如何在数据中台智能运维中发挥作用。

14.1 数据门户出现的背景

数据门户的出现主要是为了管理数据资产的全生命周期流

转，解决数据资产的共享和使用，并在此基础上解决量化数据价值的问题，它属于解决数据资产价值管理和共享管理的工具。有些传统数据仓库中也会使用"数据门户"这个名称，但我们可以通过系统提供的实际功能来区分。

数据门户的概念于 2012 年左右出现在硅谷。硅谷许多早期实践大数据的企业，随着数据流水线变得越来越复杂及数据量不断增加，在实际生产中碰到了各种数据资产使用和管理的问题。而且与传统基于 SQL 的数据仓库不同，大数据平台中使用的处理框架和存储架构都是多种多样且快速变化的，传统的数据资产管理在大数据时代很难应用。对全局异构数据资产的管理和共享，对数据流水线内部数据资产 360° 流转透视的需求随之而来，且越来越旺盛。不过，大数据、机器学习及实时处理框架的发展速度要比相应的数据资产管理工具集快很多，但用于管理和支持这些框架的数据资产生命周期的平台仍处于起步阶段，造成了数据难以使用。而由于数据使用无法管理，数据价值也就无法量化。

为了应对这一挑战，实现基于数据流水线的数据资产管理和共享工具，Twitter、Uber 和 LinkedIn 等快速发展的技术公司开始通过数据门户这一工具来构建自己的内部数据资产生命周期管理解决方案，以支持对多源异构数据的智能运维，帮助企业从全局了解数据生命周期，并高效使用数据，从而提高数据资产的 ROI。

14.2 硅谷的数据门户建设

目前国内公司对于全局数据门户的建设基本处于早期阶段，有关数据门户建设的介绍也比较少。本节以 6 家硅谷高科技企业的实践为例，介绍数据门户的建设思路，希望能为读者提供一些参考。还有一些公司（如 Uber、WeWork）也有类似的项目，但由于有公开介绍，且限于篇幅，这里就不一一列举了。

14.2.1　Twitter 的 DAL 和 EagleEye

随着数据源、数据量的不断增加，数据集的产生、消费及其在整个数据生命周期内的一致性管理，成为 Twitter 进入数据管理及应用阶段后面临的最大挑战。对如何统一管理所有数据操作的探索，推动 Twitter 数据平台团队开发了数据访问层（Data Access Layer，DAL），DAL 与 EagleEye 结合成为 Twitter 的数据门户工具。

EagleEye 是一款搜索、发现、跟踪和管理批处理应用程序和分析数据集的 Twitter 内部 Web UI 工具，旨在方便用户探索数据流水线内数据集的 Schema、标注、健康状态、物理分区及数据所有者等信息，作为 DAL 处理数据的前端可视化展现、探索工具。

DAL 通过在所有数据应用和数据存储之间加上一个通用访问层，使得上层应用（Spark、Hive SQL、MapReduce、Pig、Storm）在访问底层数据（HDFS、Hive、Vertica）时，使用一个通用的 API 和数据 URI 格式。通过这个通用访问层，所有的数据访问都由一个单点入口控制和记录，可以高效管理系统中的数据集及其使用。例如，Hive 程序可以使用通用的数据读接口来读取数据集，并将结果通过通用的写接口写入新的分区中。提供这样一个数据集抽象和使用一个通用访问层有以下好处。

1）通用的数据读接口可以将一个抽象数据集（使用类似于"dal://dw/income_data"的 URI 指定）转换成实际的物理数据集，这个物理数据集在数据科学家的笔记本上可以是一个本地文件，在测试集群上可以是一个测试数据库，在生产集群上可以是一个生产数据库，在多数据中心场景下可以根据数据中心自动定位到相应的数据库。这样的转换对于数据开发人员是透明的，从而大大降低了开发难度。

2）通用的数据写接口在存储新数据集的同时，将其元数据存储至 DAL 元数据库，除了 Schema 之类的传统元数据，还可以将产生数据的源代码文件和版本写入数据库，形成分区级的应用—数据血缘关系。（如果需要，这里可以实现记录级和字段级的血缘关系。）此外，这里还会记录 Hive 表里的每个分区是由哪个程序的哪个版本在哪次运行的时候产生的。

3）通用访问层可以承担数据源的授权，计费、审计、数据应用的版本，变更、追溯等各种管理功能。

4）因为所有的数据访问和读写都必须通过 DAL 来完成，DAL 可以提供全局的数据和应用资产管理。与传统的数据资产管理不同，DAL 使用的是生产系统中的实际信息来进行管理，从而大大减少了人工维护工作量，提高了数据的准确度和实时性。

通过 DAL 这个通用访问层，其前端 EagleEye 门户提供的功能如下。

- 数据发现：系统中有什么数据集，数据集的语义、使用方式及其相关的元数据。
- 数据审计：数据集被谁如何创建，被谁如何消费，数据集的消费统计数据。
- 数据集管理：服务等级协议（SLA）及报警规则，数据集间的依赖一致性，数据集的生命周期。
- 数据应用血缘：跟踪哪些应用程序产生或使用了哪些数据集，系统中所有数据与应用之间上下游的血缘关系。

- 数据抽象：数据的逻辑描述、物理描述，数据存储地址、格式及副本。
- 数据消费：系统内其他大数据组件与数据平台数据集的交互。

14.2.2　LinkedIn 的 Data Hub

随着数据量的不断增长，数据科学家和数据工程师要发现可用的数据资产，了解其出处并基于对数据的见解采取适当的行动，变得越来越具有挑战性。

LinkedIn 早期开发了一个类似于 Apache Atlas 的元数据管理工具 WhereHows，用于内部的数据发现和元数据管理。然而 WhereHows 本身有一些局限，比如：由于是针对特定场景而开发的，哪怕只是对元数据进行细微更改，也需要在技术栈上进行一系列更改；围绕单个实体（数据集）的元数据进行建模，没有一个完整的数据生态。为了在增长的同时继续扩大生产力和数据创新，2018 年，LinkedIn 在 WhereHows 的基础上，开发了通用的元数据搜索和发现工具 Data Hub，该工具能将员工与所有与其相关的、跨数据实体的重要数据关联起来。

Data Hub 的核心是自动化收集、搜索及发现与数据集及其他实体（如机器学习模型、微服务、人员、组等）相关的元数据。具体来说，Data Hub 旨在实现 4 个特定目标。

- 建模：对所有类型的元数据及其关系进行建模。
- 获取：通过 API 的 Pull 和流数据处理的 Push 两种方式，大规模获取元数据变更信息。
- 服务：规模化服务所收集的原始元数据和派生的元数据，以及针对元数据的各种复杂查询。

- 索引：规模化索引元数据，并在元数据变更时自动更新
  索引。

14.2.3 Airbnb 的 Data Portal

在公司高速发展的过程中，Airbnb 的数据团队发现，除了数据规模带来的复杂度外，每个数据工具或团队都提供其数据范围内的局部视图，经常导致数据因受限于工具和团队而被隔离（也就是我们常说的数据孤岛）。那么，在数据质量参差不齐，数据复杂度、相关性和可信度等标准不一的情况下，如何对海量数据进行高效导航？

Airbnb 的 Data Portal 希望将对单个数据源的思考转变为集成数据空间的概念。数据空间提供了数据的整体视图和必要的数据背景信息。这样，任何员工，无论其角色是什么，都可以轻松查找或发现数据，并对数据的可信度和相关性充满信心。在透明性方面，通过提供尽可能多的数据语境，并提供每个工具对基础数据的访问控制，用统一视角来观察数据空间。

在 Data Portal 模型中，知道谁生产或消费了数据与数据本身一样有价值。如图 14-1 所示，数据间的关系节点将原本孤立的数据组件联系起来，便于我们理解整个数据空间的能力。没有上下文的数据通常毫无意义，还可能导致信息错误和决策代价高昂。因此，Data Portal 在内容页面显示了跨数据孤岛获取资源所需的所有信息，例如谁消耗了资源，谁创造了资源，何时创建或更新了资源，以及与之相关的其他资源等。更多的元数据意味着更多的数据信息，对于数据表（数据仓库的基础）而言尤其如此。而 Data Portal 的数据生态系统图示所提供的功能远不止跨功能模块追踪数据血缘，它允许用户在系统中共享数据能力，了解自己所产生数据的全局价值。

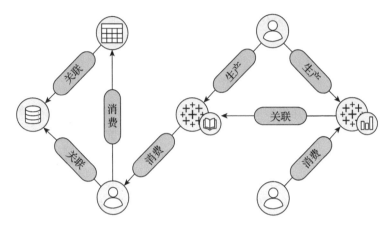

图 14-1 Data Portal 节点假设关系示意图

14.2.4 Lyft 的 Amundsen

对于 Lyft 而言，随着公司的发展，寻找数据源变得越来越重要，然而由于数据越来越零散、复杂和孤立，这成为 Lyft 在大数据项目发展中遇到的最大挑战之一。为了应对这一挑战，Lyft 推出了数据发现和元数据引擎 Amundsen（见图 14-2），旨在将数据发现大众化，进而快速从多源异构数据源中找到所需的数据源，将不同的数据资源与人关联，将丰富的元数据与数据资源关联，使用图模型进行数据建模来处理实体（点）与关系（边）之间的关系。

Amundsen 采用微服务架构，由 5 个主要组件组成。

- 元数据服务：提供有关数据源的元数据，处理来自前端服务以及其他微服务的元数据请求。该服务可以配置 Apache Atlas（元数据引擎）以及底层图数据库（目前使用 Neo4j）。Amundsen 将元数据实体建模为一张图，便于在引入更多实体时快速扩展模型。

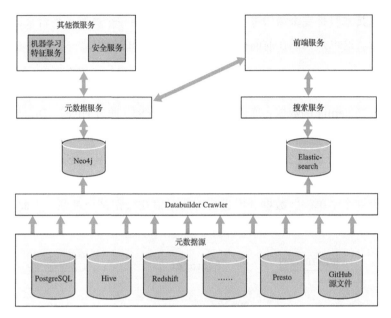

图 14-2　Amundsen 架构

- 搜索服务：搜索服务使用 Elasticsearch 对所有的实体进行索引，提供与 Solr 类似的搜索功能，并对外提供 API，可用于将资源编入搜索引擎中，服务前端的搜索请求。
- 前端服务：前端应用程序是高度可配置的，可以通过功能标记和各种配置变量来适配不同组织的独特查询和管理需求。
- 数据生成器：一个通用的数据提取框架，可从各种来源提取元数据，在数据流水线中使用 Apache Airflow 作为数据生成器的编排引擎。
- Common 代码库：负责存储 Amundsen 所有微服务的通用代码和发布。

注意，虽然 Amundsen 管理的大数据和存储组件多种多样，但其本身是完全微服务化的，其底层必须由一个微服务平台来运行。这也是我们在前面提出使用云原生架构的原因之一。

14.2.5 Netflix 的 Metacat

Netflix 的数据仓库由存储在 Amazon S3（通过 Hive）、Druid、Elasticsearch、Redshift、Snowflake 和 MySQL 中的大量数据集组成，支持通过 Spark、Presto、Pig 和 Hive 来使用、处理和生成数据集。然而，在多数据源的情况下，如何确保数据平台可以作为一个"单一"数据仓库进行跨数据集互操作是个难题。为此，Netflix 构建了 Metacat，其架构如图 14-3 所示。

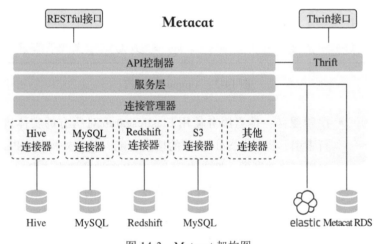

图 14-3 Metacat 架构图

Netflix 在开始构建大数据平台时，采用 Pig 作为 ETL 工具，采用 Hive 作为即席查询工具。由于 Pig 本身没有元数据系统，因而构建一个可以在两者之间互操作的系统似乎是理想的选择。Metacat 随之诞生，该系统提供支持所有数据存储的联合元数据访问层，各种计算引擎可以用来访问不同数据集的集中式服务。

Metacat 要实现的 3 个主要目标如下：

- 元数据系统的统一视图；
- 相关数据集的元数据的统一 API；
- 数据集的任意业务和用户元数据存储。

Metacat 的主要功能有数据抽象和互操作性、业务和用户定义的元数据存储、数据发现、数据变更审计、通知及 Hive Metastore 优化，通过这些功能，Metacat 能够提供有关数据血缘的上下文信息和可插拔元数据验证。

14.2.6　Intuit 的 SuperGlue

作为美国最大的在线税务和财会软件提供商，Intuit 每天要处理大量的用户行为和业务数据。数据流水线血缘的复杂性直接影响了数据分析师和数据科学家的生产率监控、调试现有管道和创建新管道的能力，是生产力的关键指标。理想的工具应该能够通过解析用异构语言或工具（如 Python、SQL、Hive 等）编写的数据管道 ETL 脚本来自动提取血缘。为了实现这些目标，Intuit 开发了 SuperGlue，这是一个可无缝跟踪复杂生产流水线血缘的工具（见图 14-4），它能够自动为分析师、数据科学家、工程师进行数据流水线的解释、调试和迭代。

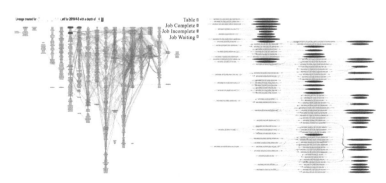

图 14-4　Intuit SuperGlue 依赖关系图

SuperGlue 提供以下视图。

- 整体视图：将流水线血缘与运行时执行的统计信息结合，包括调度程序计时、数据质量、脚本中的更改跟踪等。
- 血缘视图：显示指定表、作业、报表的上下游血缘关系及数据流水线作业的血缘关系。
- 执行视图：显示作业和表关联运行时的详细信息，包括数据质量问题和更改追踪视图。用户可以在血缘视图交互中高亮显示任何元素并执行。

14.2.7　硅谷数据门户总结

对比以上几个典型的数据门户解决方案（见表 14-1）可以看出，各大公司在应对多源异构的大规模数据处理难题时，开发的产品功能和特征大同小异，处理数据所涉及的关系维度包括用户、数据、作业、资源等。

表 14-1　硅谷数据门户解决方案对比

解决方案名称	功　能	特　征	实体关系维度
DAL 和 Eagle Eye	数据发现、数据审计、数据抽象、数据消费	搜索、发现、跟踪和管理应用程序及数据集内元数据	用户—数据、数据—数据
Data Hub	数据建模、数据获取、数据服务、数据索引	自动化收集、搜索及发现数据集元数据	用户—数据、数据—数据
Data Portal	集成数据空间、整体视图、数据生态系统	将从对单个数据源的思考转变为集成数据空间的概念	用户—数据、数据—数据
Amundsen	元数据服务、搜索服务、前端服务、数据生成器	显示异构数据资源的相关数据、将不同的数据资源与人关联、将丰富的元数据与数据资源关联	用户—数据、数据—数据、数据—资源

（续）

解决方案名称	功　能	特　征	实体关系维度
Metacat	数据抽象和互操作性、元数据存储、数据发现、数据变更审计通知、Hive Metastore 优化	元数据系统的统一视图、相关数据集的元数据的统一 API、数据集的任意业务、用户元数据存储	数据—数据
SuperGlue	血缘视图（显示指定表、作业、报表的上下游血缘关系）、执行视图（显示与作业和表关联的运行时详细信息）	提供一个整体视图，将流水线血缘与运行时执行的统计信息结合	作业—数据、数据—数据

对数据门户和全局数据应用管理的需求，首先来自硅谷各大前沿公司的数据处理人员和数据科学家。走在前沿的他们，由于在市场上无法找到能够完全满足公司内部多源异构数据处理需求的产品／应用，不得不纷纷自己开发相应的数据门户和全局数据应用管理的产品／应用，以此加速公司数据驱动的进程。

14.3　数据门户的定位及功能

在数据中台的建设过程中，避免重复造轮子和量化建设效果都是重要的原则。要避免重复造轮子，我们首先必须知道系统中有哪些轮子；要量化建设效果，就必须实现数据中台本身的数字化运营。数据门户的目的就是支撑这两个方面，具体实现包括对业务、用户、应用数据的元数据进行统一管理。关于元数据管理的知识参见第 11 章。

从上面的分析可以看到，数据门户系统将系统中的实体统一进行数字化管理。用户可以从多种视图查看整个平台的运行状况及使用情况，并通过灵活的查询接口查询信息。数据门户系统将大数据系统四要素（用户、应用、数据和资源）的信息整合在一起，让用户可以使用探索的方式来对某一事件主题进行关联性分析，并用可运营的方式展现数据驱动能力，帮助用户做出运营层面的决定及市场决策。

数据门户里管理的信息来源有系统采集、应用接口、用户输入。它是一个连接系统所有组件的桥梁，作为系统运营管理信息的大数据分析系统，定期收集数据，将采集的数据经过处理形成统一数据，包括用户、应用、数据、资源及维度数据，并进行整合，从而根据不同需求生成报表和查询界面。

数据门户以可视化的方式展现数据全景图，通过查找数据API，迅速得出分析结论以辅助公司管理层快速决策，从而抓住市场窗口。同时通过主题视图，可以直观展现一些特定的数据被部门拥有及使用的情况，比如数据被如何使用，使用过程中消耗多少资源、产生了多少价值，数据由谁来维护以及被哪些人访问等。有了数据门户，数据科学家能够迅速筛选出有用的数据，进行主题研究，并通过探索功能查看自己所写模型被哪些应用使用，使用到什么程度，以及产生了多大价值。数据工程师可以使用数据门户鉴别资源瓶颈、数据流水线排错和调优、基于权重规划集群的调整和扩展，以及解决异构系统之间的协作问题。

数据门户允许查看系统所有实体数据的情况及整个系统的运行状况，如系统内各平台数据如何生成，常用数据、资源被谁使用，系统应用资源消耗及产生的价值，数据和应用的当前状态、历史运行状况，数据、应用、资源的历史增长及变化情况等，这些多维度的信息被以全景图展示。除了全景图展示外，还可查看与全景图对应的全局信息，动态获取各类数据的物理资源信息和占比，显示对应的数字化信息。

在企业实现多数据中心、多云的数据中台时，类似于数据门

户的应用是必不可少的。在 Twitter 建设内部的双数据中心私有
云，以及后来扩展到公有云时，DAL 负责提供：

- 数据定位，快速定位指定数据集在各个数据中心的分布；
- 数据集虚拟化，允许数据开发人员开发跨数据中心的应用；
- 数据同步控制，在各个数据中心之间自动同步数据，以
  及其他类似的数据中心大数据平台的协同控制功能。

数据门户相当于数据中台本身的数字化运营平台，通过将大
数据系统中的所有元素进行数字化，为用户提供全局的数据和应
用搜索引擎，以及全方位掌控大数据运营的能力。

14.4 数据门户的实现原理

图 14-5 显示了一个典型的数据门户架构。一般分为 8 个层次。

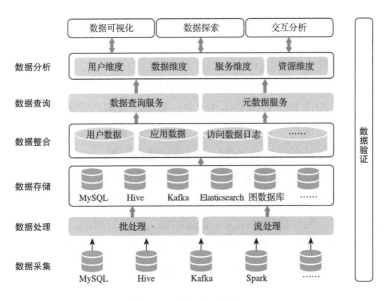

图 14-5 数据门户架构图

1）数据采集：采用开放可扩展的数据采集架构，支持多数据源的多种类型（结构化、半结构化、非结构化）数据采集，可使用目标系统提供的 API 或查询功能来定期收集数据（Pull），也可提供数据报表 API 供目标系统进行主动数据上传（Push），同时为用户提供主动输入等方式来采集数据。

2）数据处理：支持批数据和流数据处理。对主数据采用批处理模式，对事实数据及日志数据采用流处理模式，这样既能保证数据的完整性，又能保证数据的准确性和实时性。

3）数据存储：存储实体信息以及它们之间的关系，使用 MySQL、Elasticsearch、Kafka、Hive 及图数据库等存储并处理数据，支持 10 亿及以上级别的数据量。

4）数据整合：将采集来的各类数据进行转换、清洗、整合，形成统一数据及维度数据。

5）数据查询：支撑对海量数据及其链路关系的快速查询，解决跨系统查询耗时长的问题，同时可根据一个或多个关键字查询生成关键字间的链路关系。

6）数据分析：将系统内所有实体数据的情况进行全景展示，可查看系统内某个具体实体（用户、数据、服务、资源）的具体信息以及与这些实体相关的实体信息/链路关系，数据科学家或数据工程师可在此基础上进行进一步的数据挖掘。

7）数据展示：以导向图（包括星状图、树状图、散点图等）的方式进行友好交互及展示，可对节点及其链路关系进行自定义高亮显示。包括数据可视化、数据探索、交互分析。

8）数据验证：以自动化方式对系统展示的所有数据及采集的原始数据进行对比验证，保证数据的一致性、完整性及可验证性。

可以看到，这个系统与一般处理业务数据的大数据平台架构非常类似，因为它面对的"业务系统"就是大数据平台本身。可以说，数据门户是大数据平台的数字化运营工具。数据门户与一般大数据平台的主要区别在于：

- 数据模型是比较固定的，针对大数据本身的数据和应用；
- 必须提供图数据库查询和全文检索；
- 社交属性一般比较重要。

14.5 数据门户的社交属性

数据门户提供的元数据服务和搜索服务，可采集所有实体的元数据并对其进行统一集成管理，也可以存储用户的操作记录。因此，增加用户维度的元数据后，数据门户天然地可以提供社交属性，如根据用户搜索频率、搜索内容及偏好对搜索结果进行排序，以帮助用户快速、独立地找到完成日常任务所需的数据资源，并在此基础上进行基于元数据 360° 透视的个性化社交服务。

如 DAL/EagleEye 提供的数据资源管理中的 Discover Data Sources 模块能发现使用过的数据集，或者搜索感兴趣的数据集，并将查询结果以预览的方式进行展示。同时，用户可对特殊字段添加评论。

Airbnb Data Portal 的员工中心数据和团队中心数据的设计，也在试图建立基于元数据的社交网络。在设计员工中心数据时，员工是部落知识的最终拥有者，Data Portal 整合了员工创建、使用或收藏的所有数据资源，公司的任何员工都可以查看其他员工的页面，生产和消费的透明度较高。在设计团队中心数据时，团队拥有查询的表、创建和查看的仪表板、跟踪的团队指标等。

Amundsen 在用户和数据资源之间建立关系，通过暴露这些

关系来共享部落知识。用户与资源之间的关系分为三种类型：已
关注、已拥有和已使用。通过公开此关系，经验丰富的用户将自
己变为其团队中其他成员以及具有类似职务的其他员工的有用数
据资源。例如，新员工可以访问 Amundsen 并搜索其团队中经验
丰富的用户或进行类似分析的其他员工，然后考虑要深入研究哪
些资源，或者直接联系该用户或员工以获取指导。为了使这些部
落知识更容易找到，Lyft 还在内部员工目录的个人资料页面上添
加了一个链接，链接到每个用户的 Amundsen 个人资料。

在利用社交属性的同时，通过社交属性的功能所生成的
数据，其本身也成为元数据数据源的一部分，反哺数据门户的
360° 全视角透视的完整数据生命周期管理。

14.6　数据应用的自助及协同工作

从图 14-6 所示的元数据管理成熟度模型可以看出，在元数
据管理从统一存储阶段发展为集中管理、元模型驱动及自动化管
理阶段的过程中，对元数据管理控制的增强、机器学习的引入为
数据门户具备自助及协同工作属性提供了完备条件。

如 Data Portal 通过提供尽可能多的数据语境，并观察每个工
具对基础数据的访问控制，将单个镜头放到数据空间中。在数据
空间中，一个元数据的变更能牵出此变更元数据相关的所有上下
游数据集。

Metacat 作为数据存储的中央网关，可捕获任何元数据更改
和数据更新，并围绕表和分区更改构建一个推送通知系统，进而
将事件发布到数据管道（Keystone）中进行分析，以便更好地了
解数据使用情况和趋势。Metacat 将数据平台架构发展为事件驱
动架构，即将事件发布到类似于 Kafka 的流数据平台中，以允许

数据平台中的其他系统对这些元数据或数据更改进行"响应"。例如，当一个表被删除时，Amazon S3 仓库管理员服务可以订阅此事件并相应地清理 S3 上的数据。Metacat 还提供表 Schema 和元数据的版本记录，提供有关数据血缘的上下文信息，如在 Metacat 中聚合诸如表访问频率之类的元数据，并将其发布到数据血缘服务，用于对表的重要性进行排名。此外，还可以在大数据门户网站 SQL 编辑器中对可能有误的 SQL 自动提供建议，甚至自动完成 SQL，并根据组织和主题领域，使用标签对数据进行分类，来标识用于数据生命周期管理的表。

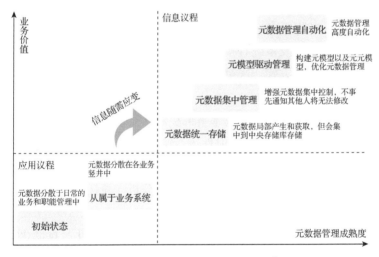

图 14-6   元数据管理成熟度模型[○]

作为数据门户核心的元数据管理发展到集中阶段后，必然会发展成具有自助和协同工作属性的服务。而数据门户的自助和协同工作属性最终的目的可以概况为：更加方便地进行自助式的元

○　图片来源：https://developer.ibm.com/zh/articles/bd-1503bigdatagovernance3/。

数据管理，通过对元数据全生命周期的链路管理，使元数据变更可看、可查、可追溯、可共享。

14.7 数据智能运维

在数据门户这样的工具背后，实际上是一种我们称作"数据智能运维"的建设。随着数据平台处理的数据、涉及的系统越来越多，传统大数据平台的运维将面临新的挑战，比如：

- 大数据平台运维中指标数据庞大，需要对指标进行私有化定制，同时需要进行关联映射处理；
- 大数据平台运维中的目标数据源主要包含集群组件产生的日志及系统直接生成的数据，要求系统支持流、批处理两种方式，这对一些传统的大数据平台基础架构提出了挑战；
- 许多支撑业务的技术集群稳定性要求高，而日志采集采用转储的方式，实时性达不到要求；
- 系统内的监控，主要是传统的规则定义与静态阈值的方式，只能对低维指标进行监控分析，并且误报率高，运维监控系统的价值无法体现。

因此，数据中台支撑下的智能运维应以智能化、自助化的方式更好地解决传统大数据平台运维面临的各种挑战，具体步骤如下。

1）感知：首先建立完善的感知体系（observability），对系统中所有组件和数据的运行指标进行采集和治理，并建立全面的指标体系，然后建立高阶运维指标体系，如数据产品迭代时间（time to market）。

2）可视化：智能运维可视化系统对系统运行状况进行可视

化展示，并提供可直接使用的自助查询，生成用户部门对运行状况的自助查询和报表。

3）运维体系：智能运维体系负责全平台多集群统一运维，进行系统资源使用率的多维度监控，采用应用性能监控与自动报警，并进行灵活查询及批处理作业性能分析与管理。

4）监控报警：对接入的新应用自动生成监控及报警，对批处理、流处理、灵活查询进行全局监控，对应用 SLA、数据正确性、完整性、及时性指标进行监控，使用机器学习算法自动生成异常检测规则及报警阈值。

5）数据应用资产管理：管理系统数据全生命周期，将用户、资源、数据、应用纳入统一的管理体系，形成全局的管理和应用视图，数据应用资产管理将成为所有系统数据应用的入口和搜索引擎，提供触手可及的数据及应用的查询能力。这样，就能减少数据发现时间，降低数据使用难度，管理多数据中心数据，精确度量 ROI，管理应用及数据生命周期、数据合规审计，辅助系统运维，避免重复建设，从多种视图查看整个平台的运行状况及使用情况，用可运营的方式展现系统的数据驱动能力。通过系统节点日志监控，实现用户、数据、作业任务、API、应用等多个维度的链路监控，梳理数据血缘关系，保证细粒度数据和操作的可追溯性，完成数据的全生命周期管理。

6）智能运维系统深度分析：分析数据价值、应用 / 数据热点、系统运行诊断等，这些操作在很多时候必须要能够使用智能化技术自动处理成千上万的任务和数据。

7）智能运维系统赋能：提供全局数据及应用地图，便于业务部门掌握数据及应用资产，支持自助式的数据 API 发布及服务，加快业务应用开发速度，提供各部门独立的数据开发运维工作台、合适的数据运营管理工具，以便于数据的复用和共享。

14.8 本章小结

　　数据流水线广泛应用后，数据流转的复杂性增加了数据全生命周期的掌握难度。本章以硅谷几家高科技公司在数据门户上的探索为例，详细介绍了它们在实际生产中如何解决各自遇到的问题，对数据流水线中的数据进行全局透视，从而真正实现数据驱动。同时，通过对它们探索成果的对比分析，总结出数据门户在数据中台中的定位及功能，并介绍了数据门户的实现原理。数据门户以其特有的社交属性和支持自助、协同工作的属性，推动了数据中台中数据智能运维的实现。

第 15 章

管理数据中台的演进

数据中台是一个持续发展、持续迭代的系统，因此，数据中台建设的完成并不意味着工作的结束。在初始平台实施落地后，还要保证数据能力的持续演进，这是一项系统工程，需要工具和流程的支持。我们看到，很多项目以通过验收为最终目标，因而将能在验收时体现的功能作为数据中台或数据平台的建设重点，例如数据可视化报表、实时大屏等，只要这些功能能够验收过关就算项目完成。但是，数据中台的一个很重要的作用是灵活集成新数据和模型，持续为业务和决策提供 AI 和 BI 支持。因此，以通过验收为最终目标的数据中台建设是存在一定问题的。

在这一章中，我们将为大家分析，数据中台为何必须为演进而设计，为何必须适应市场、产品、人员和机构的不断发展，以及我们需要什么样的工具和流程来管理这些演进。

15.1 不断演进的数据中台

数据中台的生态，从硬件到软件，从数据的提供方、处理方到使用方，从处理技术问题的组件到实现价值的数据应用，都是不断演进的。面对不断变化的市场、技术和需求，数据中台生态中的各个组成部分都会有自己的迭代过程，同时会与生态中的其他成员进行协调和交互。如果不加以管理，这个独立迭代的过程与统一工作的要求之间可能会产生冲突，从而造成不少效率问题，甚至造成产品和营收问题，使得数据中台的投入产出比大打折扣。数据项目建成即结束，化大价钱建成的数据平台在产生几张报表之后就被束之高阁的情况并不少见。

要系统分析不同系统的演进如何造成冲突以及冲突发生的主要场景，我们可以从剖析一个数据中台的四大要素——人员、应用、资源和数据开始。就像分析一个程序一样，对于这四大要素，我们可以看看在其发生增、删、改、查时系统是如何反应的。值得注意的是，由于云计算技术和容器技术的引入，传统的主机管理、应用发布、资源申请及分配已经得到极大改善（详见第 8 章）。在本章中，我们会提到这方面的要求，但不会展开介绍。

15.2 人员变动下的数据管理

一个企业的人员是不断流动的，所有的 IT 系统都必须将人员的变动考虑在内。对于数据中台来说，管理人员演变的核心在于保障数据安全和对数据能力的传递。在理想的情况下，任何一个新加入的人，不管是刚入职的实习生还是 CEO，都应该能够快速理解相关业务现有的数据，随时随地获得符合其权限的数据及工具；而任何人的离开都不会造成数据泄露或关于数据的知识损失。

15.2.1 数据安全

对于数据中台的安全，除了传统的主机层、网络层、存储层的安全之外，还必须做好下面 6 个方面的规划和执行。

- 身份认证（Identification）：证明用户的身份，例如使用账号、密码或者 token。
- 授权（Authorization）：获取用户的权限级别。
- 鉴权（Authentication）：每个服务对用户声明的身份和权利的验证过程。
- 权限控制（Access Control）：配置用户对每个资源的使用权限并根据权限控制访问过程。
- 监控（Monitor and Alert）：监控系统数据访问的行为，发现违反规则的行为并报警。
- 审计（Auditing）：记录系统中所有的数据访问，做到事后有据可查，并可对审计日志进行专门的分析。

相比一般的系统，数据中台中的安全问题更为复杂，因为它需要处理全局的数据并服务企业的各个部门和数据使用人员。而且，随着数据即服务、模型即服务、标签系统以及各种机器学习和人工智能应用的广泛使用，传统专注于 Hadoop 生态体系的安全管理已经很难满足要求。例如，在很多可视化报表系统中，用户可能要求同一张报表中的选项可以针对不同的部门来设置，比如设置区域，使各个区域的部门都只能看见自己区域的信息。我们看到，在很多系统中，即便是像 Kerberos 这种大数据系统必备的身份验证系统，也因为配置比较复杂和没有专业人员的支持而被直接省略。

一般来说，数据中台的用户系统必须与企业的身份认证系统打通，例如 SSO（Single Sign On，单点登录）体系，并有一个集中的数据授权和权限控制管理系统，一般采用 RBAC（Role-Based Access Control，基于角色的访问控制）。这样，当一个新员工加入时，可以很容易地一次将所有权限配置好；当一个员工调换部门时，可以通过修改其角色快速修改其权限；当一个员工离职时，只需一个全局的改动就可以将其对数据的访问权限全部收回。

15.2.2　数据能力的传递

数据能力是现代企业的核心能力之一，除了其表现形式数据模型、数据报表、数据服务之外，业务人员、数据人员对这些数据能力的理解也非常重要。我们曾多次在实际项目中碰到，有些业务报表一直在用，但是在梳理其数据源和计算逻辑时，竟然没人能完整描述整个流程。甚至，有些业务表都找不到人来描述其实际逻辑，在调研的时候还要阅读业务系统的源代码来了解其产生的逻辑。

数据中台的一个重要任务是建设数据标准，根据数据标准将各种业务数据接入，并建立全局可用的数据模型。在这个过程中，对于每个数据源的拥有者，其与全局数据模型的对接关系和对应的转换逻辑，所产生的数据模型使用方式，都必须进行系统的管理。因为数据中台需要支持跨部门的数据使用，而很多数据的使用者都见不到数据的拥有者，所以靠传统的面对面调研和问答方式是不现实的。

除了在不同部门之间有效传递数据能力之外，数据中台还需要考虑如何将数据的知识沉淀到平台中，以便在发生人员变动（如关键人员离职）时不影响数据的使用和迭代。这里有几个需要考虑的常见场景。

1）人员离职的时候能够找到其负责的所有数据源、数据模型、数据应用、报表和看板，接手人员可以通过相应的文档理解其中所有的逻辑，如果通过文档并不能解决问题，就需要更新文档。在这种情况下，首先需要快速定位数据中台内所有相关资源的拥有者及相关人员，以及其影响到的下游系统和部门。因此对数据及数据应用的元数据管理和血缘管理是非常必要的。

2）在数据应用开发和使用的时候，尽量将相关文档和讨论沉淀到平台中，而不是使用邮件或者实时聊天系统，以便于使用和维护人员理解数据源和数据应用的迭代历史和由来。使用 Jira 等项目管理工具或内部 Wiki 系统来管理数据需求、迭代需求及数据问题的讨论，形成内部的数据使用论坛和记录，这对于数据能力的传承是非常必要的。

3）统计数据资源的使用情况，确保关键数据能有文档备份，有专人负责，并保证数据生命周期在人员变动的情况下能得到合理管理。有些企业内部的数据分析作业过了很多年还在一直运行，而实际上最初开发该程序的人员已经离职或者换了工作方向。如果没有有效的管理，这些作业就会一直占用宝贵的系统资源，而且出了问题还要运维人员去维护。

4）人员入职的时候，除了为其配置相应的数据权限，如何让其尽快理解企业现有的数据和应用？如果能够快速理解公司现有的数据，他们就能更快地利用这些数据来指导自己的工作，从而提高工作效率。特别是新入职的高管，如果有随时可用、快速易懂的数据体系支持，他们就可以更快地理解公司的业务，加快融入的过程。另外，新员工很快理解了公司现有的数据能力，在工作时就会非常清楚哪些能力是可以复用的，从而避免重复造轮子。例如，去年中秋节市场部门做了一个针对不同人群的个性化促销活动，效果不错，今年新来了一个市场人员，他从哪里可以看到这个活动是如何实现的？个性化用到了哪些用户属性？最后促销的效果具体如何？如果这些信息都能在相关的数据模型和工具中看到，对他正确重用这个功能会非常有帮助。

第 14 章介绍过，硅谷的很多高科技公司都开发了内部的数据门户系统，一个重要的目的就是高效管理人员变动和沉淀企业数据能力。

15.3 数据和应用的演进

本节将数据的演变和应用的演变放在一起介绍，是因为应用的变化一般都涉及数据的变化，而数据的变化更是必须通过应用的变化实现。在企业规模比较小的时候，企业内部数据和应用涉及的人员和系统组件数目都比较小，不需要专门的管理系统就可以正常运作和发展。但是，随着企业规模的不断扩大、业务的不断扩展、人员的不断增多，如何有效管理企业内部的数据和应用成为不可避免的问题。

数据孤岛、应用孤岛的出现，正是因为在企业 IT 系统发展过程中缺乏全局的掌控。可以看到，大部分系统，包括各种孤岛系统，在刚刚建成的时候是满足要求的，问题就出现在，在数据和应用不断演进的过程中，企业管理现有系统的变化、融合新开发的系统和现有系统所需的时间已经超过开发一个新系统的时间。如果到这个时候我们才想到建立一个类似于数据中台、业务中台的系统来解决这个问题，就为时已晚了。

从数据中台的角度来讲，如何确保我们的系统可以无缝应对数据的不断变化和业务系统的不断扩展？下面我们列出一些需要注意的系统变化以及数据中台的应对方法。

（1）数据格式的演变

在业务系统的迭代中，我们经常需要改动业务系统的数据库表结构，添加或者删除字段，改变字段的格式。如果不加限制的话，这些数据库表的数据导入任务就会失败。如果每次迭代都修改大数据平台中的对应存储结构，就会造成历史数据不可用，而且要对使用这些数据做分析的程序进行相应的修改。一般来说，数据存储系统应该使用类似于 Avro、Parquet 这些支持格式变化的存储方式，并可以使用类似于第 14 章中介绍的通用访问层来管理格式的变化。

（2）数据语义的变化

数据语义指的是数据所对应的业务逻辑，在数据中台中最常见的表现形式是指标的定义。例如，在有的系统中，"当日销售额"只要用户付款完成即可计算，一条销售记录意味着钱货两清，交易已完成；而在有的系统中，一条销售记录可能要等对应的服务完成才能计入"当日销售额"。这种语义的表现形式可能存在于代码中，例如在计算销售额的时候必须做的判断逻辑；也可能存在于数据字典中，例如我们在描述"当日销售额"这个指标的时候，必须把它的定义清楚明晰地用数据表达出来。语义的变化比格式的变化更为微妙，但是可能会造成不少问题。不难想到，这种语义的变化一般不会引起程序的崩溃或报错，如果结果变化不大，可能很长时间用户也不会察觉。

处理数据语义的变化一般有两种方式。第一种是主动式管理，在上游数据语义发生变化的时候使用数据血缘工具找出所有下游相关应用和数据，并通知其所有者。第二种是被动式管理，对需要监控的数据加上相应的数据质量规则，由数据质量系统发现语义的变化并通知使用人员。

（3）新增的业务应用

每次在新增加业务的时候，如何将新业务与现有业务对接？

如何保证新业务的数据统计口径与现有业务保持一致？这个新业务如何重用现有的数据能力？快速支持新应用的迭代是数据中台的核心建设目的之一，因此，数据中台必须提供一整套规范和工具供新应用来遵守和利用。例如，阿里巴巴提出的OneID就要求新业务的各种主数据必须采用全局统一的ID（如用户ID），这样新业务的统计数据、业务指标才能与现有业务的数据打通。

（4）变化的业务应用

业务应用在发布后会不断迭代，除了会发生数据格式或语义的变化，还有可能产生全新的数据。例如，我们发现一个应用的某个用户行为分析无法进行，因而需要加入新的埋点数据，这些业务应用变化必须遵守全局的数据规范，数据中台也应该提供处理这些变化的规范和工具，使每个应用的开发团队能够自由迭代应用，而无须等待全局的协调。

（5）停用的数据应用

业务应用有其生命周期，在业务应用停用的时候，其使用的数据分析程序以及依赖其产生数据的分析程序也应该同时停止。有一种常见的情况是，虽然一个业务系统停止了，但其中有数据组件或数据在被其他应用使用，这时应该进行相应的迁移和转交流程。在这种情况下，数据门户能够方便地找到所有使用这些相关数据及应用的用户，并通知他们进行相应的迁移工作。

15.4 资源的演进

这里的资源主要是指硬件资源，即内存、存储、CPU、网络。如第8章所述，由于云计算技术和容器技术的引进，传统的资源申请及分配流程已经得到极大改善，但是改善主要是在运维层面的具体操作上，在数据中台运营层面管理资源的演变还需要做很多工作。例如，下面列出的问题主要涉及数据中台运营管理，即使有底层云平台的支撑，还是很难回答。

- When：什么时候需要增加或削减资源？
- What：需要增加或削减什么资源（内存、存储、CPU、网络）？
- How：增加或削减的流程是怎么样的？
- How many：具体需要增加多少？削减多少？
- How much：分配给每个系统的资源产生了多少效益？哪些资源得到了最好的利用？
- Who：应该为每个部门、每个人员分配多少资源？他们对资源的利用率是多少？

数据中台的建设与绝大部分 IT 系统一样，脱离资源的限制谈性能问题是没有意义的。上面这些问题在数据中台相关的文章和图书中鲜有提及。作为一个公司数据能力的抽象、共享和复用的平台，数据中台的资源是有限的。配置过多资源，但暂时没有足够多的应用，会造成资源的浪费；资源配置不够，数据分析效率降低，数据产品开发效率降低，一些高性能应用无法实现，内部人员使用积极性降低，对数据中台的实施落地不利。我们在实际工作中看到，即使是数据部门的预算每年以十亿计的公司，数据中台的资源也是不够的，因为数据部门的预算一般都与需要处理的数据量挂钩。

在数据中台中和传统大数据平台中处理这些问题有些区别。数据中台一般会被看作利润中心，它产生的效益一般是需要衡量的，尤其是各个业务部门在数据中台中共享和使用的能力和资源，要计入各个业务部门的成本和收益中。Forrester 在 2016 年发布的一份调查⊖显示，一般公司内部 60% 以上的数据是没有被

⊖ Hadoop Is Data's Darling For A Reason：https://go.forrester.com/blogs/hadoop-is-datas-darling-for-a-reason/。

用来分析的。如果数据中台存储了这么多无用的数据，那么它的建设意义就会大打折扣。传统的大数据平台主要起支撑作用（参见第 1 章中传统大数据平台的定义），虽然它也要处理资源的分配，但是并没有将这些工作与自身的建设成果挂钩。简单来讲，数据中台需要支持对数据能力复用和共享情况的精细化管理，而传统大数据平台并没有这个需求。

15.5 演进中的关键指标

怎样管理数据中台的演进，确保其发展和运营是在不断提升企业的数据能力和创造价值？我们希望能有一些量化指标来衡量数据中台的各项能力，这样才能判断我们建设的数据中台是否满足企业的需要。

我们从一个典型的数据人员（数据工程师、数据科学家）的工作流程来看数据能力的使用过程。

- 发现：了解可用的数据属性，并列出进行实验的数据属性。
- 提取：某些属性可能已经可用，而另一些则需要提取。
- 治理：作为提取过程的一部分，需要对数据进行适当的规约和转换。该阶段通常包括数据属性和数据维度的清洗、ETL，有时还需要处理数据加密及数据合规等。
- 分析：构建原型以生成度量指标并进行迭代。
- 发布：提供分析结果。输出可以是可视化看板、机器学习模型、数据服务、数据报告等。

我们认为，数据人员工作的最重要指标是"可靠洞察费时"，也就是从数据发现开始到最后发布洞察结果所花的时间。值得注意的是，如何保证这个结果的可靠性非常重要。在很多时候，输入数据的验证和结果的验证会花掉大量时间，让大家可以理解这个结果的可靠性又要花掉很多时间。

"可靠洞察费时"越短，意味着企业就可以更快地从数据中获取洞见，对市场的变化做出反应，形成可以指导业务活动的决定，这也就是我们常说的可指导行动的洞见。同时，这意味着数据分析人员的工作效率越高，单位人员的产出越高，ROI 也就越高。一般来说，可靠洞察费时与平台自助服务的程度正相关，并且是流程各个阶段内 KPI 的总和。下面是各个阶段的一些具体指标。

（1）发现阶段指标

- 发现时间：表示用户找到自己所需数据花费的时间。发现时间可以进一步归类为：查找数据源的时间，即当有新数据源可用时，数据在被提取到数据湖的过程中，需要多长时间被发现并跟踪；查找数据属性的时间，即搜索表中可用的属性维度，以及用于生成这些属性维度的逻辑；查找指标的时间，即找到自己所需关键指标花费的时间，以及计算这些指标的逻辑。

- 解释时间：反映理解数据属性和指标的难度。没有对数据模型及数据字典的正确理解，就不可能进行有效的分析。此外，如果在数据源属性上构建了标准化的数据模型层，就能够帮助理解指标计算和转换的逻辑。

（2）提取阶段指标

- 滞后分析时间：反映来自数据源的数据可用于分析和机器学习的快慢。我们希望数据从数据源到可用形式的时间越短越好。在早期系统中，一般的数据处理都是按小时或按天安排（T+1）的模式，现在我们希望在资源允许的情况下，数据到洞见的时间能达到实时或准实时的目标（T+0）。

- 变化管理时间：数据源中的数据会不断发生变化，这个时间指标反映数据平台适应数据变化的速度。例如，理想情况下，当 Schema 更改时，提取的数据自动调整；当数据库配置更改时，表属性含义自动更改。

（3）治理阶段指标

- 处理合规时间：确保数据按照合规性和法规进行处理所需花费的时间。常见的合规操作有数据加密、数据脱敏、访问控制、找到包含隐私数据的数据集的位置。系统最好能提供相应的工具来处理这些问题，以提高效率。

- 质量时间：确保分析的正确性和数据质量所需的时间。理想情况下，数据流水线应具有在数据传输时对数据属性进行分析的能力，例如数据差异、参照完整性等。

- 转换时间：进行数据治理和加载的时间。传统的数据治理和加载表示从数据源开始的 ETL 或 ELT 过程，使数据可被下游分析程序使用。

- 标准化时间：创建标准化指标，或在数据用户之间创建标准化业务词汇度量所花费的时间。典型的过程包括原型开发、指标验证和标准化、发布到系统。

（4）分析阶段指标

- 迭代时间：表示修改现有数据流水线以及创建新数据流水线任务的敏捷性。这代表了理解现有流水线逻辑、跟踪数据血缘、修改脚本、在实验环境下验证更改以及在生产环境进行发布的能力。

- 查询时间：表示基础查询引擎的性能。通过解耦的存储和查询架构，将查询类型映射到合适的基础技术，如 Hive、Spark、Presto、内存数据库等，提供最合适的查询时间。

- 优化时间：表示为优化流水线和查询而进行的工作。在实际系统中，大量的任务是由 SQL、Python、Spark 之类的高级语言和工具编写的，虽然编写比较便捷，但是性能往往并不是最优的。在一个每天运行上万个任务的系统功能中，发现任务的瓶颈并快速进行有针对性的优化变得越来越关键。

（5）发布阶段指标

- 生产时间：表示以可复制的方式大规模运行数据流水线的能力。可以进一步分为三部分：发布时间，涉及适当的监控、通过仪表板或 API 提供结果以及安全性检查验证；训练时间，迭代训练、验证报告和机器学习模型正确无误；集成时间，与执行框架（如电子邮件营销活动的框架）集成。
- 解决问题时间：检测问题及解决问题的时间。我们应该在监控框架中实现智能监控（如异常检测），对于大部分问题可以自我修复，在必须人工干预的时候能通过工具快速解决问题。

区分不同阶段的指标可以让我们有针对性地优化数据中台使用的不同阶段，逐渐优化系统的使用体验和运行效率，让系统演进成一个高效运营的机器，为企业的数字化运营持续提供数据能力的支持。

15.6　本章小结

本章简单介绍了为何在建设数据中台的时候必须考虑系统中各个关键元素的演变情况，以及常见的解决办法。此外，还介绍了在系统演进中一般要考虑的考察指标，这些指标可以作为我们规划数据中台演进过程的指导。

第四部分

数据中台案例分析

数据中台是个新名词，但是其代表的思路和实践早已在很多企业中有过成功案例。在本部分中，我们首先介绍与 Supercell 非常类似的游戏巨头 EA（艺电）的数据中台实践，然后分别介绍数据中台在零售行业、物联网行业的两个案例。

数据中台包括底层的技术平台（云平台、数据仓库、大数据平台、数据服务等），使用技术平台建设的符合数据中台规范的数据层，以及根据这个数据层提供的实际业务数据能力层。除了正确地建设底层的技术平台，建设数据中台的难点还在于如何进行业务建模、数据治理、数据开发来实现中间的数据层，并根据实际业务痛点来开发上层的业务数据能力层。

在本部分介绍的这些案例中，我们主要讲述数据中台如何建设与业务紧密相关的数据层，如何通过这个数据层来解决实际的业务问题。根据我们的实践经验，企业在数字化转型中遇到的最大问题是，不知道如何定位业务痛点，不会判断这个业务痛点能否用数据来解决，能否用现有数据来解决，不知道数据缺口在哪里以及如何解决。虽然数据中台的建设会对解决这些问题有所帮助（提供全局数据视图及关联管理，数据能力的共享及复用等），但是解决这些问题还需要深刻理解业务和现有 IT 系统。希望这些案例能对大家建设数据中台有所启发。

| 第 16 章 |

EA"数据中台"实践

本章介绍 EA(艺电)这家全球著名的游戏公司如何通过新一代大数据平台的建设,打造出游戏引擎寒霜,实现数据应用和数据能力的共享和复用,进而利用数据驱动的红利迅速占领市场。虽然 EA 没有用"数据中台"这个叫法,但是通过下面的介绍,我们可以看到,EA 的大数据平台实现的功能就像马云在 Supercell 看到的数据中台一样,为整个 EA 近些年的发展奠定了数据驱动的基础。

16.1 建设背景

EA 是一家知名的跨国游戏公司,公司总部位于硅谷,在世界各地拥有多家分公司或子公司。EA 创造和发行了众多深受游

戏爱好者喜爱的游戏。位于加拿大温哥华的 EA Sports，开发了
全球最热门的足球游戏《FIFA 足球》，还有深受美国体育迷喜
爱的《Madden 橄榄球》《NHL 冰球》和《NBA 篮球》等体育游
戏。位于瑞典斯德哥尔摩的 EA DICE 工作室则开发了令军迷们
狂热的《战地》及《星球大战》系列游戏。2019 年一经发行就
在全球大火的大逃杀游戏《Apex 英雄》是由位于美国洛杉矶的
EA Respawn 工作室开发的。位于美国加州红木城的 EA Maxis 工
作室创造了历时 20 年经久不衰的《模拟城市》和《模拟人生》
系列游戏。位于美国旧金山的 EA PopCap 工作室专注于手游开
发，其最著名的作品当属《植物大战僵尸》系列。

　　作为一家全球性并拥有众多热门游戏的公司，EA 每天产生
的数据量非常庞大，以下是一些从公开渠道获取的数字。

- 在 2019 财年，《FIFA 足球》在 PC 和游戏机平台上一共
  拥有 4500 万玩家，这些玩家平均每 90 分钟完成 50 万场
  比赛，射门 300 多万次，进球数达 99 万个。
- 《战地》系列游戏在 2017 年拥有 2100 万玩家，平均每天
  产生 1TB 的数据。
- 《模拟人生》系列游戏在全球有超过 2000 万玩家，在 20
  年间一共售出了 2 亿份。
- 2019 年发布的《Apex 英雄》游戏，在 72 小时内的玩家
  数就达到了 1000 万，而在线玩家峰值突破 200 万。

　　EA 早期的数据分析架构是一种烟囱式的架构[⊖]（见图 16-1），
每个游戏工作室（移动、社交、游戏机平台、PC 平台）、每个业
务部门几乎都有一套自己的数据分析平台，且架构大同小异。形
成这种状况是有其历史原因的：首先，EA 旗下工作室大部分是

⊖　参见 EA 的 CTO 在 2013 年 O'Relly Strata Conference 上所作题为"Video
　　Games:The Biggest Big Data Challenge"的演讲。

收购而来的，它们原来就有一套自己的数据标准和数据分析平台；其次，EA 一直没有统一的数据分析平台，各业务部门只能自行建设。

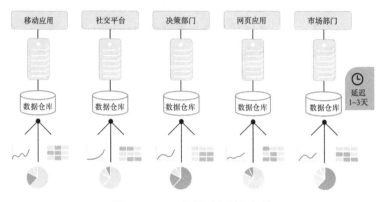

图 16-1　EA 数据平台早期架构

面对分布于全球的游戏工作室，面对跨平台（PC、游戏机、移动设备）的众多游戏，2012 年，EA 原有的烟囱式数据分析架构面临巨大困境，公司各业务部门很难掌握公司的整体运营状况，各游戏工作室也很难对玩家的反馈做出快速反应，从而导致游戏玩家数减少，游戏营收下降。2012、2013 连续两年，EA 都被美国消费者网站（consumerist.com）评为美国最差劲的公司。2013 年，EA Sports 副总裁安德鲁·威尔逊成为 EA 新任CEO，他也是 EA 历任 CEO 中唯一一位技术出身的。威尔逊一上任就提出了玩家优先、数字化和 One EA 的战略目标，为了全面掌握玩家动态和提升游戏体验，开始打造 EA 的数据中台和技术中台（寒霜引擎），这与阿里巴巴的双中台战略有异曲同工之妙。本章所记录的就是 2013 年以来 EA 建设"数据中台"的全过程。

16.2　组织架构调整

EA 建设 "数据中台" 的第一步是成立 EA 数字化平台部门（EA Digital Platform，EADP），由其统一负责数据标准及数据规范的制定和数据中台的建设，打破各游戏工作室和各业务部门各自运营自己的数据的孤岛模式。EA 的大数据部门隶属于 EADP，简称 EADP Data，该部门主要由以下几个团队组成。

（1）产品团队（Product Team）

该团队负责与 EA 各游戏工作室和各业务部门进行协调工作，制定和修订 EA 的数据标准和数据规范，同时收集各游戏工作室、各业务部门的大数据开发需求，并与大数据研发团队制定相应的数据应用和数据服务的开发及交付计划。产品团队每个季度都会与各游戏工作室、各业务部门进行为期两天的季度产品规划会议，统一梳理各条业务线提交的大数据产品需求，确定各种需求的优先级并落实整个季度可以交付的需求列表。通过季度产品规划会议，EADP 将整个 EA 大数据应用和数据服务的开发和交付纳入一个统一管理的框架。

（2）项目管理团队（Project Management Team）

该团队负责与产品组、各游戏工作室和各业务部门进行协调工作，确保数据应用和数据服务的开发和交付都能按时按质完成。

（3）大数据研发团队（Data Platform Team）

该团队负责 EA 大数据平台的集群规划及建设、大数据组件的集成和开发、大数据应用和服务的开发和交付。这个团队划分为几个小组，其中，平台组负责大数据集群的规划和建设以及整个大数据集群的 DevOps 工作；架构组负责开发大数据基础组件及服务，比如数据采集系统、ETL 作业调度系统、自助式大数据分析平台等；应用组负责大数据应用及数据服务的开发，比如360°玩家画像、标签系统、统一的数据访问接口等；人工智能组负责 EA 人工智能系统的开发，包括反欺诈系统、智能定价系统、各种推荐算法、统一推荐平台等。

EA 大数据部门并没有专门的数据分析师团队。EA 所有负责数据分析的成员都分布在各游戏工作室和各业务部门，直接隶属于各个业务线，他们对各个业务线的业务非常熟悉，还掌握了一定的数据分析技能以及使用各种数据分析工具的能力。这些分布在各业务线的数据分析师与大数据团队密切合作，他们既是大数据分析需求的提出者，也是大数据应用和数据服务的使用者，通过这种合作，帮助 EA 大数据平台逐步成熟、逐步完善，同时在此过程中逐步提升自己的数据分析能力。

这种组织架构的好处是，EA 大数据团队不需要过多地关注业务问题，因而可以集中精力开发大数据平台和大数据应用及服务，而各个业务线的数据分析师在统一的 EA 大数据平台进行数据能力的挖掘和开发工作，也方便进行数据能力的共享和复用。

16.3 建设过程

EA "数据中台"从 2012 年开始规划，2013 年开始正式建设，逐步迭代升级，这个建设过程从一开始遵循的思想就是以业务的需求和痛点为导向，而不是为了建设大数据而建设大数据。EA 数据驱动业务的需求主要集中在以下几个方面。

- 游戏设计和开发流程：通过大数据分析玩家行为，帮助游戏研发团队快速掌握游戏缺陷以及时发布更新和补丁，根据玩家的喜好开发新功能、发布新货品。
- 游戏在线服务：通过对游戏服务器监控数据的分析，及时对网络故障、服务器故障进行排查并恢复服务，减少游戏中断频率；通过分析实时游戏数据，杜绝游戏外挂及其他欺诈行为；分析玩家历史行为数据，为玩家提供动态游戏难度调整或进行动态的游戏组队，以提升玩家体验。

- 游戏市场推广：通过对玩家进行 360° 分析，在游戏网站及游戏中进行广告精准推送，在游戏平台向玩家推荐新游戏；利用标签系统，快速定位特定的玩家群体，并向他们推送游戏币、打折券等，以提高玩家的游戏参与度。

- 游戏客户服务：通过对玩家反馈数据的分析，找出玩家热点投诉问题并及时解决；通过分析客服系统的历史数据，打造智能化、个性化的客服机器人，提升客户服务的效率。

- 高层决策：快速满足管理层对各部门、各游戏平台、各类游戏的数据统计分析需求，完成月度和季度 KPI、营收预测及重大战略决策分析。

虽然整个 EA "数据中台" 的建设经过了长时间的论证和规划，但建设过程其实用时并不长。EA 的大数据部门基本每个季度都会交付一些数据产品供各个部门使用，这就充分体现了数据中台快速落地、快速迭代的方法论，也使各游戏工作室、各业务部门能快速体验到数据中台的好处，更有意愿使用数据中台来开展数据分析工作。从 2013 年开始到 2014 年初见成效，EA "数据中台" 的建设大致经历了以下 4 个重要阶段。

1. 快速迭代

在建设初期，EA 大数据部门首先花了近一个季度的时间，在 AWS 上搭建了 30 个节点的 Hadoop 集群作为数据中台的基础，并逐步将 EA 的游戏数据从各个游戏平台汇聚到大数据平台。EA 将这个平台取名为"Ocean"，意思是所有数据都会汇聚到这个数据海洋里。通过 AWS 公有云和 EA 内网之间的高速专用网络，Ocean 与 EA 的内部系统连接在了一起。最初，这个平台只提供一些基础服务，比如数据的浏览、查看和下载功能。在这个阶段，业务部门的数据分析能力还非常有限，它们只能通过操作界面将少量简单的数据下载到部门的服务器或笔记本上，然后导入 Excel 中做一些分析和报表。

复杂的数据分析可以通过两种方式完成：一种是大数据部门事先开发好 MapReduce 作业，进行统计分析，然后把结果转换为可下载的数据；另一种是业务部门的分析人员自己通过客户端连接到 Hadoop 集群（Hive）运行 SQL 语句进行自助式查询。第一种方式分析的数据是有限的，难以满足业务部门日益增长的数据分析需求；而第二种方式只有少数分析人员能够使用，而且自助式作业的运行时间也不能过长，否则客户端会失去与服务器的连接。

虽然这个阶段的成果是有限的，但各业务部门快速见到了一些成效，对数据中台的建设也慢慢有了信心。

2. 工具开发

数据中台的一个很重要的衡量标准是，业务部门要能够自助进行数据探索，要能够利用数据中台的工具快速发现业务的洞见，然后快速应对市场变化。这个阶段的主要建设工作是开发一个自助式数据分析平台。EA 大数据部门建设了一个与生产集群并列的 Hadoop 集群，取名叫"Pond"，因为它的规模要比生产集群 Ocean 小得多。Pond 集群每小时都从生产集群中抽取最近一小时的数据，保持集群中始终有最新的"热"数据，同时

Pond 还可以访问 AWS S3 所保存的所有历史数据，这样 Pond 就具有了全量数据的访问能力，它本身的主要资源都用来做数据分析。

此外，EA 大数据部门还开发了一个交互式界面，让业务部门能够在 Pond 上自助运行 Hive 查询语句，并提交数据分析作业。数据分析作业完成后会以电子邮件的形式通知作业创建者。这个平台上线后，每天有两三百名 EA 各部门的数据分析人员在上面运行数据分析作业，平均每天运行的查询作业有四五百个。慢慢地，一些部门日常的数据分析工作也都转移到了 Pond 上。这时，针对多租户的使用场景，大数据团队又研发了一些高级功能，比如作业优先级的管理、各部门资源使用总量限制以及数据分析的审计功能。

对于业务部门而言，这个自助式数据分析平台极大解放了它们的生产力，充分调动了它们使用数据中台的积极性。而通过 Pond 的审计功能，管理层清楚看到了各部门数据驱动业务的发展程度以及各种数据资产的使用率。

3. 能力复用

自助式的数据分析平台上线以后，EA 大数据部门肩上的压力瞬间减轻不少，下一阶段的主要精力就放在一些复杂数据能力的开发上。首先要解决的是 EA 的主要营收贡献者《FIFA 足球》团队的两大痛点。

第一，游戏欺诈问题。一些玩家在游戏中利用大量的僵尸账号来收集游戏币，然后在游戏外的黑市上售卖而获利。这个问题每个月给 EA 造成的损失达数百万美元。

第二，市场推广难。EA 市场推广团队每天需要分析上千万玩家的数据，进行上百次操作，根据玩家的静态和动态数据，每次锁定几百个特定玩家，进行有针对性的市场推广活动，但自助式分析平台因为计算资源的限制，每天只能完成几次这样的操作。

针对游戏欺诈的痛点，EA 大数据团队开发了一个基于图数据库的快速回溯检索工具。《FIFA 足球》的数据分析人员将从黑市上买来的游戏币编号输入系统后，该检索工具就会快速将经手过这些游戏币的账号全部检索出来，并根据账号活跃度筛选出真正的僵尸账号，然后游戏运营团队快速将其查封，从而阻止游戏欺诈行为。

针对市场推广的痛点，EA 大数据团队开发了一个基于 CouchBase 和 Elasticsearch 的实时标签系统，将玩家相关的数据都存储在 CouchBase 中，然后将玩家的静态和动态数据都定义成玩家的标签，并在 CouchBase 中进行实时更新和计算，将标签计算的结果都存入 Elasticsearch 中，供《FIFA 足球》的市场推广部门筛选玩家。这个系统上线后，市场推广人员只需简单拉取几个标签，就可以在几秒内完成一次玩家的筛选工作。

在反欺诈系统和标签系统的功能逐步完善并得到足够多的反馈之后，EA 大数据团队将这些数据工具进一步抽象，升级成通用的系统进行共享和复用，将它们推广给其他游戏工作室。这里体现了数据中台的一个重要方法论：各业务部门不应该重复造轮子，数据应用和数据能力需要共享和复用。

4. 形成闭环

在数据分析平台初具规模、数据应用日益丰富以后，EA 大数据团队将注意力转向了 EA 管理层制定的玩家优先战略的核心问题：如何利用大数据、AI、机器学习技术提升玩家的游戏体验。从 EA "数据中台"的建设初期，EA 大数据团队就开始了数据科学家的招募工作。由于团队人员逐步到位，数据中台中也积累了足够多的历史数据，EA 大数据团队在这一阶段的主要精力是建设 EA 的游戏推荐系统，通过对大量历史数据的分析，利用人工智能和机器学习算法，为每个玩家提供个性化的游戏难度推荐，或者进行游戏玩家动态组队。在推荐系统上线后，EA 玩家游戏参与度（玩家游戏时长、玩家留存率、玩家推荐率）提高了10%。经过这个阶段，EA 的数据中台已经基本成型，数据驱动的各个环节都已经打通，并形成了从数据采集到产品推荐和用户反馈的数据闭环。

到 2014 年，EA 已建成覆盖所有游戏平台和所有游戏的数据中台。数据中台初见成效：各游戏工作室可以轻松构建一个 360°的玩家画像，实时掌握每个玩家的动态；各业务部门可以实时掌握全球市场的运营状况。同年，EA 摆脱了"美国最差劲公司"的称号。2015 财年，EA 的营收达到 43 亿美元，是自 1982 年创立以来的最高点。

16.4　体系架构

EA "数据中台"的架构如图 16-2 所示，与硅谷其他科技公司的"数据中台"架构基本类似。整个架构从上至下分为 4 个层次。

（1）数据采集层（River）

这一层采集的是各游戏平台产生的游戏数据，游戏服务器产生的游戏运行数据，数据中台本身所产生的审计数据，以及第三方（Apple Store、Google Play 商店及其他游戏经销商）提供的数据。River 采集系统支持实时采集和批处理采集。实时采集系统Lightning 利用 Kafka 实时处理技术，采集手机、游戏客户端及

PC 端的实时游戏数据。批处理采集系统 Tide 是 EA 大数据部门自主研发的分布式采集系统，它基于 Java 开发，采用分布式缓存技术 Hazelcast 来进行分布式作业的协同处理，可以对采集的文件进行定向存储、批量打包、MD5 验证，比 Flume 和 Scribe 这些开源系统更能适应 EA 数据采集的需求。

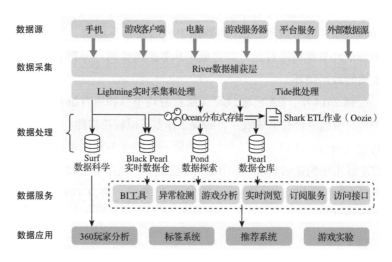

图 16-2　EA 数据平台架构

（2）数据处理层

该层的核心组件是基于 Hadoop 的分布式集群 Ocean。到 2015 年，Ocean 已经拥有近 2000 个节点。在 Ocean 上运行着 ETL 作业系统 Shark，Shark 使用 Oozie 开源软件来进行作业的调度，运行 MapReduce、Hive 和 Spark 作业。EA 大数据团队对 Oozie 进行了一些改进，增加了数据血缘分析功能和实时作业触发机制。

Ocean 处理后的数据会加载进各种数据仓库，其中有数据科学家使用的人工智能机器学习模型库 Surf，还有基于 CouchBase

构建的实时数据仓库 Black Pearl，主要是用来进行标签系统的计算以及保存一些缓存数据。Pond 是用于自助式数据探索的数据仓库，前面已经提到过。最后是传统的数据仓库 Pearl，其背后的技术是 AWS 的 Redshift。

在数据仓库背后运行着各种 BI 工具，比如数据分析与可视化工具 Superset、MicroStrategy 和 Tableau。

（3）数据服务层

这一层的主要职责是将数据能力开放出来，以数据服务的方式提供给各个游戏工作室和业务部门使用。除了常用的 BI 分析工具之外，数据服务还包括异常检测服务。异常检测服务以注册制的方式接入各种监控指标，自动分析监控指标的规律并进行异常情况的监测和报警。数据质量监控和游戏运行指标监控都依赖于这个服务。

游戏分析服务是以接口的方式输出游戏的重要 KPI 指标，比如 DAU、游戏时长、游戏中商品购买情况等。游戏分析服务，连同实时浏览、订阅服务和访问接口都是同一类型的接口服务，业务部门可以通过这些接口服务将数据导入自己开发的数据应用中，比如实现一个实时大屏。很多业务部门会在办公室里放一个实时大屏，来展示与自己业务相关的数据。游戏工作室在游戏发布的初期，可以一边紧张地工作，一边看到实时大屏上游戏数据爆炸式的增长，这是一件非常惬意而振奋人心的事。

（4）数据应用层

在这层有几个比较典型的应用。首先是 360° 玩家分析，这个应用可以清晰地分析出玩家的全景动态，比如某个玩家早上上班在等地铁的时候玩什么手机游戏，下班回到家里用 PC 或游戏机玩了什么游戏，周末和朋友们聚会时又玩了什么游戏。其他比较重要的应用有前面提到的标签系统和推荐系统。还有一个典型的应用就是游戏实验，A/B 测试和新游戏的测试等都是通过游戏实验这个应用来实施和评估的。

16.5 数据治理

EA 是一家全球性的游戏公司，在数据治理方面存在着一些先天性的难点。首先，EA 分布在全球各地的游戏工作室和各业务部门各自都有一套自己的数据标准和数据规范；其次，EA 的游戏遍布 PC、游戏机、移动设备等多种平台，对这些游戏数据进行统一规范并没有先例可以借鉴。在数据中台建设初期，针对 EA 的特殊情况，EA 大数据部门连同 EA 各游戏工作室及各业务部门，对数据治理工作进行了统一规划，花了近一年的时间制定数据标准和规范。下面我们就数据标准和规范、元数据管理、数据质量管理做进一步的阐述。

16.5.1 数据标准和规范

EA 针对不同平台、不同游戏工作室的游戏，制定了统一的数据发送标准格式 Game Telemetry。EA 的数据来源分两大块，其中游戏数据主要是从游戏客户端或游戏服务器发送到数据采集中心，非游戏数据是从 EA 游戏市场、EA 订阅服务和第三方（Apple Store 和 Google Play 商店）发送过来的。数据标准和规范的制定首先要考虑游戏工作室和业务部门的数据分析需求，经过讨论和梳理，EA 大数据部门制定了 EA 游戏分析的指标分类（内部称为 Taxonomy），它主要分为两大类：玩家分析和运营分析。

1. 玩家分析

玩家分析是游戏分析中最重要的部分，与营收相关的关键性指标都来自玩家分析，比如玩家平均创造营收、日活跃玩家数等。游戏工作室主要关注的指标则是玩家在游戏中的表现，比如玩家游戏时间、玩家选用某种武器的次数等。玩家分析分为三部分。

- 消费者行为分析：主要分析玩家作为一个消费者所表现出来的分析指标，比如移动游戏的平均获客成本、游戏内购买商品次数、客服投诉次数等。
- 社交行为分析：主要分析玩家在游戏社群里或者社交游戏中的社交行为指标，比如论坛发帖次数、关注朋友数等。
- 游戏行为分析：这是玩家分析中最重要的部分，主要分析玩家在游戏过程中的行为指标。每个玩家在一段游戏时间内（一般十几分钟）会产生数千个行为，比如玩家在射击类游戏中的动作行为有换武器、跑步、游泳、被击中等，这些行为都会被记录下来。游戏行为分析指标还可以细分为下列三种。
  - 游戏内行为分析：覆盖玩家在游戏内的所有行为指标，是 Game Telemetry 需要支持的主要分析指标。
  - 游戏交互分析：主要是玩家与游戏界面的交互行为分析，例如点击某一个菜单选项、修改参数配置等。
  - 游戏系统分析：主要分析游戏本身的 AI 系统反应、弹出信息、广告显示等系统行为。

2. 运营分析

运营分析主要分析支撑游戏服务的服务器集群、网络、软件等软硬件架构的运行情况，比如每小时网络故障数、平均服务请求数。

在综合考虑了数据分析的所有需求后，EA 大数据部门制定了第一版 Game Telemetry 标准和游戏分析指标体系 Taxonomy。

我们来了解下 Game Telemetry。Game Telemetry 发送的每一个数据称为事件（Event），它以 JSON 的格式发送和接收，主要内容如下。

- 通用属性：通用属性是所有平台、所有游戏都需要上报的数据。通过通用属性的定义，可以轻松地分析 EA 跨平台的所有游戏的日活跃玩家数、玩家平均游戏时长、玩家游戏内平均消费金额等共性指标。通用属性包括玩家 ID、平台型号、游戏名称、事件编号、事件发生时间、SDK 版本等。
- 特殊属性：特殊属性是指每个游戏独有的属性，比如移动游戏中 iOS 设备的 UDID，射击类游戏中的武器编号、《FIFA 足球》中玩家所选球员号码等。游戏工作室还可以将 A/B 测试所需要的属性放在特殊属性里。

随着 EA 业务需求的变化，数据标准和规范也会逐步升级。每次升级，Game Telemetry 都会有版本号，指标体系 Taxonomy 也有与之相对应的版本号。每次 Game Telemetry 版本升级，游戏客户端及服务器端的 Game Telemetry SDK 软件会由 EA 大数据部门统一开发并发布给各游戏工作室。各游戏工作室在制定游戏开发和发布计划的时候，必须与 EA 大数据部门确定好 Game Telemetry SDK 的版本及集成计划相符。通过数据标准和规范的制定，以及 Game Telemetry SDK 的发布和实施流程的确定，EA 迈出了进行有效的数据资产管理的第一步。

16.5.2 元数据管理

在 EA 的"数据中台"建设中，元数据管理是很重要的内容。EA 每个版本的 Game Telemetry 和游戏分析指标体系 Taxonomy 都会在 EA 统一的文档系统中发布，供各游戏工作室和业务部门查阅。同时，EA 大数据部门在 EA 的自助式查询平台开发了数据目录管理，公司内部的数据分析人员可以在这个平台上浏览和查询自己被授权访问的数据库及数据表的元数据。每个数据表都标注了来自哪个数据源、有哪些字段、有什么样本数据，如果是维度表（比如武器编码和名称、车辆编码和名称），则标注了对应 Game Telemetry 的版本。数据分析人员还可以查看主数据关键字段在不同时段的数值分布，这是由数据质量监控系统预先计算出来的。数据分析人员在自助式查询平台还可以对数据库和数据表进行进一步的标注，使元数据更加完善。

元数据的一个重要功能是数据血缘分析。EA 的大数据平台采用开源软件 Oozie 进行 ETL 作业的调度，每个作业的配置文件及代码本身其实都描述了该作业的上下游数据，通过整合所有作业的元数据信息，可以构建全局的数据和 ETL 作业的血缘关系。但是 Oozie 本身并不提供这个功能，为此 EA 大数据团队基于 Oozie 开发了数据血缘分析功能，通过对 Oozie 保存的元数据的采集和处理，实时捕获系统中数据的依赖关系。

16.5.3　数据质量管理

EA 的数据质量管理是通过 EA 大数据团队自主研发的数据异常检测平台来实现的。EA 大数据团队负责运维整个 EA 跨多个游戏平台的上百个游戏的数据，需要监控的游戏指标有上万个。为了适应如此大规模的数据质量管理需求，EA 大数据团队打造了一个自动化的数据异常检测平台 Oasis。通过接口调用注册一个新监控指标，后台监控引擎会对该监控指标进行一段时间的"适应"运行，自动构建合理的监控数据模型，并自动选择合适的算法进行后续的持续监控工作。图 16-3 展示了几个监控系统的截图，总体来说，Oasis 监控系统主要检测以下几类数据的异常。

- 数据表某些关键字段的数值分布，比如每个小时的 Distinct Count。这对元数据计算及监控是同步完成的。
- 一些关键游戏指标的时序异常，比如图 16-3 右上角显示的是《Madden 橄榄球 2016》的每分钟客户端请求数，该指标在 8 月 26 日下午 4 点的时候出现了显著下降。
- 一些组合性指标的异常检测，比如需要监控某一数据表中的若干个字段，异常检测算法会选择一个机器学习算法，计算出将这些字段的值组合在一起后的最大异常分值，该异常分值出现波动时会相应地触发监控报警。

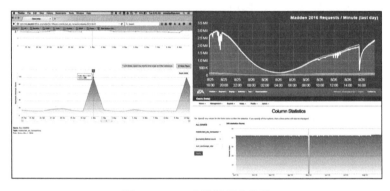

图 16-3　EA 大数据平台监控

16.6　数据应用产品

为了更好地贯彻玩家优先、数字化和 One EA 的战略目标，依托"数据中台"，EA 着重打造了一批数据应用产品，供 EA 各团队共享使用，其中比较重要的是推荐系统、动态游戏体验和标签系统。

16.6.1　推荐系统

EA 大数据团队构建了一个统一的用户推荐系统以支持所有

类型的游戏及 EA 的主页,这个推荐系统支持三种应用:推荐购买游戏、游戏地图推荐和游戏难度推荐。

推荐购买游戏就像推荐电影或图书一样,向玩家推荐下一个可能令其心仪的游戏。虽然同一类型游戏(如射击、体育、角色扮演类)互相推荐的效果并不好,但推荐系统可以向玩家推荐不同类型的内容,比如游戏、额外下载的游戏包、游戏实况视频和游戏教学视频等。

游戏地图推荐是在游戏内向玩家推荐游戏的模式和地图。很多在线游戏,特别是第一人称视角射击游戏和体育竞赛游戏,提供不同的游戏模式及地图以支持多样化的游戏体验。向新玩家推荐合适的游戏模式和地图是很重要的,这种推荐可以提供比较好的游戏体验(而非挫败感很强的体验)给这些新玩家,从而提高游戏玩家的留存率。

游戏难度推荐是向玩家推荐游戏内关于难度的配置选项。玩家的经历、游戏技巧、学习速度及游戏风格千差万别,因此他们对于同一种难度设置的反应是不一样的。就算是同一个玩家,他对游戏难度的喜好也会随着时间的推移而发生改变。游戏难度选项的推荐会根据游戏玩家之前的游戏经历来给出建议或者调整,从而最大限度提高玩家的游戏停留时间。EA 的这个推荐系统在上线初期,使 EA 游戏购买网页的 CTR 提高了 80%,平均游戏停留时间提高了 10%。

16.6.2　打造动态游戏体验

利用 AI 技术提供动态游戏体验,EA 可以说是这方面的先行者。EA 的竞争对手动视暴雪(Activision Blizzard)在 2017 年申请了一项专利,在游戏中提供动态体验来增加游戏内购买的次数,但动视宣称,该专利还没有在游戏中实际应用。EA 不仅在

2016 年和 2017 年相继申请了"动态难度调整算法"和"优化的玩家匹配模型算法"这两项专利，而且还把这些专利技术运用到了游戏中。

图 16-4 展示了 EA 动态游戏体验的实现过程。动态游戏体验并不是什么新技术，人们很早就开始了这方面的研究。但是，传统算法一般只考虑了局部的游戏数据（玩家玩前几关的数据），而且追求的是一种短期效应，也就是通过算法来判断应该给玩家提供什么样的难度，使玩家在玩下一关时有个好体验。而 EA 的算法模型不仅考虑了玩家最近 24 小时的游戏行为，还结合了玩家的历史数据来建模。在决策效果方面，EA 的算法着眼的是全局优化，也就是提高玩家在整个游戏过程中的留存率，而不只是下一关的体验。

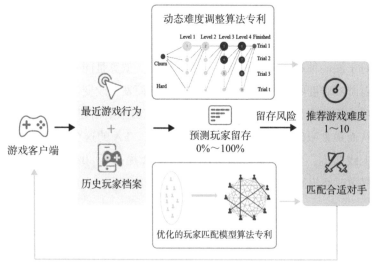

图 16-4　EA 推荐系统架构

对于动态难度调整，简单地说，EA 的算法就是对玩家未来游戏全路径的一次探索，对每一条可能的路径计算出玩家的留存概率，则当前的难度选择就是对全局留存率最优的选择。对于动态玩家匹配，EA 的算法是通过对所有玩家历史数据的分析建立一张图，图中每一个节点代表一个玩家，每一条边就代表边两端的玩家可以进行匹配。这张图还计算出了针对不同的匹配，每个玩家相应的游戏留存率，于是动态玩家匹配就是在这张图中寻找对两个玩家的留存率来说都最优的选择。

这一动态游戏体验框架在 EA 的多个游戏中得到了应用，游戏玩家停留时间最多得到了 9% 的提升，并且没有影响到游戏内的消费行为。

16.6.3　标签系统及游戏运营

游戏运营是指对玩家的数据进行分析，找出特定的玩家群体，对他们进行营销，以提升他们的游戏体验，提高他们的游戏留存率。在这个过程中，给用户个体打上一些标签，以便有针对性地为其提供服务。标签系统是实现这一目标的常用工具。

在 EA"数据中台"建设初期，《FIFA 足球》的游戏运营部门做一个营销活动要花费很多时间，通常要一两天。运营人员首先要在自助式的大数据分析平台重运行复杂的 SQL 语句，从上千万玩家中筛选出几万个玩家作为目标群体。因为这样的计算往往涉及玩家的历史消费数据及历史行为数据，所以它的计算量很大，但在一个多租户的平台上，为了保证资源的公平共享，分配给这个计算作业的资源往往是有限的，整个计算过程要花费几个小时。在计算完成后，运营人员将计算结果数据下载下来，然后根据筛选出来的玩家，通过邮箱进行营销推送。这样的流程显然是不能满足运营部门的需求的，因为他们需要在同一时间段进行多个营销活动，并进行比较，以确定在这个时间段内最合适的营销方式。

针对《FIFA 足球》游戏运营部门的需求，EA 大数据部门开发了玩家标签系统。

首先，所有玩家的最近消费数据和行为数据都会存入分布式数据库 CouchBase 中；然后，标签系统允许运营人员根据这些数据来自己定义玩家的标签，比如"过去 7 天平均游戏时间低于 5 小时"就是一个玩家标签，它需要根据玩家的行为数据来进行计算。每天有一个后台作业会对所有的玩家标签进行一次计算，每个玩家都会被打上几百个标签，这些标签计算结果会以索引的方式存入 Elasticsearch 中以方便快速查询。标签系统提供一个方便的界面，运营人员可以通过选择标签来对上千万个玩家进行筛选，背后是对 Elasticsearch 系统的快速搜索。筛选出目标玩家群体以后，运营人员在界面上选择预先设定好的邮件模板，一键就可以将邮件发送给这个目标玩家群体，整个操作过程不到一分钟。有了这套标签系统以后，《FIFA 足球》游戏运营部门一天可以做几十次运营活动，后来这个系统被进一步抽象出来，共享给了所有游戏的运营部门。

16.7 EA "数据中台" 功能总结

EA 的 "数据中台" 建设完成后，主要在数字化运营中实现了以下几个层面质的提升。

第一，实现了全部游戏数据和业务线的覆盖，提高了系统对整体业务的还原度，所有游戏工作室和所有业务部门的数据都在一个平台上管理。这样就提高了效率，避免了每个工作室重复造轮子，也允许以前很难实现的跨平台（Cross-Platform）、跨产品（Cross-Product）推荐（Promotion）成为可能，真正实现了开源节流。

第二，提供了不同层次的自助式工具，方便各业务线的数据分析人员进行数据能力的开发和共享，比如通过在自助式分析平台上运行 Hive 程序进行自助查询，通过统一的数据服务接口抽取数据，通过数据仓库支持的 BI 工具制作可视化报表，通过标签系统快速锁定玩家群体等。公司整体数据能力得到极大提高，基于数据的思考方式被真正落实到业务人员。

第三，整个数据中台有一个量化指标体系来衡量平台上数据和人员的活跃情况，比如自助式分析平台上每个部门计算资源的使用量、每个 Hive 表被查询的次数、各部门调用数据服务接口的次数、访问数据仓库的次数等。这个量化指标体系可以让 EA 大数据部门进行适当的调整，一是保证核心业务部门（比如 EA 营收大户《FIFA 足球》背后的团队）能获得相对多的平台资源，以保证他们的业务能创造更多的价值，二是确保整个数据中台的投入花在值得投入的地方并能够产生可量化的价值。

第四，整个 EA 数据中台的建设中，各个子系统基本都采取了统一的顶层设计、从特殊到一般的构建过程。也就是说，先根据某个业务部门的需求进行设计和开发，设计过程中会充分考虑以后的扩展要求，当该子系统运行稳定以后，再进行升级改造，提供给其他业务部门使用。这种"顶层设计，单点突破，快速落地，全面开花"的策略使得数据中台的快速见效成为可能。

16.8 本章小结

"数据中台"的提出，与阿里巴巴团队对 Supercell 这家游戏公司的拜访有着相当的渊源。而在本章中，我们则以 EA 这家位于硅谷的跨国游戏公司的"数据中台"建设为背景，详细介绍了其"数据中台"建设的完整过程，并对其数据中台架构进行抽象，对数据中台的具体应用场景和实际效益进行了总结。

17

17

|第 17 章|

零售行业的数据中台

近年来，大家都在关注互联网公司应对市场变化的快速响应机制，并纷纷向具有互联网基因的公司看齐，以快速响应市场的瞬息变化。而传统行业，如服装、零售、餐饮、线下教育，在互联网大潮的冲击下，面临着前所未有的危机和挑战。本章将以零售行业为例，介绍零售企业如何以创新模式进行商业创新，如何引入数据中台建设进行数据驱动营销，从而在互联网浪潮中华丽转型。

17.1 零售行业的数字化转型

所谓危机，是指危险和机遇并存。在互联网基础设施更加廉价、获取方式更加便捷、宽带速度更快的情况下，那些能够顺应时代势能，加速虚拟化和信息化进程的企业，极有可能创造出颠覆传统企业的创新商业模式。

很多零售企业在信息化的过程中，已经在使用 CRM（客户关系管理系统）管理客户资源、ERP（企业资源规划系统）管理进销存、SCM（供应链管理系统）管理供应链，通过互联网或移动电商系统销售商品，通过百度、今日头条、抖音之类的媒体平台进行广告营销，但是将来自这些系统的数据组织到一起，提升企业管理和营销水平，为客户提供多快好省的服务，还是一个很大的挑战。在很多连锁或多元化经营的零售企业中，各个业务部门间的数据体系重复建设，客户数据无法打通，无法形成合力，线上和线下资源无法联动，造成资源浪费，无法对市场的变化做出快速反应，不能为客户提供个性化的精准服务。

像字节跳动、阿里巴巴这样的互联网企业，因为有着类似数据中台这样的数据架构，可以在各个业务部门之间共享数据，高效发现市场和管理洞察，快速推出符合市场需求的个性化产品并根据市场反应迭代，实现精细化运营和高速发展。虽然传统零售企业不像互联网企业主要提供数字化产品，但是可以借鉴数据中台在市场洞察和个性化服务方面的能力，提升企业数字化运营效率。

零售企业的数字化转型涉及企业运营的各个方面，例如业务的数字化，基础 IT 系统的云化、平台化等。这些信息化系统的建设最终还是要落实到实现数据的价值上，而数据中台正是实现数据价值的核心技术。在本章中，我们将集中讨论如何打通和汇聚零售企业各个业务系统的数据，使用数据中台思维和技术为客户提供个性化服务和精准营销。

17.2 零售行业数据中台解决方案

针对上面提出的零售行业数字化转型中的挑战，图 17-1 给出了一个典型的零售行业数据中台解决方案。其主要思路是通过汇聚和治理存放在各个业务子系统中的原始数据，按照核心业务需求形成包括数据仓库、数据集市、数据服务、标签系统等在内的整套数据能力矩阵，为业务部门提供业务报表、用户行为分析、广告渠道分析、用户画像、商品推荐等一系列数据能力。

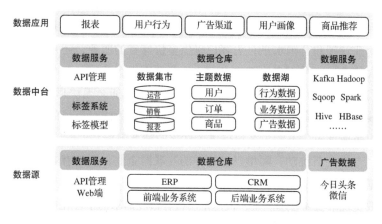

图 17-1 零售行业数据中台解决方案

第 1 章介绍过，数据中台实际上是一种方法论和架构，其核心可以总结为 OneID、OneModel、OneService、TotalPlatform 和 TotalInsight。对应到图 17-1 所示的数据中台解决方案，我们可以强调如下注意事项：

- 业务系统必须保证数据源中的用户、商品、订单数据使用统一 ID；
- 数据仓库必须按照 OneModel 的思想统一建模和治理，形成统一指标体系，满足统一数据规范；
- 上层数据应用必须通过数据服务来访问底层分析结果或标签，而不是直接访问数据库表；
- 数据中台组件和数据应用运行在统一平台中，并提供关键运营指标监控。

值得注意的是，图 17-1 中并没有穷举所有可能的业务域、数据域、分析主题等。企业可以根据自己的业务情况进行相应的建模和能力矩阵建设。不同企业对于不同数据能力需求的优先级不一样。只要在建设的过程中贯彻上面所说的规范和流程，数据中台的建设是可以快速见效、循序渐进、逐渐迭代的。

17.3　零售行业数据中台的建设

零售行业数据中台建设的主要工作是汇聚和治理分散于各个业务系统或外部的各种业务数据，形成对企业运营状态的精准描述，定位需要分析的核心指标，并提供对业务系统的能力反馈。图 17-2 显示了这样一个数据中台的建设过程。

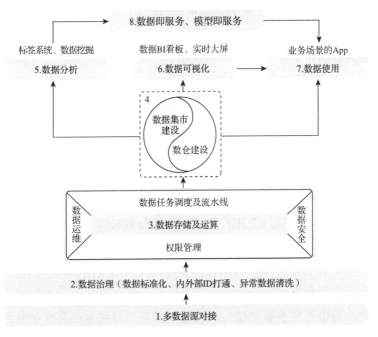

图 17-2　零售行业数据中台建设过程

17.3.1 数据汇聚

在零售数据中台的建设中，首先要汇聚各个业务系统的数据，包括外部数据。我们需要将下面的数据采集到数据湖中（视企业业务不同可能会有差别）：顾客、产品、进销存、订单、物流、营销、门店、网站应用、服务人员。这些数据可能存放在不同的业务系统甚至外部数据源中，只有汇聚和治理起来才能发挥更大的作用。前面的章节已经介绍了在技术上如何采集数据，这里说明一下汇聚这些数据对于零售企业的重要性。

考虑一个顾客在看到一条互联网广告后到电商网站上下单购买一个产品，之后电商平台或商家将产品发送到顾客地址，完成这次销售行为。很多企业的情况是，广告促销信息存放于广告商的网站上，用户点击广告后到电商网站上的浏览和购买行为存放于服务器的用户行为日志中，订单的数据存放于销售系统中，货物的派送信息存放于 ERP 系统中，物流的信息可能存放于内部的物流系统，也可能存放于物流公司的系统中，用户最后的反馈存放于 CRM 系统中。对于这样一次销售行为的分析，需要将所有这些数据串联起来才能完成，例如：

- 从哪一个广告渠道来的用户成单率最高？
- 用户的反馈与物流的时间有何联系？
- 广告投放时间与配送时间有何联系？
- 能否根据线上用户购买行为的分析对线下用户进行精准促销？
- 能否根据用户购买行为和即将开展的市场活动预测需要的库存？

对于传统企业来说，回答这些问题，最根本的是底层数据从何而来。在 5～10 年前，企业能收集到的营销数据大部分来自 CRM 或者 ERP, 基于用户消费订单, 例如姓名、性别、历史购买净额和最近一次购买时间。这些数据来自企业的运营结果, 数据量较小, 每年能收集到的数据很少, 数据的使用层面也相对简单。如今企业收集了大量描述消费行为的"大"数据, 例如:

- 在用户浏览的网站或者移动应用上埋点, 捕获用户的行为数据, 如 Device ID、Cookie ID 以及通过算法生成的唯一标识 ID;
- 在 CRM 系统中, 采集 CRM 中记录的客户相关信息;
- 如果是新零售领域, 线下实体店被作为线上销售的一个流量采集器, 在这一环就要通过物理设备记录用户到店的行为, 例如人脸或者其他的行为探针;
- 社交平台(如微博)上的热门话题讨论、用户在社交平台上为自己的商品建立的话题等需要通过爬虫技术来采集的数据;
- 通过 API 自动或者一次性手动导入第三方行业机构的数据。

同时, 企业想要把这些基于 App 的行为数据与传统的 CRM 和 ERP 系统进行关联, 丰富用户的特征数据, 最好是能串起用户从营销活动触达到决定下单购买的全部行为。

数据汇聚中的一个很重要的工作是判断已有数据能否完整描述企业经营活动的关键行动。在有些情况下, 这些数据是缺失的, 例如没有埋点系统来捕获用户在网站上的行为, 营销渠道的数据无法自动获取, 用户在线上和线下没有采用相通的客户管理系统等, 因而可能需要进行相应的改造和开发工作。

这个过程的工作对应于数据湖的建设和数据仓库中明细层的建设, 详情可参见第 10 章。其中, 有几个重要的流程值得注意。

- **数据采集的策略**：数据采集分为增量采集和全量采集，尽可能采用增量采集的方式以减少数据冗余，节省计算资源。从业务数据的不同特点触发制定适合的采集方式。
- **数据清洗与处理**：对数据进行格式化、清洗、规则约束等操作，此过程中对数据的处理往往与业务数据逻辑紧密绑定。
- **作业与工作流配置**：为作业、工作流配置调度的周期与依赖关系，并监控数据流动的延迟和状态。
- **数据校验**：从业务逻辑、数据流向、数据精度来对数据进行全方位的验证，确保为数据分析提供准确的数据。

17.3.2 业务调研

在数据汇聚的同时，我们需要对现有业务进行调研，要对零售领域的业务类型、流程及特点进行梳理；深入业务部门的场景化需求中，掌握业务部门的专业术语、产品特点、逻辑规则与约束；获取当前真实使用的业务应用、报表形式和内在的处理机制；对支撑业务应用的底层系统架构、数据规模以及当前系统中存在的技术痛点进行摸排，如业务系统数据查询的瓶颈、跨平台数据汇聚能力的限制等；确定企业数据的来源，如 ERP、CRM、第三方供给数据等，以及可供对接的方式，如批处理数据、流式数据等。这些工作虽然烦琐，但对数据仓库建设的效果至关重要。

在业务调研的过程中要确认下面这些内容。

1）业务域：一般与业务部门对应，表示企业运营职责的划分，例如采购、生产、门店销售、线上销售、物流配送、客户服务、市场营销、财务等。一般需要在各个业务域下划分二级子业务域来进一步明确业务范畴,例如,财务域下可以进一步划分为核算、结算、对账等。这些业务域的划分一般会作为数据仓库和数据资产管理的层级基础。

2)数据域:代表企业运营中操作的实体,例如顾客、产品、进销存、订单、物流、营销、门店、网站与应用、服务人员等。对于这些实体,我们必须采用统一的 ID,确保不同系统中的实体能够对应上。

3)关键业务流程:在每个业务域和子业务域中,列出该业务运营中的关键业务场景的流程,例如注册会员、促销、配送、商品购买、客户反馈等。对于每个业务流程,要确保相应业务流程的数据的准确性和完整性。在建设数据仓库的汇总层时,一般针对每个业务流程进行建模和数据汇总。这里首先要将其流程描述和涉及的明细表确认下来。

4)分析主题:对应企业运营的关键数据分析目标,例如用户行为、库存分析、营销效率等。分析主题与业务域并非一一对应关系,很多分析主题需要的数据是跨业务域的,这也是我们要进行数据汇聚和治理的主要原因。

5)关键业务指标:对于每个分析主题,需要生成的业务指标及其计算方式,例如用户行为主题里的客户平均客单价、平均复购时间、七日留存率等。在这个阶段,我们必须确保采集的数据可以支持这些指标的计算。

业务调研的成果一般会形成数据库元数据中的数据字典和数据资产层级。后续的数据仓库建设一般是根据整个调研的结果来完成的。注意,我们建议不要一开始就进行全局的业务梳理,而是等到确定业务域和数据域之后,对关键业务流程、分析主题、关键业务指标各个击破,快速落地,不断迭代。

17.3.3 数据仓库建设及数据分析

在完成数据汇聚和业务梳理之后，我们可以根据业务域、数据域、关键业务流程、分析主题和关键指标来规划数据仓库建设。

第一步，根据关键业务流程建立汇总宽表层。

这里主要是将需要分析的业务流程的各种明细数据从各个数据源中汇总到一张表中，便于后续分析。例如，促销渠道成单是一个业务流程，描述了自顾客从促销渠道过来到成单的这个过程。这里可以把促销渠道 ID 和顾客 ID 作为主键，将所有通过这个促销渠道到达网站或门店的顾客的行为记录下来，用户区域、触达时间、访问到达时间、访问花费时间、是否下单、购买金额、配送时间、客户反馈等都可以作为这张表中的字段。从业务流程描述到宽表的建模设计，需要对业务流程有深刻的了解，宽表中的字段应该能够还原这个业务流程中的关键信息，满足后续分析的要求。这些字段的计算需要从各个数据源中汇聚不同系统的数据，并且符合真正的业务逻辑。

第二步，根据分析主题和关键指标来建立数据集市表。

这里我们可以选择不同精度的维度组合。例如，在上面的例子中，对应的分析主题是渠道效率分析，我们可以选择按促销渠道这个维度来计算渠道触达用户数、渠道成单率这样能够反映渠道效率的指标，也可以按促销渠道＋用户区域来计算这两个指标。这些指标可以按天计算，也可以按小时计算。在这一步中，指标的计算需要保证准确性，而且应该有相应的监控机制。

例如，零售行业数据仓库的主要业务主题如下。

- 用户主题：以用户为基础信息中心的多维数据模型，涵盖用户的历史、地区、消费、收入等维度。
- 订单主题：以订单表为分析主体，涉及订单基本属性、评价、售后、物流、门店、提单等维度。

- 商品主题：以商品为核心设计多维分析模型，包含物料、成本、供应商、售后、评价等维度。

其他可能的主题有门店主题、用户行为主题、财务主题、物流主题、库存主题、风控／欺诈主题等，可以按照企业的实际业务来设计。图 17-3 所示为一个简单的数据仓库模型。

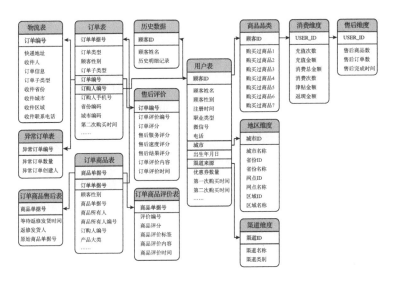

图 17-3　数据仓库模型图

为提高业务的查询反应速度，满足推广、运营、销售等业务部门的需求，建立数据集市，形成不同主题目标的数据集市表，如运营活动、用户信息、用户标签等主题。将数据仓库中被处理转换后的数据按照日期、地区、类别等维度进行组织和汇总计算，形成数据的多维关系，满足业务应用或报表的需求。

第三步，在计算数据集市表的基础上建设服务于业务洞察的分析报表或看板，供管理者或一线营销人员查看，以及时得到市场反馈并做出相应的调整。

值得注意的是，虽然这里的建设过程与传统的数据仓库有些类似，但是数据中台的数据仓库建设应该遵循OneID、OneModel这些规范。而且，数据仓库中的数据在很多时候也是其他分析工具的输入，例如机器学习和数据服务的数据源，而不只是一个单纯的报表工具。

17.3.4 业务系统的能力反馈

除了数据分析和业务洞察之外，数据中台还有一个主要目标是为业务系统提供直接的能力反馈。例如，用户标签系统可以使市场销售人员快速、精准定位目标人群，提供基于机器学习的个性化产品推荐，还可以根据用户画像为用户提供最需要的服务和产品（这些能力第2章和第13章都介绍过）。

这些数据能力的使用方式需要符合零售企业的业务模式。例如，如果门店的运营非常重要，那么门店销售情况、区域市场分析、门店客户报告这些数据分析结果必须能以最方便、最快捷的方式传送到店长和一线销售人员手中。传统数据分析使用的是非实时的BI场景，数据往往会在T+1的周期以报告的形式辅助经营决策；而在大数据场景下，T+0级别的数据分析会非常常见，例如营销数据经常被作为服务供其他应用调用或复用，同时通过机器学习的算法处理生成预测性模型，配合实时数据接口，以满足场景的需求。

值得注意的是，数据中台对零售企业业务能力的提升并不只表现在具体能力上。有些具体的功能早在数据中台出现之前就已经可以实现，不过数据中台中强调使用正确的方式来实现这些业务能力，确保新功能能够利用已有的能力，快速形成各个部门间的数据合力。

17.4 零售行业数据中台的应用场景

在这一节中，我们介绍一下零售行业数据中台的几个典型应用场景，它们展示了如何利用数据中台来实现开源节流、精细化运营的目标。当然，这些应用场景所涉及的并不是独立的应用，而是统一的数据中台的数据能力；数据中台的应用场景是可以根据企业业务灵活扩展的，这里只是借助这些场景阐述通过数据中台实现数据价值的思路。

17.4.1 用户标签体系

数据中台的一个重要应用场景是个性化服务。在积累了一定的用户数据之后，我们可以通过对用户偏好的分析，为用户提供更符合其需求的产品和服务，从而提升用户体验，提高销售成功率。

对于企业来说，用户的形象越清晰，产品就会越符合用户体验。那么，如何定义这里的"清晰"呢？简单来说，就是要知道一个用户是谁，我们是什么时候、因为什么、从什么渠道知道他的，而他对哪些产品表示过兴趣，购买过哪些产品，对哪些产品评价较高。有了一个用户的这些信息，就能够预测他对某些渠道和产品的接受程度。

这些用户信息经过处理后，可以形成业务侧能看懂的用户标签。从用户属性来分，有交易属性、账户属性、基础属性、兴趣爱好属性、行为属性等；从标签计算类别来区分，要涵盖统计类标签、规则类标签及挖掘类标签；从时效性来分，需要有离线标签及流式计算类标签。所构建的标签系统需要支持标签的特征库提取、标签权重计算、标签相似度分析以及组合标签和历史标签的归档等功能。最后在标签的综合管理上，要支持即席查询、标签视图与查询以及标签元数据管理。

下面是一些常见的用户标签。

- 基础属性标签：性别、地区、年龄、消费能力。
- 交易属性标签：过去 7 天、30 天下单 / 未下单用户、高频购买用户、大额购买用户。
- 账户属性标签：账户余额高 / 低。
- 兴趣爱好标签：用户购买产品类别、用户收藏类别、用户浏览类别。
- 行为标签：日活用户、月活用户、未登录用户、门店用户、常客户。

这些标签一般会根据企业业务的不同而调整，但是大致思路是要能够描述一个客户的全面信息，以支持各种数字化运营功能，例如：

- 用户收藏了某产品但是没有购买，向其推送该产品的促销信息；
- 现有一款针对中年职场女士的产品，应该在哪些区域进行重点推广；
- 分析门店和网站用户的活动频率和标签分布，及时发现运营中可能的问题；
- 库存产品与活跃用户的标签是否匹配。

以数据中台为基础，我们还可以创建其他上下游业务系统能够使用的数据服务，复用数据标签以进行个性化服务场景的应用开发。例如，将标签结果作为数据服务供其他系统使用，快速落地基于用户画像的应用场景，比如：

- 用户短信 / 邮件触达
- A/B 人群投放效果测试
- 用户生命周期分组

- 筛选目标人群
- 高价值用户推荐

这些场景其实都没有固定的形态，在数据中台的建设中，通过 AI 和 BI 分析出来的结果可以在第一时间通过数据服务（Data as a Service）或模型服务（Model as a Service）被前端业务应用来调用，业务团队也可以根据自己的需求，在分析数据已经存在的情况下，快速进行数据驱动的应用的开发。对应特定的场景，这些应用的生命周期可以非常短。

这样做的目的主要是减少上市时间，也就是加快数据产品的开发和迭代，最小化从产品思路到触达市场的时间。我们通常将这里提供的能力（有时加上数据应用）称为数据中台提供的能力矩阵，例如用户标签体系是能力矩阵中的重要一环。

17.4.2 精准市场营销

大数据在营销领域的应用恰如其分地展现了大数据平台从"成本中心"到"利润中心"的演化，这一点在流量红利逐渐衰减的背景下显得尤为重要。根据过往的经验，市场部在制定营销计划的时候会依赖顶层设计，需要营销、销售总监进行长时间的讨论。这一点在大数据时代当然同样需要，不过在讨论之后不应该再依赖粗放式的营销动作，例如在某一个或几个营销渠道盲目进行大量投放，然后被动等待结果，取而代之的应该是精准的操作能力。这里的"精准"依赖的就是将业务和技术进行关联的数据分析。

这里要求市场营销的思路从经验驱动转变为数据驱动。在经验的基础上，叠加数据驱动，通过实时采集多样化的数据，通过即时分析制定个性化的精准营销方案，取代大一统的面向过往经验的方案，并通过数据中台获取及时、全面的反馈，进行快速调整。

数据驱动的精准市场营销可以体现在以下几个方面。

- 精确定位目标客户群体：17.4.1 节介绍过用户标签体系的作用，精准营销可以利用用户标签精准定位到需要面对的用户群体进行投放。
- 快速量化营销活动效果：通过打通营销渠道、销售数据、用户行为数据，精准量化市场营销活动的 ROI，减少无效市场投放，加大有效渠道的投入。
- 市场情况的动态监控：通过对现有客户行为和销售情况的分析，理解市场对企业产品和服务的反馈，快速调整市场和产品策略。
- 跨部门的营销协同：各部门间可以共享客户和市场营销数据，进行产品的交叉推送，共享最优的营销渠道，充分发挥数据的价值。

数据驱动的市场营销带来两个好处。首先是看得清。决策者看到的不应该是一个最后聚合归总的数字，而应该是数据背后形成的过程，是可衡量的 ROI。在传统的营销执行中，决策者对于自己的营销预算花费在了什么地方存在疑问，例如并不知道哪一半的花费被浪费了。通过汇聚的数据，我们可以看到每个营销活动的具体效果，并且根据这样的洞察不断调整营销策略。

其次是看得及时。一方面，决策者可以在即将发生错误的临界值之前，及时调整运营策略，及时止损和调整方向。决策者不能等到做月度结算报告的时候才知道自己犯错了，那个时候可能已经晚了，而应该不断在"试错"方案中迭代自己的运营动作，通过一次次小幅的修正逐渐接近真正的目标。当然，还需要机器学习算法来辅助决策者"预测"和"感知"错误的发生。另一方面，决策者可以在客户有需求之前，就通过模型分析来锁定用户群体，把营销活动推送给他们，抢占他们的心智，从而及时影响用户的购买决策。许多优秀的运营方案就是这么"试验出来的"。

17.5 本章小结

本章通过对零售行业数据中台建设需求和实现的具体剖析，介绍了数据中台在零售场景下对企业营销和运营的提升，将数据中台中的理论基础落实到实际场景中，展示了数据中台建设的具体流程和实际应用。

第 18 章

物联网领域数据中台建设

随着物联网的发展和应用以及机器学习和人工智能技术在行业内的渗透，人们对物联网领域应对数据的能力提出了新的要求。本章将首先描述物联网领域的变化，包括当前物联网的发展状况及物联网与大数据、人工智能的关系，然后通过智慧建筑物联网数据中台建设的案例，介绍如何统一处理通过传感器、探测器等设备采集的海量时序数据来支持多种不同的数据分析应用，并阐述如何通过数据中台助力物联网领域的建设和发展。

18.1 现代物联网的产业链

物联网作为未来 IT 技术的重要发展方向之一，近些年进入了高速发展阶段。GSMA（全球移动通信系统协会）公布的数据显示，2018 年，全球物联网设备连接点数量达 91 亿，预计到 2025 年将达到 252 亿。与此同时，随着 IPv6、NB-IoT、5G 等先进技术的加速成熟和部署，产业互联网领域接入设备数量将迎来爆炸式增长。赛迪顾问发布的《中国 5G 产业与应用发展白皮书（2018）》预计，到 2025 年，中国物联网连接数将达到 53.8 亿，其中 5G 物联网连接数达到 39.3 亿，包括工业、农业、交通、能源、运输等在内的传统产业将迎来设备大规模接入、联网和运营，产业向信息化、数字化转型升级的浪潮不断涌现。在这个过程中，物联网市场呈现出以下变化[○]。

1）IoT 与 AI 深度融合。物联网正处于连接数高速增长的阶段，未来数百亿台设备并发联网产生的交互需求、数据分析需求将促使 IoT 与 AI 深度融合。

2）通过单品 + 系统联动场景，向"管家模式"迈进。布设在场景中的感知设备将数据传至云平台的各个智能系统单元，通过设备互相感知、系统相互配合，完成一系列场景联动。

3）工业物联网将是物联网市场变化中的第一战场。工业物联网分为感知、决策、执行，操作系统和软件相当于大脑和神经，工业物联网操作系统、应用层工业软件和 SaaS 应用被认为是工业制造的大脑和神经，既承担分析决策任务，还需控制物端自动化设备。

4）逐渐从硬件铺设阶段向 AI 算法与智能决策阶段发展。满足了物联网所需的硬件能力，完成物联网的场景搭建后，日常的运营、管理与辅助决策、反哺优化流程等智能化功能逐渐成为新贵。

在这个万物互联的时代，打造开放的生态链、平台化合作促进物联网项目落地，是物联网项目成功的秘诀。图 18-1 展示了

○　《2020 年中国智能物联网（AIoT）白皮书》：http://report.iresearch.cn/wx/report.aspx?id=3529。

现代物联网的产业链。

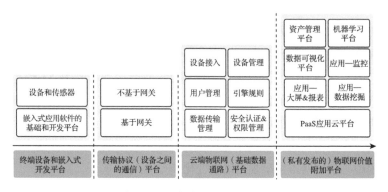

图 18-1　现代物联网的产业链

物联网领域的产业链非常长，涉及从芯片到二维码的感知层，从有线传输到无线传输的传输层，从设备连接管理到业务分析的平台层，以及横跨从物流到医疗等十多个领域的应用层。从云端到边缘的终端，从芯片到设备，从应用到用户，从传感器设备到大数据、人工智能，参与者众多，没有哪一家公司可以包办物联网生态链上的所有功能。随着硬件成本的降低，用户对终端产品的体验要求越来越高，驱动了整个物联网产业链的技术创新及平台化。同时，产业上游也被卷入，来推进产业下游的传统厂商不断创造新的体验。

在设计物联网的建设方案时，虽然大部分是与硬件、通信相关的问题，比如物联网模块、物联网通信协议 MQTT、XMPP、NB-IoT 等，但这些只是物联网的一部分，大数据存储、数据清洗转换、数据治理、模型训练及管理、数据应用开发、人工智能赋能的个性化用户体验等也是物联网产业链中非常重要的部分。随着人工智能技术在行业内的不断渗透，物联网企业项目缺乏专业的大数据、AI 的资源和专业技能来为终端用户提供更好的服务和体验。找寻技术领先的合作伙伴是物联网项目发起者的不二选择，服务提供商应懂得如何将物联网与云端、移动性、人工智能和其他新技术融合起来。

18.2　物联网与 ABC

物联网与 ABC 即人工智能（AI)、大数据（Big data)、云计算（Cloud Computing）的结合给企业带来了新的发展机遇。从根本上说，物联网是将任何物理对象转换为数字数据的技术，它会发出有关物理对象的使用情况、位置和状态的数据，可以对物理对象进行远程跟踪、控制、个性化设置和升级。因此，当与大数据、人工智能相结合时，物联网可以变得更智能，可预测，可协作，并且在某些情况下可以自主工作。这是企业创造价值、与用户互动的全新方式。借助 AI 与物联设备的配合，企业可以将业务运营过程中的一些重复劳动进行自动化转型，从而提升内部运营效率，例如下面这些工作。

1）统一数据平台：生产部门可以了解流水线上设备的实时运作情况，产品部门希望了解已销售产品的实际运转数据，创新部门希望能借用物联网的设备来建立新的商业模式，这就需要我们有统一的数据采集、治理和分享平台。

2）资产预测性维护和绩效管理：使用来自传感器的历史数据、实时数据来获取可应用于当前情况的洞察，在设备发生故障之前预测和预防设备故障，提高关键资产的可用性和可靠性，并通过实时、预测性的洞察力来优化维护计划。可以实现为预测性维护创建个性化通知，实时诊断警报和异常监测，在不影响生产的情况下加速问题响应。

3）实时设备监控和跟踪：支持跟踪电池性能、涡轮机生产、包裹交付状态，以及可视化监控传感器数据、楼宇各个设备的使用状况。通过实时监控，进行个性化警报和资产分组，创建复杂数据的简单视图，从而提高关键工业资产和控制系统的可用性和性能。

4）指导行动与控制：随着传感器生成事件速度的提高，企业希望在没有人为干预的情况下实时对数据采取行动。例如，如果检测到泄漏，则自动关闭泵，或者基于风速改变风力涡轮机的方向，这些都会立即产生业务优势。

可以说，没有大数据和 AI 支持的物联网不能为用户创造真正的价值。

物联网持续产生的数据让大数据、AI 更加精准，大数据和AI 为物联网的应用提供新的能力和场景，而它们的结合离不开云计算底层技术的支持。在这种典型的大规模分布式、多体系集成的架构中，云平台提供的系统弹性、稳定性、运维简易性是必不可少的。根据用户自身对安全性的不同要求，物联网平台一般需要同时支持私有发布、云端发布、混合发布的多重选择模式，以应对不同的使用场景。在实际应用中，很多物联网系统在用户的私有网络中发布，安全要求很高，在这种情况下，基于私有云的物联网平台会是比较好的选择。

18.3 物联网数据中台架构

从端到端来说，物联网项目一般包含设备终端开发平台、IoT PaaS 平台、数据中台三大块。设备终端开发平台负责提供 SDK 给物联网设备厂商以及数据接入的接口，IoT PaaS 平台负责运行所有数据采集、数据处理以及大数据平台的应用。数据中台则负责实际的数据采集、数据治理、数据建模、数据服务的工作。图 18-2 显示了一个典型的物联网数据中台的架构。

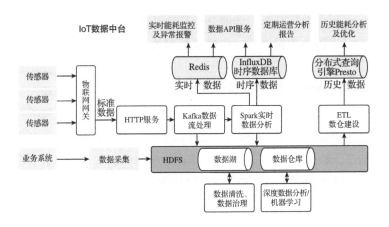

图 18-2　物联网数据中台方案

本质上，物联网数据中台的架构在上层与一般的数据中台没有太大区别，其主要特点在于两方面：

其一，物联网数据格式复杂，数据量大，数据转换治理工作比较难以标准化；

其二，物联网数据一般会有多种不同的使用方式，而且实时处理、流式处理、时序数据处理的要求更高。例如，同一个能耗传感器采集的数据可能会被用于以下数据处理或分析。

- 实时处理：所有传感器采集的数据必须在几秒钟之内入库，并产生一些实时监控指标。
- 流式处理：所有数据可以以流式处理，例如在一个实时大屏中显示或者进行流式报警处理。
- 日报 / 周报：定时产生一些分析报表，有可能支持一些 BI 工具作为数据源。
- 时序数据分析：能够支持从几个月到一年，甚至更长时间的时序数据分析。时序数据分析和常规的关系型数据分析不太一样，经常需要专门的时序数据库存储支持。

- 历史数据分析：能够分析长达几年的历史数据，例如使用历史数据进行一些数据模型的训练，常见的能耗分析一般都需要有大量历史数据的支持。

物联网数据中台应该在架构上支持以上数据使用模式。如果只是简单安装所需的组件，然后要求每一个组件自己处理所有的数据转接和数据生命周期，这样效率是非常低下的。一个基本原则是，数据只采集一次，按照实时性要求最高的业务需求来设置，后续在各个不同存储系统中的数据流动和转换应该由系统自动完成，并根据不同的业务需求来管理数据的生命周期。例如，在这个系统里，我们一般不对实时内存数据库（如 Redis）和时序数据库（如 InfluxDB）做数据备份，因为所有数据都存储在存放时间更长、存储成本更低的 HDFS 中。如果发生数据丢失，我们可以从 HDFS 中恢复内存数据库和时序数据库中的数据。当然，这样的管理也需要有统一的数据资产管理来支持。

物联网技术链条长，场景复杂，需要兼容大量数据协议，对连接设备数量级、数据实时性和数据安全性要求都很高。物联网数据中台需要提供的主要功能模块虽然与一般数据中台类似，但也有一些不同的侧重点。

（1）数据采集

物联网的数据采集一般是由物联网网关将传感器数据转换成标准格式，然后通过 HTTP 服务将网关数据采集到平台中，这个过程对实时性要求较高。物联网网关一般处理能力有限，不可能像常规服务器那样进行大量处理，所以数据采集系统应该提供高可靠性和高吞吐量，尽量避免服务器端的阻塞影响客户端的上传。近年提出的边缘计算（Edge Computing）就是希望能在距离传感器比较近的地方（边缘）尽可能多地进行处理，尽快进行实时反馈。

（2）数据治理

物联网数据的特性是比较窄、字段数比较少，但是字段的取值变化比较大，一般对应的参数表与实际数值不一定能对应。而且，如果不在添加新设备或者设备升级时做好规划，经常会出现数据格式问题，造成数据丢失或者无谓的报警。这里数据治理的目标是将无序的、异构的物联网设备和传感器的数据转换成标准、通用、易分析的数据模型（类似于 OneModel），然后与其他业务系统（ERP、设备管理系统）中相应的数据打通（类似于 OneID），以支持各种智能分析的需求。

（3）数据资产管理

物联网数据资产管理的主要特点有两个。其一，在大部分场景下需要管理多种异构的数据存储，如流式、实时、时序、内存、块存储、对象存储等，以及它们之间的关系，因为同样的数据可能存在于不同的存储之中。其二，需要处理大量实体和维度数据。例如，一个智能楼宇的物联网数据平台可能会管理上万种甚至更多不同的实体对象（传感器、人员、设备、授权、BIM 设计对象），其中每种设备或传感器的维度数据都可能需要专门处理。

（4）数据流水线

这里涉及的数据流水线除了传统的 ETL 之外，在各个异构存储之间的数据传递会是常态，有批处理的（每个小时从实时数据库存到 HDFS），有流式的（从 Kafka 动态更新到 Redis 供大屏使用），有按需的（从 HDFS 中抽取所需数据到时序数据库进行分析）。传统的数据流水线管理工具（如 Oozie）很难满足要求。

（5）数据服务

这是物联网数据中台的一个核心功能，我们需要将物联网系统管理的所有实体的主数据（传感器、人员、设备等）及其关系进行建模和治理，然后将其中能够提供给业务的数据能力抽象成上层业务应用可用的 API。上层业务应用（异常检测、能耗分析、运维规划等）可以直接调用这些 API 而无须访问底层的原始数据，避免底层数据发生变化时对上层应用产生影响。例如，我们可以提供这些 API：

- 对于一个特定的设备，返回其过去指定时间内的故障信息；
- 对于某个指定区域，返回其中能耗超过预期值一个指定阈值的设备；
- 对于某个人员，返回其最近访问过的区域列表；
- 返回系统中过去指定时间内出现过故障的传感器。

在以前的系统中，这些 API 都是由各个业务系统自己到底层数据中去查询。这样有三个缺点：一是与底层数据格式绑定；二是无法选择最有效的数据查询方式（有可能在 Redis 中就有，但我们只知道从 HDFS 中去查询）；三是每个业务系统自己都要做一套，很难共用。

通过梳理业务逻辑，我们把这些能力抽象出来，以最有效的方式实现，然后以 API 的方式提供给上层应用。因此，物联网数据中台对外展现的一个核心能力就是其 API 能力矩阵，我们在新接入一个设备时，无须考虑现有应用是否会受影响；我们在开发一个新应用时，可以使用现有的 API 以搭积木的方式快速实现。

（6）安全和监控

物联网数据中台对安全性的要求一般都比较高，很多传感器的数据涉及业务核心数据，需要确保平台任何步骤中的数据都不会丢失，只有相应的人员可以访问，且所有访问都有记录。因此，整体的数据安全、API 安全，特别是涉及这么多异构处理框架的安全和监控，都需要有整体规划。例如，绝大部分大数据系统需要使用 Kerberos 系统来进行身份验证，那么像 Redis、InfluxDB 如何进行相应的授权和鉴权，数据在各个子系统中流动时如何保证一致的权限控制和监控，都是很有挑战性的问题。

物联网业务的梳理和数仓建模的流程与第 17 章的内容类似，都是对业务域和关键流程分析后进行建模，这里不再赘述。在下一节，我们将介绍物联网数据中台的一些应用场景。

18.4　智慧建筑物联网数据中台应用

智慧建筑物联网数据中台的建设，借助物联网的海量数据优势，使用数据中台将超大规模多源异构数据打通并进行统一管理，通过对数据的共享和复用，在统一高质量的数据基础上应用人工智能和机器学习算法，进行全局数据的智能异常检测及其他的数据探索，充分释放数据能力。

前面介绍了物联网数据中台的架构和主要功能，但是数据中台最终还是要落到实际的应用场景才能发挥作用。下面来看数据中台在智能楼宇物联网管理系统中的几个应用场景。

1. 时序数据模型分析

对于每种设备指标的历史时序数据及故障数据，通过指标时序数据的模型分析生成故障预警。楼宇的每个物联网设备都有一个或多个状态指标，这些指标的实时状态信息都会被按不同的时间采集间隔，通过物联网总线和物联网网关传送到物联网数据中台进行汇集并统一管理。应用数据流水线服务和安全监控服务在对这些数据进行实时呈现的同时，还会按时间序列存储到时序数据库中。其中包括设备出现故障或异常时的状态信息。

数据中台对多源异构数据的整合能轻松支持时序数据处理的独特性，对设备状态的历史时序数据进行数据分析和建模，生成设备故障数据模型。通过故障数据模型，系统可以对设备故障进行预警。

2. 智能实时异常检测

大型建筑物的物联网设备数量庞大，物联网设备上报的实时状态数据量更是巨大，系统很难对设备异常信息做到实时的全量检测和处理，往往要到设备上报故障时才能进行相应的处理和反馈。数据中台的可扩展框架大大缩短了引入人工智能和机器学习引擎的架构路径，让数据能力得到快速发挥。

人工智能异常检测模型对设备状态的时序数据进行智能的实时分析，无须人为干预，即可自动生成设备实时状态数据的异常模型。当设备状态的实时数据出现异常时，模型立刻会检测到数据异常并提出预警，从而实现智能实时异常检测。智能实时异常检测可以实现自动、实时的异常发现和故障预警。

3. 设备异常关联分析

可以将异常数据和设备关系结合到一起分析，比如设备 A 出了问题之后，另一个类型的设备 B（与 A 相关）很有可能也会出问题。楼宇物联网同类或不同类的设备与设备之间会存在逻辑上的关联关系或依赖关系，有一些是显性的关联关系，有一些则是隐性的关联关系。数据中台将楼宇内各应用数据打通，并对常见异常场景进行抽象，对设备故障和异常历史数据进行分析，利用机器学习算法（如关联规则和相关性分析算法）对设备出现故障或异常的关联关系进行建模，快速生成设备异常关联模型，并通过数据模型服务实现对数据模型的复用。

设备异常关联分析有两种模型：一种是多设备关联故障预警模型，当多设备同时出现状态异常或状态数据组合符合预警模型时，即可对潜在故障的发生进行预测或预警；另一种是设备故障关联预警，当一个设备出现故障时，即可对关联设备的故障发生进行预测或预警。

4. 空间数据分析

可以将异常数据与楼宇空间模型数据结合起来分析，查看大楼哪些热点区域问题较多。借助 BIM 技术并辅以空间定位技术，楼宇物联网设备可以通过三维坐标来进行空间定位。数据中台将物联网设备的异常数据与空间定位数据结合，通过数据整合和统一的数据管理，利用 AI 工作平台进行分析和建模，实现基于楼宇空间模型的综合设备异常数据模型。通过数据模型服务快速选择相应场景的可用模型，定位楼宇设备异常热点区域，实现重大隐患的预警和排查、应急预案的制定和实施。

5. 设备故障／异常大数据分析与决策模型

可以根据历史数据预测设备故障／异常的概率和分布。通过数据中台中的数据模型服务，选择设备故障／异常数据分析与决策模型，对楼宇设备的历史故障和异常数据进行综合数据分析，对整个楼宇设备的故障／异常的概率和分布进行预测，形成决策模型，为楼宇未来的运维管理提供辅助决策，比如年度设备运维费用预算制订、设备大修计划制订、重大隐患的排查等。

以上应用场景在传统的物联网平台中也有，而在基于数据中台的实现中，最大的区别是，我们需要将底层的物联网数据抽象出来，形成上层应用可以使用的数据模型和能力，将底层的数据采集和治理与上层的应用开发隔离。中台的架构允许物联网数据应用快速适应添加的新设备和新业务，以适应更多的应用场景。这其中通用模型的设计和完善，以及基于通用模型的数据治理是核心任务。

18.5 本章小结

本章介绍了物联网领域的市场状况，包括物联网当前出现的一些问题，物联网与大数据、人工智能和云计算的结合，以及物联网领域的数据中台建设背景。物联网企业项目通过引入数据中台，对全局数据进行打通，结合人工智能技术，实现多源、异构、高并发、全局数据的智能运维，能够以可复用的方式快速实现物联网数据价值。

推荐阅读

RPA：流程自动化引领数字劳动力革命

这是一部从商业应用和行业实践角度全面探讨RPA的著作。作者是全球三大RPA巨头AA（Automation Anywhere）的大中华区首席专家，他结合自己多年的专业经验和全球化的视野，从基础知识、发展演变、相关技术、应用场景、项目实施、未来趋势等6个维度对RPA做了全面的分析和讲解，帮助读者构建完整的RPA知识体系。

智能RPA实战

这是一部从实战角度讲解"AI+RPA"如何为企业数字化转型赋能的著作，从基础知识、平台构成、相关技术、建设指南、项目实施、落地方法论、案例分析、发展趋势8个维度对智能RPA做了系统解读，为企业认知和实践智能RPA提供全面指导。

RPA智能机器人：实施方法和行业解决方案

这是一部为企业应用RPA智能机器人提供实施方法论和解决方案的著作。

作者团队RPA技术、产品和实践方面有深厚的积累，不仅有作者研发出了行业领先的国产RPA产品，同时也有作者在万人规模的大企业中成功推广和应用国际最有名的RPA产品。本书首先讲清楚了RPA平台的技术架构和原理、RPA应用场景的发现和规划等必备的理论知识，然后重点讲解了人力资源、财务、税务、ERP等领域的RPA实施方法和解决方案，具有非常强的实战指导意义。

财税RPA

这是一本指导财务和税务领域的企业和组织利用RPA机器人实现智能化转型的著作。
作者基于自身在财税和信息化领域多年的实践经验，从技术原理、应用场景、实施方法论、案例分析4个维度详细讲解了RPA在财税中的应用，包含大量RPA机器人在核算、资金、税务相关业务中的实践案例。帮助企业从容应对技术变革，找到RPA技术挑战的破解思路，构建财务智能化转型的落地能力，真正做到"知行合一"。

推荐阅读

华为数据之道

华为官方出品。

这是一部从技术、流程、管理等多个维度系统讲解华为数据治理和数字化转型的著作。华为是一家超大型企业，华为的数据底座和数据治理方法支撑着华为在全球170多个国家/地区开展多业态、差异化的运营。书中凝聚了大量数据治理和数字化转型方面的有价值的经验、方法论、规范、模型、解决方案和案例，不仅能让读者即学即用，还能让读者了解华为数字化建设的历程。

银行数字化转型

这是一部指导银行业进行数字化转型的方法论著作，对金融行业乃至各行各业的数字化转型都有借鉴意义。

本书以银行业为背景，详细且系统地讲解了银行数字化转型需要具备的业务思维和技术思维，以及银行数字化转型的目标和具体路径，是作者近20年来在银行从事金融业务、业务架构设计和数字化转型的经验复盘与深刻洞察，为银行的数字化转型给出了完整的方案。

用户画像

这是一本从技术、产品和运营3个角度讲解如何从0到1构建用户画像系统的著作，同时它还为如何利用用户画像系统驱动企业的营收增长给出了解决方案。作者有多年的大数据研发和数据化运营经验，曾参与和负责多个亿级规模的用户画像系统的搭建，在用户画像系统的设计、开发和落地解决方案等方面有丰富的经验。

企业级业务架构设计

这是一部从方法论和工程实践双维度阐述企业级业务架构设计的著作。

作者是一位资深的业务架构师，在金融行业工作超过19年，有丰富的大规模复杂金融系统业务架构设计和落地实施经验。作者在书中倡导"知行合一"的业务架构思想，全书内容围绕"行线"和"知线"两条主线展开。"行线"涵盖企业级业务架构的战略分析、架构设计、架构落地、长期管理的完整过程，"知线"则重点关注架构方法论的持续改良。